PANZER

EIN HISTORISCHER ÜBERBLICK

Michael E. Haskew

PANZER

EIN HISTORISCHER ÜBERBLICK

NEUER
KAISER
VERLAG

Erstveröffentlichung unter dem Titel
„The world's greatest tanks"

Genehmigte Lizenzausgabe
Neuer Kaiser Verlag GmbH
Industriestraße 19
64407 Fränkisch-Crumbach 2017
www.neuer-kaiser-verlag.de

ISBN 978-3-8468-2203-6

Übersetzung und fachliche Bearbeitung:
Bernd Rolff, Oberstleutnant d. R.
Bildrecherche: Terry Forshaw
Layout, Satz und Umschlaggestaltung:
design cat GmbH

Bildnachweis:
Art-Tech/Aerospace: 8, 13, 17, 29, 33, 37, 41, 45, 49 unten, 57, 64, 85, 93, 101, 109, 117 unten, 121 unten, 125, 130, 151, 171, 175, 191, 199, 207
Cody Images: 7, 25, 49 oben, 61, 69, 73, 113, 117 oben, 129, 139, 147, 155, 159, 167, 179, 183, 187, 219
Narayan Sengupta: 135 unten
Shutterstock: 2–3 (mariocigic), 211 (Meoita)
TopFoto: 97 (RIA Novosti)
Staatsarchiv der Ukraine: 21, 53, 76, 77 unten, 81, 105
U.S. Department of Defense (Amerikanisches Verteidigungsministerium): 6, 89, 143, 163, 195, 203, 214, 215

Grafiken:
Soweit nicht anders vermerkt, stammen alle Zeichnungen von © Art-Tech/Aerospace
Alcaniz Freson's S.A.: 18
Oliver Missing: 20, 74, 75, 77 oben, 78, 79, 104, 135 oben.

Inhaltsverzeichnis

Einleitung

Durch die Verbindung von Schlagkraft und Mobilität hat der Panzer das Potenzial, das Schlachtfeld wirklich zu beherrschen. Dieses Potenzial bei der Kriegsführung gibt es nun schon fast ein Jahrhundert lang. Mit fortschreitender Weiterentwicklung der Panzertechnologie wird natürlich auch die Kampfkraft des Panzers immer weiter verbessert.

Erstaunlicherweise lassen sich die Ursprünge des gepanzerten Kampffahrzeuges schon bis Leonardo da Vinci zurückverfolgen, und auch die griechische Phalanx war mit Sicherheit ein Vorbild. Heutzutage ist der Panzer ein hoch technisiertes Waffensystem. Aufgrund dieser hoch entwickelten Technik ist der Panzer bei den Waffen für die Landkriegsführung die allererste Wahl. Er nimmt wegen seiner Kampfkraft und seiner durchweg tödlichen Fähigkeiten in den Überlegungen der militärischen Planer auf der ganzen Welt einen vorderen Platz ein.

In der Anfangszeit war der Gedanke der Kriegsführung mit Panzern völliges Neuland, und diejenigen, welche die rasselnden Monster entwickelt hatten, die über und durch die Schützengräben des Ersten Weltkrieges wie Feuer speiende Drachen rumpelten, gaben nur einen Vorgeschmack auf die zerstörerische Kraft, die sich in der Folgezeit entwickeln sollte. Obwohl die Panzer im Ersten Weltkrieg noch ziemlich primitiv waren, zeichnete sich damals schon ein Bild von den zukünftigen Panzerschlachten ab.

Zwischen den beiden Weltkriegen beschäftigte sich der britische Offizier und Militärstratege J. F. C. Fuller mit der Weiterentwicklung des Kampfpanzers, wobei er von anderen Fachleuten unterstützt wurde. Mittlerweile dämmerte es auch den Militärs anderer Staaten, welchen Einfluss der Panzer auf zukünftige Operationen haben würde. Im Verlauf des Zweiten Weltkriegs waren dann die Streitkräfte durchgehend mechanisiert, und es waren solche legendären militärischen Führer wie Heinz Guderian, Erwin Rommel, George S. Patton und Georgi Zhukov, die das Potenzial des Kampfpanzers beim schnellen Vormarsch unter der Ausnutzung der Schwächen des Feindes erkannten, wobei der Panzer als stählerne Speerspitze diente.

Panzer auf dem Vormarsch

Der Zweite Weltkrieg war weltweit ein Erprobungsgelände für Panzer in Bezug auf Feuerkraft, Mobilität und Panzerschutz. Sowohl die Alliierten als auch die Achsenmächte stellten laufend kampfkräftigere Panzer in Dienst, und die daraus resultierenden Zusammenstöße sind in die Geschichte eingegangen. Die Panzerschlachten von Kursk, Arrancourt, El Alamein und gegen Kriegsende in den Ardennen beschäftigen bis heute die Historiker. Die wenigen heute noch lebenden Veteranen erinnern sich immer noch an den Tiger, den Panther, den T-34 und den Sherman.

In den Anfangstagen des Kalten Krieges wurde der Panzer sowohl zum Symbol der Freiheit als auch der Unterdrückung. Die Sowjetunion exportierte ihre kampferprobten Panzer in riesigen Stückzahlen in die Länder des Warschauer Paktes und in befreundete Staaten, während die USA und Großbritannien im

Die Entwicklung des amerikanischen Schützenpanzers M2/M3 dauerte ziemlich lange, und das Fahrzeug wurde durchweg aufgrund der hohen Kosten und des begrenzten Panzerschutzes kritisiert. Er erwies sich aber im Verlauf der Operation Desert Storm und der folgenden Operation Iraqi Freedom als wertvolles Kampffahrzeug im Einsatz gegen irakische gepanzerte Truppen.

In der Zeit der raschen Aufrüstung durch die nationalsozialistische Regierung in Deutschland in den 1930er-Jahren laden hier deutsche Soldaten leichte Kampfpanzer des Typs PzKpfw II auf wartende Anhänger. Der Kampfpanzer PzKpfw II und andere deutsche Panzer bildeten die Speerspitze der deutschen Panzertruppen im Verlauf des Blitzkrieges, bei dem große Teile Europas in den Anfangstagen des Zweiten Weltkrieges erobert wurden.

Westen die Suche nach einem Panzerfahrzeug anführten, das der Flut von sowjetischen Panzern aus dem Osten widerstehen konnte. Die Landkriegsführung im 20. Jahrhundert wurde geradezu zu einem Synonym für den Panzer. Es war unvorstellbar, dass eine erfolgreiche Bodenoffensive ohne Panzer und die zu ihrer Unterstützung auf Schützenpanzern folgende Infanterie durchgeführt werden könnte. Die im Niemandsland des Ersten Weltkrieges begonnene Geschichte hatte jetzt ihren Höhepunkt erreicht. Schon 1918 hatte der deutsche Feldmarschall Paul von Hindenburg die Beobachtung gemacht, dass der Panzer aufgrund der erreichten technischen Reife in der Lage war, die bisher von Feindeinwirkung unbeschädigt gebliebenen deutschen Schützengräben und Sperren einfach zu überfahren und dass es dadurch zu erheblichen Auswirkungen auf die Moral der deutschen Truppen kam.

Bedrohliche, tödliche Kampfkraft

Die vernichtenden Niederlagen der technisch unterlegenen irakischen Kampfpanzer der sowjetischen Typen T-54/55, T-62 und T-72 durch die amerikanischen M1A1, die britischen Challenger sowie die anderen modernen Panzerfahrzeuge der Koalition gegen Saddam Hussein beim Einsatz von Kuwait aus im Jahre 1991 und dem Sturz seines Regimes im Jahre 2003 zeigten sehr deutlich, dass der Panzer beim Ausgang von Schlachten im Verlauf der Landkriegsführung eine entscheidende Rolle spielte. Jetzt zahlte sich die Entwicklungsarbeit mit ihren hohen Kosten, dem Zeitaufwand und sogar dem Einsatz von Menschenleben bei der Entwicklung der Panzertechnologie in hohem Maße aus.

Heutzutage wiegen Kampfpanzer durchweg ungefähr 50 t und ihre wirksame Hauptbewaffnung hat meist das Kaliber von 120 mm oder sogar noch mehr. Der üblicherweise als „MBT" *(main battle tank)* bezeichnete Kampfpanzer steht inzwischen im Mittelpunkt der Landkriegsführung, und zwar zuerst während der Hochzeit des Kalten Krieges und dann im Verlauf einer ganzen Reihe von Stellvertreterkriegen in der Dritten Welt, bei denen zivilisierte Nationen gegen brutale Tyrannen vorgingen.

Der Kampfpanzer wird auch jetzt noch weiterentwickelt, wobei das Feuerleitsystem, die Waffensysteme, die möglichst weitgehende Unterdrückung seines Wärmebildes, Verbundpanzerungen und Ausstattung mit Computersystemen im Mittelpunkt stehen. Ein moderner Kampfpanzer kann mehrere Ziele gleichzeitig aufnehmen und bekämpfen, er kann sich gegen die neuesten Panzerabwehrwaffen und von dem gegnerischen Panzerfahrzeug abgefeuerte Granaten wehren und schützen, und er kann seine Besatzung sicher vom heutigen modernen Schlachtfeld zurück in den Stützpunkt bringen.

Mittlerweile kann der Kampfpanzer überaus vielseitig eingesetzt werden, das geht vom Kampf Panzer gegen Panzer bis zum Häuserkampf und dem Einsatz gegen Terroristen. Er bietet im Nahkampf Schutz vor relativ primitiven Waffen wie Sprengfallen *(improvised explosive device* = IED), aber auch in der flachen Wüste oder auf weiten Ebenen beim Einsatz gegen die besten Waffen des Gegners. Die Entwicklung des Panzers wird sicherlich weitergehen, und er wird auch weiterhin die taktischen Überlegungen der militärischen Einsatzplaner beeinflussen.

Dieser schwere Kampfpanzer Tiger I wirbelt bei seiner Fahrt auf einer Piste mächtig Staub auf. Der Tiger zeigte im Einsatz gegen die Panzer aller Typen der Alliierten hervorragende Leistungen. Seine Hauptmängel waren geringe Geschwindigkeit und mangelnde Beweglichkeit.

Vom Ersten bis zum Zweiten Weltkrieg

Während der beiden Weltkriege und dem dazwischen liegenden Vierteljahrhundert wurden die Panzerkonstruktionen zunehmend ausgereifter. Der Panzer revolutionierte die moderne Kriegsführung, er brachte Feuerkraft und Panzerschutz auf das Schlachtfeld. Im Verlauf dieses Prozesses bekam der Panzer selbst eine immer stärkere Bewaffnung und bessere Panzerung, er wurde schneller und konnte im Kampf vielseitiger eingesetzt werden. Bei den Bodenoffensiven sorgte der Panzer für den überaus wichtigen Durchbruch. Und so wurde er zum entscheidenden Faktor auf den Schlachtfeldern des 20. Jahrhunderts und beeinflusste maßgeblich den Verlauf der Geschichte.

Mark V Male (1917)

Die Fertigung des britischen Panzers Mark V Male wurde Ende 1917 aufgenommen. Der Panzer war im Vergleich zu den vorangegangenen Modellen eine deutliche Verbesserung, das galt besonders in Bezug auf den Mark I, der im Jahre 1916 an der Somme Geschichte geschrieben hatte. Die Dienstzeit des Mark V Male zog sich dann bis in die Jahre nach dem Ersten Weltkrieg hin.

Bis zum Ende des Ersten Weltkrieges waren mindestens neun verschiedene Varianten des ursprünglichen britischen Panzers Mark I auf den Schlachtfeldern an der Westfront eingesetzt worden. Zu diesen gehörte auch der Mark V Male, der ursprünglich als ein völlig überarbeitetes Panzerfahrzeug geplant war, in den aber schließlich Elemente der vorangegangenen Modelle eingeflossen waren. Der Panzer erwies sich als deutlicher technologischer Fortschritt im Vergleich zu seinem direkten Vorgänger, dem Mark IV.

Der Mark V Male wurde gegen Ende des Krieges noch eingesetzt und kämpfte bei britischen, französischen, kanadischen und amerikanischen Streitkräften. Man machte mit diesem Fahrzeug aber nur noch eingeschränkte Kampferfahrungen, hauptsächlich während der Schlacht von Le Hamel im Sommer des Jahres

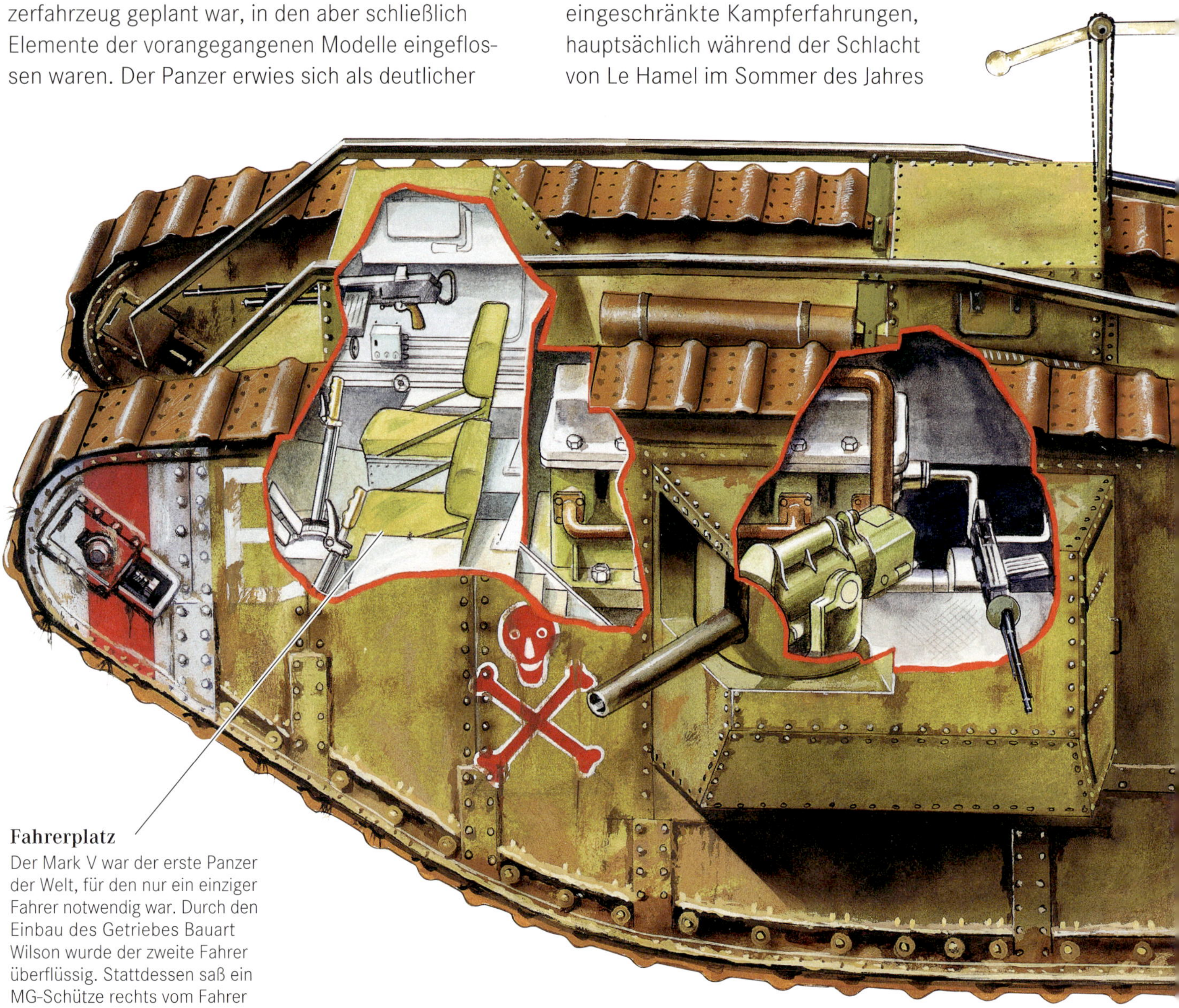

Fahrerplatz
Der Mark V war der erste Panzer der Welt, für den nur ein einziger Fahrer notwendig war. Durch den Einbau des Getriebes Bauart Wilson wurde der zweite Fahrer überflüssig. Stattdessen saß ein MG-Schütze rechts vom Fahrer vorn in der Wanne.

1918. Im Gegensatz zu den vorangegangenen Panzern konnte der Mark V Male Schützengräben und andere Gräben problemlos überqueren, und aufgrund seiner Breite von 4,11 m konnte er der Infanterie problemlos den Weg durch Stacheldrahtverhaue bahnen. Diese Sperren waren vorher beträchtliche Hindernisse beim Vormarsch der Infanterie gewesen.

Technische Fortschritte

Obwohl der Panzer durch seine um die ganze Wanne laufenden Ketten und sein relativ hohes Gewicht von 29,5 t eine eingeschränkte Reichweite von nur 72 km hatte und seine höchste Einsatzzeit im Kampf auf 10 Stunden beschränkt war, wies dieser modernste Panzer der Alliierten bei Kriegsende mehrere operationelle Vorteile auf. Dazu gehörte unter anderem sein ventilgesteuerter Sechszylindermotor mit 150 PS. Dieser Benzinmotor war von Harry Ricardo konstruiert worden. Es handelte sich dabei um den ersten Motor auf der Welt, der speziell für den Einsatz in einem Panzer konstruiert worden war. Mit diesem neuen Motor konnte der Panzer eine Höchstgeschwindigkeit von 7,4 km/h erreichen. Allerdings musste er von vier Soldaten mit einer Handkurbel angelassen werden, während ein fünfter Mann den Magnetschalter betätigen musste. Bei kalter Witterung war das Anlassen besonders problematisch, denn jeder einzelne Zylinder musste allein gezündet werden, wobei die Zündkerzen vorher angewärmt werden mussten.

Die Rückansicht des Panzers Mark V Male zeigt die beiden weit herausragenden Kasematten für die 6-Pfünder-Kanonen, die für damalige britische Panzer charakteristischen, um die ganze Wanne herumlaufenden Ketten und den zur Überwindung von Geländehindernissen eingesetzten Überschreitbügel.

Überschreitbügel
Diese Vorrichtung ähnelte einer Eisenbahnschwelle. Sie war hinten auf der Wanne des Mark V angebracht und mit Ketten am Fahrzeug gesichert. Mithilfe dieses Überschreitbügels konnte sich der Panzer aus schlammigem Gelände befreien.

Panzerung
Der Panzerschutz des Mark V hatte eine Stärke zwischen 6 und 14 mm, was zum Schutz gegen Handwaffenfeuer ausreichte. Allerdings bot er keinen Schutz vor deutschem Artilleriefeuer und vor Granatwerferbeschuss.

Motor
Der einzelne ventilgesteuerte Benzinmotor Ricardo im Panzer Mark V leistete 150 PS und machte den Panzer dadurch schneller als den älteren Mark IV. Es war der erste Motor, der speziell als Panzerantrieb konstruiert worden war.

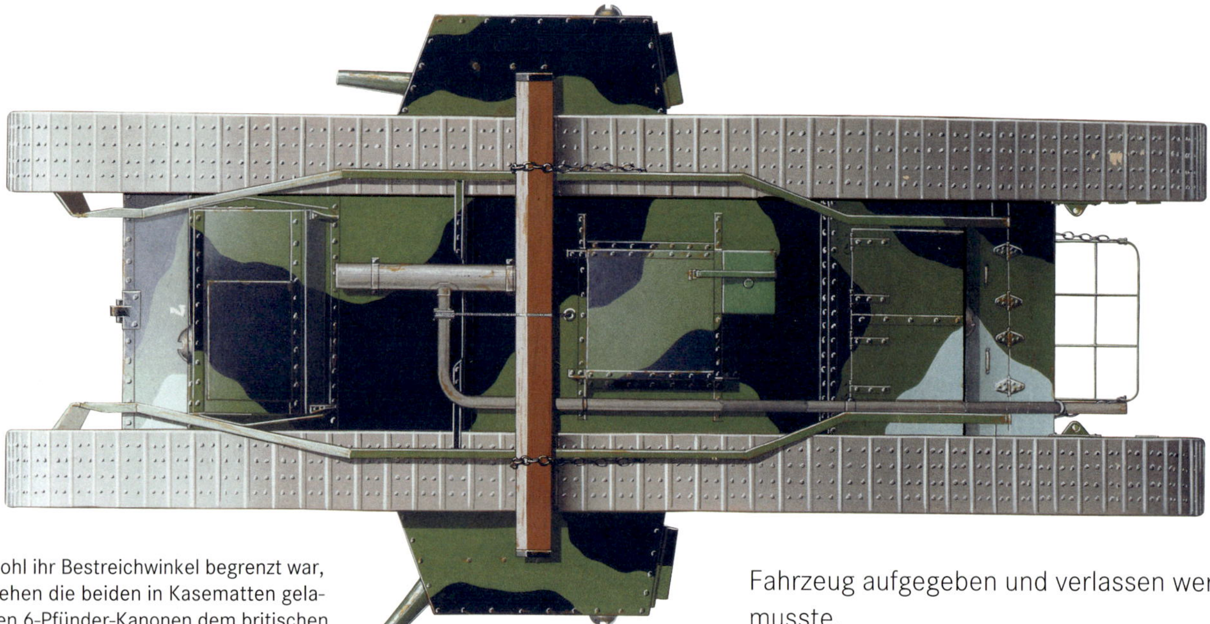

Obwohl ihr Bestreichwinkel begrenzt war, verliehen die beiden in Kasematten gelagerten 6-Pfünder-Kanonen dem britischen Mark V eine beträchtliche Feuerkraft. Durch die verbesserte Form der Wanne konnte der Panzer auch Geländehindernisse auf dem Schlachtfeld überwinden. Die erhöhte Beweglichkeit des Fahrzeugs verbesserte außerdem den gemeinsamen Einsatz von Panzer und begleitender Infanterie.

Der Einbau eines Getriebes Bauart Wilson machte den Einsatz eines zweiten Fahrers überflüssig, der bisher bei der Steuerung des Stahlmonsters helfen musste. Oben auf der Wanne war ein Stahlbalken angebracht, mit dessen Hilfe sich der Panzer aus Granattrichtern, Schützengräben oder dickem Schlamm befreien konnte. Bei älteren Panzern konnten solche Hindernisse dazu führen, dass das Fahrzeug aufgegeben und verlassen werden musste.

Die Feuerkraft des Mark V Male wurde durch den Einbau von zwei in Kasematt-Lafettierung gelagerten Schnellfeuerkanonen im Kaliber 57 mm (6-Pfünder) und vier Maschinengewehren Hotchkiss Mark 1 im Kaliber 7,7 mm beträchtlich gesteigert. Die Version Mark V Female war etwas leichter und war nur mit vier Maschinengewehren Vickers im Kaliber 7,7 mm bewaffnet. Diese MGs waren an den Seiten in Kugellafetten eingebaut und konnten deswegen eine Fläche zwischen 60° und 90° bestreichen. Durch diese Kugellafetten waren außerdem die MG-Schützen besser geschützt als in der Version Mark IV, denn dort saßen sie noch hinter Sehschlitzen. In den vorangegangenen Versionen saßen die Schützen sogar hinter einer Art von Schießscharten und waren deswegen kaum geschützt. Zu der Besatzung von acht Mann gehörten der Kommandant, der Fahrer, zwei Bediener des Getriebes und vier MG-Schützen.

Gegen Ende des Krieges erschienen zwei deutlich verbesserte Varianten des Mark V, die noch in begrenztem Umfang zum Kampfeinsatz kamen. Der Mark V* hatte eine verlängerte Wanne, sodass er Schützengräben leichter überschreiten konnte. Bei der Version Mark V** hatte man das Verhältnis Länge zu Breite zugunsten der längeren Wanne überarbeitet. Im Verlauf der Produktionszeit entstanden 400 Panzer Mark V. 200 davon waren die sogenannte „männliche“ *(male)* Version mit Kanonenbewaffnung, die restlichen 200 gehörten zur „weiblichen“ *(female)* Version, die nur mit Maschinengewehren bewaffnet waren. Insgesamt rollten fast 600 Panzer der Version Mark V* vom Band, allerdings wurden nur 25 Exemplare der seltenen Version Mark V** fertiggestellt.

Technische Daten

Abmessungen	Länge: 8,5 m Breite: 4,11 m Höhe: 2,64 m
Gewicht	29,5 t
Triebwerk	1 × 6-Zylinder-Benzinmotor Ricardo mit 150 PS
Geschwindigkeit	7,4 km/h
Bewaffnung	Hauptbewaffnung: 2 × Schnellfeuerkanone Kaliber (Kal.) 57 mm (6-Pfünder), Sekundärbewaffnung: 4 × Maschinengewehr Hotchkiss Kaliber (Kal.) 7,7 mm
Panzerung	6–14 mm
Reichweite	72 km
Besatzung	8 Mann

Die Schlacht bei Le Hamel

Als die australischen und amerikanischen Truppen am 4. Juli 1918 bei Le Hamel eine wichtige deutsche Linie angriffen, wurden sie dabei von 60 Panzern Mark V von der 5. Brigade des „Royal Tank Corps" unterstützt. Außerdem kamen vier Transportpanzer zum Einsatz. Der ganze Angriff dauerte nur erstaunliche 93 Minuten, und das brachte den australischen Historiker Charles Bean zu der Erkenntnis, dass dieser Einsatz das Vorbild für alle zukünftigen Operationen der britischen Infanterie während des Krieges sein würde. Es war tatsächlich so, dass die alliierten Soldaten bei ihren Einsätzen in Verbindung mit den Panzern Mark V Male und Mark V Female sehr schnell neue Taktiken entwickelten und die Vorteile des Panzerschutzes bei ihren Angriffen nutzten. Zu den neu entdeckten Taktiken auf dem Schlachtfeld gehörte auch die Erkenntnis, dass die Infanterie sehr viel schneller und wirksamer vorrücken konnte, wenn sie im Schützenrudel um den Panzer herum vorrückte, anstatt sich dicht gedrängt hinter dem Panzer in dessen Schutz vorzubewegen. General J. F. C. Fuller war einer der obersten Befürworter des Panzereinsatzes im Verlauf des Ersten Weltkrieges und danach. Er beschrieb den Einsatz bei Le Hamel als eine monumentale Verbesserung in Bezug auf schnellen Vormarsch, zeitliche Begrenzung und überragenden Erfolg.

Zwischen den Weltkriegen

Nach dem Ende des Ersten Weltkrieges wurde der Panzer Mark V weiterhin bei den britischen Streitkräften eingesetzt. Er kam unter anderem bei einem Feldzug im nördlichen Russland und bei den weißrussischen Streitkräften während des Russischen Bürgerkrieges zwischen 1917 und 1922 zum Einsatz. Der Panzer Mark V blieb dann bei der sowjetischen Roten Armee bis in die 1930er-Jahre im Einsatz. Und einige sowjetische Quellen weisen sogar darauf hin, dass er noch Ende 1941 eingesetzt wurde. Es wird sogar berichtet, dass ein während des Ersten Weltkrieges erbeuteter britischer Mark V von der deutschen Wehrmacht während der Verteidigung von Berlin im Jahre 1945 zum Einsatz kam.

Mark V in der Offensive

Nach dem Sieg der Alliierten bei Le Hamel bemerkte ein australischer Soldat, dass die Anwesenheit der Panzer Mark V Male die Angriffslust der Infanteristen keinesfalls dämpfte und dass sie aufgrund ihres Pflichtbewusstseins weiterkämpften. Ganz offensichtlich haben die Panzer diesen Soldaten und seine Kameraden aber ermutigt.

Obwohl die Koordination des Einsatzes der verbundenen Kräfte bei Le Hamel manchmal etwas schleppend verlief, führte die bloße Anwesenheit der Panzer schon zur Gefangennahme einer ganzen Reihe von deutschen Soldaten. Als ein Infanteriebataillon bei seinem Vormarsch von deutschem Maschinengewehrfeuer aufgehalten wurde, fuhr ein Panzer Mark V direkt auf das MG-Nest zu und zermalmte es unter seinen Ketten. Im Dorf Hamel vertrieben die Panzer die deutschen Soldaten aus den Gebäuden und schossen die Straßen mit ihren MGs frei.

Der Mark V trug entscheidend zum Sieg bei. Fünf Panzer wurden beschädigt, während 13 Besatzungsmitglieder verwundet wurden oder fielen.

Neugierige britische Infanteristen machen sich hier mit einer völlig neuen Kriegswaffe vertraut. Sie untersuchen das Äußere eines Panzers Mark V Male während einer Gefechtspause an der Westfront. Der hintere Panzer ist offenbar in einen Graben abgerutscht.

Sturmpanzerwagen A7V (1918)

Nachdem im Ersten Weltkrieg im Jahre 1916 die ersten britischen Panzer auf den Schlachtfeldern aufgetaucht waren, ging man auch in Deutschland hastig daran, mit dieser Technologie Schritt zu halten, mit der man den Stillstand im Schützengrabenkrieg aufbrechen konnte. Der deutsche Panzer A7V konnte aber erst 1918 eingesetzt werden, und auch das nur in geringen Stückzahlen.

Im Herbst 1916 wurden die deutschen Infanterieoffiziere an der Somme-Front mit dieser neuen und potenziell enorm kampfkräftigen Waffe konfrontiert. Das erste britische gepanzerte Kampffahrzeug, das bald weltweit als „Tank" bekannt wurde, war an der Front erschienen und hatte unmittelbar danach dafür gesorgt, dass das Konzept der in Schützengräben kämpfenden Infanteristen, die sich gegenseitig über das Niemandsland hinweg beschossen und dann irgendwann aus den Gräben kamen, sich tapfer

Bewaffnung
Die Hauptwaffe des Panzers A7V war eine einzelne Kanone Maxim-Nordenfelt L/12 im Kaliber 57 mm mit kurzem Rohrrücklauf. An Bord des Panzers befanden sich 500 Granaten im Kaliber 57 mm, die im Mannschaftsraum verstaut waren.

Panzerung
Die starke Panzerung des A7V mit einer Stärke von 20 bis 30 mm schützte zwar die 18 Besatzungsmitglieder, aber sie machte das Fahrzeug auch überaus schwer und behinderte es bei den Einsatzfahrten über die Schlachtfelder an der Westfront.

Der Sturmpanzerwagen A7V war der erste einsatzfähige deutsche Panzer. Sein erster Einsatz erfolgte im Rahmen der Michael-Offensive im Frühjahr 1918. Allerdings zeigten sich seine Mängel hier schon sehr deutlich, und daraus konnten die deutschen Ingenieure wertvolle Informationen ziehen, die zukünftige Entwicklungen beeinflussten.

gegnerischem MG-Feuer und den krepierenden Granaten des gegnerischen Artillerie-Sperrfeuers aussetzten, vollkommen neu überdacht werden musste.

Die deutschen Generalstäbler erkannten sehr schnell, welche Bedrohung der Panzer für sie bedeutete. Am 13. November 1916, nur wenige Wochen nach dem Erscheinen der britischen Panzer an der Somme, forderten sie die Produktion eines eigenen deutschen Panzers. Obwohl man sich schon seit 1911 mit Forschungen und Entwicklungsarbeiten in Bezug auf gepanzerte Fahrzeuge beschäftigt hatte, wurde jetzt eine Gruppe von Konstrukteuren gebildet, die von Joseph Vollmer, einem Ingenieur und Hauptmann in der deutschen Armee, angeführt wurde. Das Ergebnis dieser Arbeiten war der Sturmpanzerwagen A7V, der aber erst während der Eröffnungsphase der verzweifelten Michael-Offensive an die Front kam. Das war der letzte Versuch des deutschen Heeres im Ersten Weltkrieg, noch zum Sieg zu kommen. Die Offensive begann am 21. März 1918.

Führung
Der Kommandant und die beiden Fahrer saßen auf einer erhöht angebrachten Plattform in der Mitte des Panzers. Diese Position in dem sowieso schon großen Fahrzeug war recht unglücklich gewählt.

Antrieb
Die beiden Reihenvierzylinder-Benzinmotoren von Daimler-Benz befanden sich in der Fahrzeugmitte des A7V. Jeder der beiden Motoren konnte 100 PS bei 1800 Umdrehungen/min leisten.

Zwar war der mit mehreren Maschinengewehren und einer Kanone bewaffnete deutsche Panzer A7V für die gegnerische Infanterie eine tödliche Bedrohung, aber gleichzeitig war das Fahrzeug eine recht unstabile Plattform für genauen Waffeneinsatz, und aufgrund seiner hohen Silhouette zog der Panzer feindliches Artilleriefeuer an.

Ein Kasten auf einem Traktor

Bei ihren hastigen Versuchen, zumindest einen Gleichstand auf dem Gebiet der Panzer zu erreichen, entwickelten die deutschen Ingenieure ein 32,5 t schweres Monster, das im Grunde genommen nur ein Stahlkasten auf dem Fahrgestell eines Traktors war. Dieses Fahrzeug war eigentlich nur für den Einsatz auf ebenem Gelände geeignet, und deswegen war der A7V bei dem von Granattrichtern übersäten Gelände an der Westfront von Anfang an im Nachteil. Der Kommandant und die zwei Fahrer saßen in einem erhöht angebrachten Abteil in der Fahrzeugmitte, und deswegen betrug die Gesamthöhe dieses Fahrzeuges 3,5 m. Die Bodenfreiheit hingegen betrug nur 40 mm, sodass der Panzer beim Überqueren von Schützengräben, leichten Bodenerhöhungen oder sogar an Abhängen und Steigungen große Schwierigkeiten hatte. Der A7V wurde durch ein Lenkrad und ein System von Lenkhebeln gesteuert. Das Getriebe wurde mit zwei Kupplungspedalen bedient.

Die ziemlich starke Panzerung mit einer Stärke zwischen 20 und 30 mm bot der Besatzung guten Schutz, der besser war als in den britischen Panzern. Allerdings war der A7V ausgesprochen langsam, und aufgrund der hohen Silhouette bot das Fahrzeug für die feindliche Artillerie ein hervorragendes Ziel. Unter günstigen Bedingungen hatte das Fahrzeug eine ganz beträchtliche Feuerkraft. Es hatte als Hauptwaffe eine Kanone Maxim-Nordenfelt im Kaliber 57 mm, deren Schwenkbereich allerdings eingeschränkt war. Außerdem waren mehrere MGs 08/15 im Kaliber 7,92 mm an Bord. Die beengten Verhältnisse im Kampfraum hatten Platz für 18 Besatzungsmitglieder - den Kommandanten, die Fahrer, die MG-Schützen, einen Richtschützen und Ladeschützen für die Kanone sowie Munitionsträger.

Der A7V war von Anfang an als Mehrzweckfahrzeug konzipiert worden, und es wurden vier Varianten davon entwickelt. Der „Überlandwagen" war ein ungepanzertes Nachschubfahrzeug, das oben offen war. Die vorgeschlagene Version A7V/U hatte rundum laufende Ketten und zwei Kanonen im Kaliber 57 mm. Die Version A7V/U2 war eine Variante mit kleineren Ketten, während der A7V/U3 eine sogenannte „weibliche" Version war, die nur mit Maschinengewehren bewaffnet war. Gefertigt wurden aber schließlich nur der Überlandwagen und der A7V/U. Vom Überlandwagen wurden 75 Exemplare fertiggestellt, während der A7V/U nur das Stadium eines Prototypen erreichte.

Technische Daten

Abmessungen	Länge: 8 m Breite: 3,2 m Höhe: 3,5 m
Gewicht	32,5 t
Antrieb	2 × Benzinmotor Daimler-Benz 165204 4-Zylinder-Reihe mit je 100 PS Leistung bei 1800 Umdrehungen/min
Geschwindigkeit	8 km/h
Bewaffnung	1 × Kanone Maxim-Nordenfelt L/12 im Kal. 57 mm mit kurzem Rohrrücklauf, Kampfbeladung 500 Schuss, 6 × Maschinengewehr 08/15 Kal. 7,92 mm mit 18 000 Schuss
Panzerung	20–30 mm
Reichweite	Straße: 80 km, Gelände: 30 km
Besatzung	18 Mann

Soweit bekannt ist, wurden nur 20 Panzer A7V vor dem Ende des Ersten Weltkrieges eingesetzt. Zusammen mit seinen Mängeln im Einsatz war dieser Panzer auch aufgrund der geringen Stückzahl kein Gegner für die britischen Panzer, von denen mehr als 7700 im Krieg gefertigt wurden. Obwohl noch im Spätjahr 1918 mehrere verbesserte deutsche Panzerkonstruktionen geschaffen wurden, kam keines dieser Fahrzeuge vor dem Waffenstillstand zum Einsatz.

Panzer gegen Panzer

Der erste dokumentierte Kampfeinsatz zwischen deutschen und gegnerischen Panzern fand während eines deutschen Versuches statt, das französische Dorf Villers-Bretonneux im Norden von Frankreich am 24. April 1918 einzunehmen. Der deutsche Vormarsch wurde von Infanterie und 15 Panzern A7V durchgeführt, das Ziel war die belgische Stadt Amiens. Drei der deutschen Panzer trafen auf drei britische Panzer Mark IV unter dem Befehl von Oberleutnant Frank Mitchell. Das britische Führungsfahrzeug war ein „männlicher" Panzer mit einer 6-Pfünder-Kanone, die beiden anderen Panzer waren vom sogenannten „weiblichen" Typ, der nur mit Maschinengewehren bewaffnet war. Schon zu Anfang der Kampfhandlungen wurden zwei „weibliche" Mark IV beschädigt und aus dem Kampfgeschehen herausgezogen. Mitchell führte seinen Angriff weiter und konzentrierte sich auf den führenden deutschen Panzer mit Namen „Nixe", der unter dem Kommando von Leutnant Wilhelm Biltz stand. Biltz überlebte den Krieg und wurde danach ein bekannter Chemiker und Buchautor. Sein Panzer wurde durch drei britische Treffer beschädigt und kippte um. Fünf deutsche Besatzungsmitglieder wurden getötet, als sie aus dem bewegungsunfähigen Panzer aussteigen wollten. Doch auch der Mark IV von Mitchell wurde schwer beschädigt, als eine deutsche Mörsergranate neben ihm detonierte. Das Fahrzeug musste aufgegeben werden. Beide beschädigten Panzer wurden aber später geborgen.

Der deutsche Panzer A7V im Einsatz

Dieser deutsche Panzer A7V wirbelt bei seinem Einsatz in der Nähe eines aufgegebenen Bauernhofes irgendwo in Frankreich während der letzten deutschen Offensive im Ersten Weltkrieg Staub und Rauch auf. Der A7V wurde überhastet konstruiert und gefertigt, und es kamen schließlich nur 20 Fahrzeuge im Frühjahr 1918 bis zum Waffenstillstand im November zum Einsatz. Bei seinem ersten dokumentierten Kampfeinsatz gegen gepanzerte Kräfte des Gegners beim französischen Dorf Villers-Bretonneux am 24. April 1918 wurden ein A7V und ein britischer Panzer Mark IV beschädigt. Zwei weitere A7V zogen sich im feindlichen Feuer zurück, und vier kleinere britische Panzer vom Typ Whippet wurden außer Gefecht gesetzt.

Das einzige erhalten gebliebene Exemplar eines deutschen Sturmpanzerwagens A7V mit der Nummer 506 und dem Namen „Mephisto" wird zurzeit in Australien in Brisbane im Queensland-Museum ausgestellt. Man geht davon aus, dass Mephisto einer derjenigen deutschen Panzer war, die gegen die britischen Panzer bei Villers-Bretonneux kämpften.

BT-5 (1932)

Die Fertigung des BT-5 wurde Ende 1932 aufgenommen; es handelte sich um eine mit stärkerer Bewaffnung ausgestattete Übergangsversion der sowjetischen BT-Serie von leichten oder Kavallerie-Panzern. Es zeigte sich, dass er den zeitgenössischen Panzern anderer Streitkräfte bis zum Ende des Jahrzehnts überlegen war.

Wenn man die Silhouette des sowjetischen leichten Panzers BT-5 betrachtet, dann fällt einem sofort die Ähnlichkeit mit dem legendären mittleren Kampfpanzer T-34 aus dem Zweiten Weltkrieg und später aus der Zeit des Kalten Krieges auf. Tatsächlich war der BT *(Bystrokhodny tank)* der Vorläufer des T-34, bei dem es sich um einen der berühmtesten Panzer aller Zeiten handelt. Die deutsche Übersetzung des russischen Namens des Panzers bedeutet „Hochgeschwindigkeitspanzer". Gefertigt wurde die Serie der Panzerfahrzeuge BT mehr als zehn Jahre lang von 1930 bis 1941.

Turm
Der Turm des BT-5 war im Vergleich zu seinem Vorläufer BT-2 eine deutliche Verbesserung. Der sichtlich größere und konisch geformte Turm gab der Besatzung mehr Bewegungsfreiheit, außerdem war die Sicht besser und die Munition konnte besser verstaut werden.

Bewaffnung
Hauptwaffe der leichten Panzer BT-5 war eine verbesserte Kanone im Kaliber 45 mm, während der Vorläufer BT-2 noch mit einer Kanone im Kaliber 37 mm bewaffnet war. Allerdings war diese Kanone schwerer als die Hauptwaffe der meisten gegnerischen leichten Panzer.

Laufwerk Bauart Christie
Aufgrund der neuartigen Laufwerksbauart Christie konnte der leichte Panzer BT-5 beeindruckende Geschwindigkeiten auf der Straße und im Gelände erreichen. Christi war ein amerikanischer Konstrukteur, dessen Arbeiten aber in den Vereinigten Staaten zurückgewiesen worden waren.

Walter Christie

Ironischerweise lagen die Ursprünge der BT-Serie und später des T-34 in der Hartnäckigkeit des amerikanischen Autorennen-Liebhabers und Mechanikers namens Walter Christie. Nachdem die amerikanische Heeresbeschaffungsbehörde mehr als einmal die Fertigung eines Prototypen gemäß der Konstruktion von Christie abgelehnt hatte, gelang es den Sowjets, die technischen Zeichnungen zu kaufen. Außerdem wurden mindestens zwei Exemplare ohne Turm als „landwirtschaftliche Traktoren" in die Sowjetunion importiert. Die Sowjets hingegen machten sich voller Eifer an die Arbeit und fertigten auf Grundlage der Prototypen von Christies Panzer mehrere Varianten mit verschiedenen Änderungen, deren Typenbezeichnungen von BT-1 bis BT-4 gingen. Im Jahre 1932 lief dann bei der Lokomotivfabrik Kharkov Komintern in der Ukraine die Serienausführung des BT-2 vom Band. Davon wurden schließlich mehr als 600 Exemplare gebaut. Der BT-2 verfügte über eine Kanone Modell 30 im Kaliber 37 mm, angetrieben wurde er von einem Benzinmotor M5 mit einer Leistung von 400 PS. Die Sekundärbewaffnung bestand aus einem einzelnen Maschinengewehr DT im Kaliber 7,62 mm. Das Gesamtgewicht des BT-2 lag bei 10,2 t, die Stärke der Panzerung variierte zwischen sechs und 13 mm. Der BT-2 war der erste einsatzfähige Panzer, mit dem bewiesen werden konnte,

Abgeschrägte Panzerung
In den 1930er-Jahren begannen die Sowjets mit der Entwicklung von Panzern, deren Panzerung abgeschrägt war und die dadurch erheblich besser gegen Treffer geschützt waren. Der BT-5 zeigt schon eine erstaunliche Ähnlichkeit mit dem später erschienenen mittleren Kampfpanzer T-34.

Abnehmbare Ketten
Bei der frühen Version des leichten Panzers BT-5 konnte die Besatzung die Ketten sehr schnell abnehmen und dann den Panzer als normales Radfahrzeug auf gut ausgebauten Straßen verwenden.

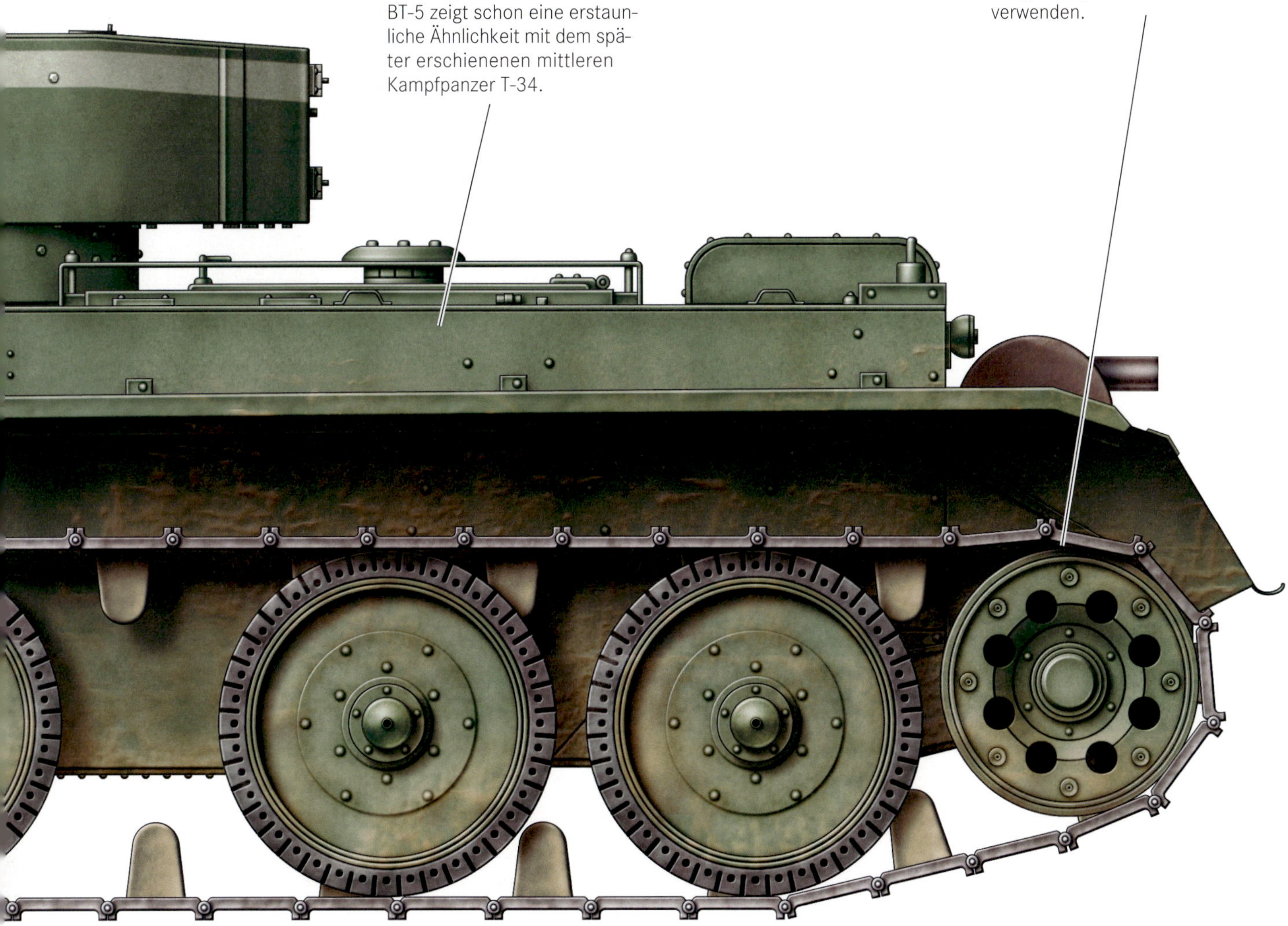

Eine Variante der Ursprungskonstruktion eines leichten Panzers war der BT-7A, der mit einer Haubitze im Kaliber 76,2 mm bewaffnet war. Von dieser Variante wurden nur wenige Exemplare gebaut. Sie waren für die Aufnahme eines koaxialen Maschinengewehres eingerichtet. Beachten Sie das nach hinten feuernde MG im Turmheck sowie das Fla-MG auf einer hohen Säulenlafette oben auf dem Turm.

dass Walter Christie ein genialer Konstrukteur war. Kernpunkt seiner fortschrittlichen Konstruktion war ein neuartiges Federungssystem des Laufwerks, bei dem die Laufräder mit Vollgummi ummantelt waren; abgefedert wurden sie durch lange Spiralfedern. Die Gummiummantelung der Laufräder dämpfte bei der Geländefahrt die Stöße, außerdem konnte der Panzer damit ziemlich schnell fahren. Auf gut ausgebauten Straßen konnte der Panzer mit abgebauten Ketten als normales Radfahrzeug fahren. Diese Neuerung war aber in der Sowjetunion mit ihren enorm weiten Landschaften und schlecht ausgebauten Straßen ziemlich unpraktisch und wurde deswegen später aufgegeben.

Technische Daten

Abmessungen	Länge: 5,58 m Breite: 2,23 m Höhe: 2,25 m
Gewicht	11,5 t
Triebwerk	1 × 12-Zylinder-Benzinmotor M5 auf der Basis des amerikanischen Flugzeugmotors „Liberty“ mit einer Leistung von 400 PS
Geschwindigkeit	72 km/h
Bewaffnung	1 × Kanone Modell 32 im Kal. 45 mm, 1 × Maschinengewehr DT im Kal. 7,62 mm
Panzerung	6–13 mm
Reichweite	Straße: 200 km, Gelände: 90 km
Besatzung	3 Mann

Der BT-5 erscheint

Noch im Jahre 1932 suchte die Führung der Roten Armee nach einer verbesserten Version des BT-2. Das Ergebnis war der BT-5 mit einem zylindrisch geformten Turm und einer stärkeren Hauptwaffe Modell 32 im Kaliber 45 mm. Zusätzlich erhielt der Panzer ein koaxial montiertes Maschinengewehr, um dessen Bestreichwinkel zu erhöhen. Auch das Kommunikationssystem wurde deutlich verbessert, denn der Panzer erhielt ein Funkgerät. Durch den größeren Turm hatte die dreiköpfige Besatzung mehr Bewegungsfreiheit, außerdem konnten jetzt 115 Granaten im Kaliber 45 mm gelagert werden. Beim Vorläufermodell BT-2 waren es nur 96 Granaten im Kaliber 37 mm. Die Version BT-5 war mit 11,5 t etwas schwerer, allerdings hatte man an der Stärke der Panzerung nichts geändert. Als Triebwerk diente ein 12-Zylinder-Motor M5, der von dem amerikanischen Flugzeugtriebwerk Liberty abstammte und für den Einsatz in Panzerfahrzeugen abgeändert worden war. Damit erreichte der leichte Panzer auf der Straße bis 72 km/h. Obwohl das ein durchaus beeindruckender Wert war, war er doch noch langsamer als der Vorgängertyp BT-2, der auf der Straße sogar bis 100 km/h erreichte. Die Reichweite im Einsatz betrug 200 km, und auch das war ein Drittel

Leichte Kampfpanzer des Typs BT-5 paradieren in den 1930er-Jahren auf einer Piste irgendwo in der Sowjetunion. Der BT-5 und andere Panzer aus der BT-Serie waren die Vorläufer des berühmten mittleren Kampfpanzers T-34 im Zweiten Weltkrieg. Die Ähnlichkeit der Konstruktion ist hier schon deutlich zu sehen.

weniger als beim BT-2. Allerdings glichen die bessere Gesamtkonstruktion und die großkalibrige Hauptwaffe des BT-5 diese Mängel in einigen Bereichen mehr als aus. Der BT-5 blieb bis 1934 in der Fertigung und wurde dann vom BT-7 abgelöst. Auf der Grundlage des BT-5 entstanden mehrere Varianten, dazu gehörten auch das Modell 1933 mit zwei Turmluken und einem größeren Turmheck, der Prototyp des Flammenwerferpanzers BT-5, das Selbstfahrgeschütz BT-5A mit einer Haubitze im Kaliber 76,2 mm und der BT-5PKh mit einem Schnorchel, mit dem Wasserläufe überwunden werden konnten. Wahrscheinlich wurden insgesamt 1884 leichte Panzer der Serie BT-5 gebaut.

Die Panzer der Serie BT in Nomonhan

Obwohl die von der Roten Armee zwischen Mai und September 1939 während der Kämpfe gegen die Japaner in Nomonhan eingesetzten Panzer BT-5 und BT-7 überragend schnell fahren konnten, machte sie ihre sehr leichte Panzerung doch verwundbar. Die Japaner zerstörten eine Reihe von sowjetischen Panzern mit Panzerabwehrkanonen, und Panzerjagdkommandos robbten dicht an die Panzer heran und setzten die heißen Auspuffsysteme der sowjetischen Panzer mit Molotowcocktails oder Sprengkörpern in Brand. Trotzdem hatten die Japaner einen sehr gesunden Respekt vor der Kanone im Kaliber 45 mm, die von den BT-Panzern eingesetzt wurde. Damit konnten alle japanischen Panzer, die damals im Einsatz waren, problemlos abgeschossen werden. Außerdem führte die von Marschall Georgi Zhukov angewendete Einsatztaktik, bei der die schnellen Panzer die Flanken der angreifenden Streitkräfte schützten, zum sowjetischen Sieg in Nomonhan.

Im Kampf erprobt

Einer der wichtigsten Kampfeinsätze des BT-5 erfolgte im Jahre 1939 im Rahmen einer Reihe von Operationen gegen die Japaner in Nomonhan, das die russische Bezeichnung Khalkhin Gol trug. Aufgrund der überlegenen taktischen Einsatzführung des Sowjetmarschalls Georgi Zhukov und der guten Leistungen der leichten Panzer BT-5 und BT-7 kam es zu einem entscheidenden sowjetischen Sieg. Während des Spanischen Bürgerkrieges von 1936 bis 1939 kämpfte ein Bataillon BT-5 bei den Republikanern und leistete im Kampf gegen deutsche und italienische Panzer, die von den Nationalisten eingesetzt wurden, sehr gute Dienste. Die nationalchinesische Armee setzte vier Panzer BT-5 im Zweiten Chinesisch-Japanischen Krieg gegen die Japaner ein, und die Sowjets verwendeten den BT-5 während des Winterkrieges gegen Finnland. Beim Ausbruch des Zweiten Weltkrieges wurden leichte Panzer BT-5 während der sowjetischen Offensive gegen Polen und bei der Verteidigung des Mutterlandes gegen die angreifende Wehrmacht eingesetzt. Einige Panzer der Serie BT blieben bis Kriegsende im Einsatz.

Typ 95 Kyugo Leichter Panzer (1934)

Als die japanische Armee die Forderung nach einem leichten Panzer bzw. Kavalleriepanzer zur Unterstützung ihrer Infanterieeinsätze erhob, war das Ergebnis dieser Anforderung der Panzertyp 95. Er zeigte durchaus ausreichende Leistungen, bis er mit der überlegenen Feuerkraft und Panzerung der sowjetischen, amerikanischen und britischen Panzer konfrontiert wurde.

Die japanische Kwantung-Armee war zur Zeit der Fertigung eines Prototypen des Infanterie- bzw. Kavalleriepanzers bereits drei Jahre in China im Einsatz. Dieser Panzer sollte die Kampfeinsätze auf dem asiatischen Kontinent unterstützen. Er wurde gegen die chinesische Armee eingesetzt und sollte die andauernde Bedrohung durch die Sowjetunion überwachen. Allerdings waren die japanischen Kommandeure gezwungen, die Truppenerprobungen und die Genehmigung für die Fertigung abzuwarten. Deswegen rollten die ersten Serienexemplare des leichten Panzers Typ 95 erst im Jahre 1936 vom Band. Der Panzer wurde vom Industriekonzern Mitsubishi Heavy Industries gefertigt und trug bei der Truppe die Bezeichnungen

Turm
Typisch für den japanischen Panzerbau der 1930er-Jahre war der Turm des Typs 95, der recht unregelmäßig geformt war und nur wenig Platz bot. So musste der Kommandant im Kampf nicht nur das Fahrzeug führen, sondern auch die Kanone im Kaliber 37 mm bedienen.

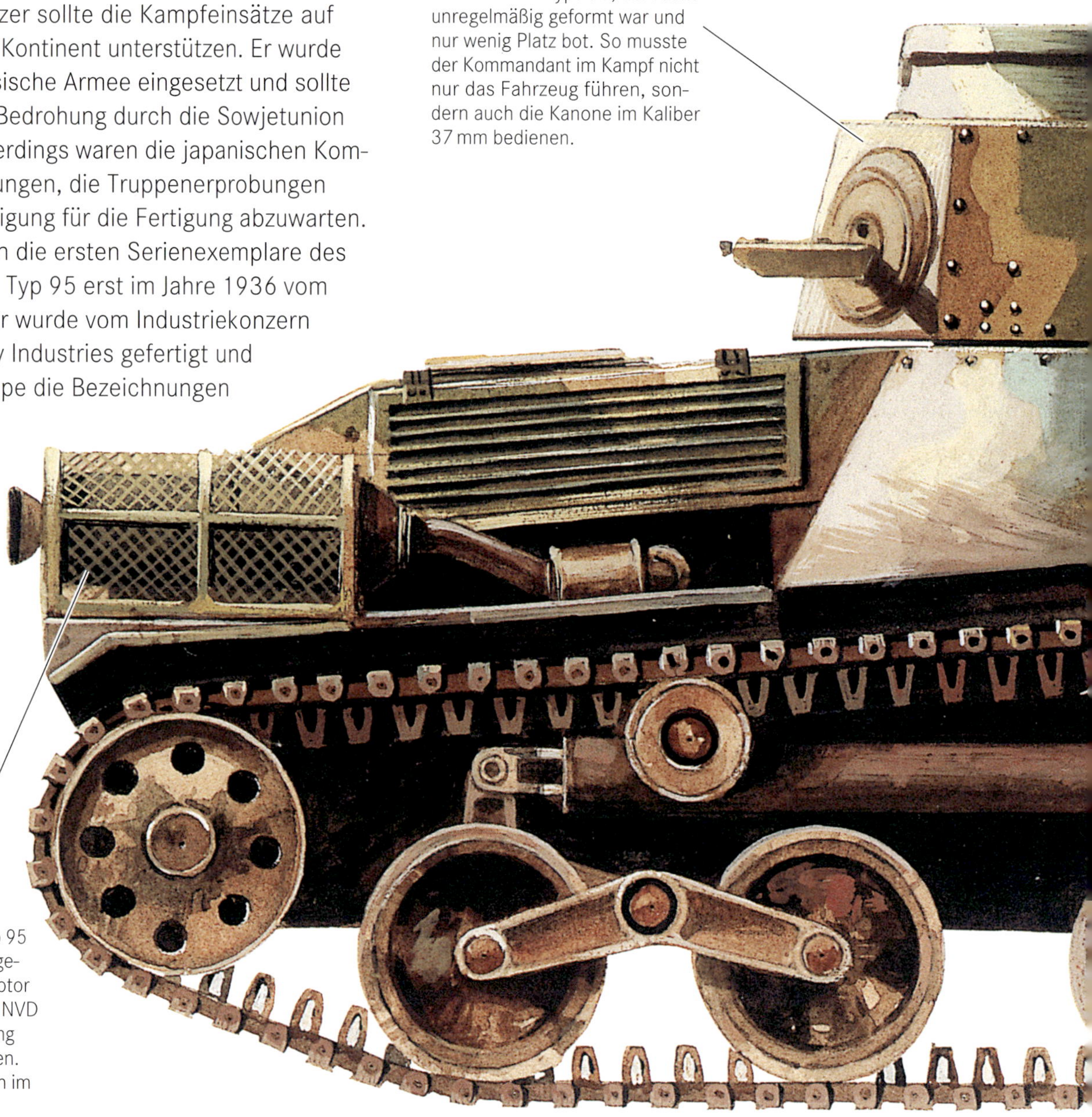

Triebwerk
Der leichte Panzer Typ 95 wurde von einem luftgekühlten 6-Zylinder-Motor der Bauart Mitsubishi NVD 6120 mit einer Leistung von 120 PS angetrieben. Der Motor befand sich im Fahrzeugheck.

„Ha-Go", „Ke-Go" oder „Kyugo". Danach fertigten auch der Industriekonzern Hitachi, die Arsenale von Kokura, Kobe Seikosho und Sagami diesen Typ in größeren Stückzahlen. Obwohl nicht ganz klar ist, wie lange die Fertigungszeit des Typs 95 dauerte – hier geht man entweder von 1943 oder dem Ende des Zweiten Weltkrieges aus –, sind wahrscheinlich 2300 Stück davon gefertigt worden. Die Standardausführung des Typs 95 war während des gesamten Krieges im Einsatz, entweder als Unterstützungswaffe für Infanterieeinsätze oder in festen Stellungen zur Verteidigung. Dabei wurde der Panzer so tief eingegraben, dass nur noch der Turm mit der Kanone im Kaliber 37 mm herausragte.

Skeptische Kommandeure

Schon als der Panzer in die Serienfertigung ging, stellten einige japanische Infanteriekommandeure den Wert des Typs 95 infrage, denn es mangelte ihm an Panzerschutz und an Feuerkraft. Allerdings hielten führende Kavallerieoffiziere die Panzerung

Diese Frontalansicht des leichten japanischen Panzers Typ 95 zeigt, wie klein der Turm war, außerdem war er nach links versetzt. Gut zu sehen ist auch der Fahrerplatz mit der Sichtluke auf der rechten Seite der Wanne.

Bewaffnung
Der leichte Panzer Typ 95 war anfänglich mit einer Kanone im Kaliber 37 mm des Typs 94 bewaffnet, die aber eine enttäuschend schwache Durchschlagskraft aufwies und deswegen durch die Kanone Typ 98 im selben Kaliber ersetzt wurde. Diese Waffe hatte eine höhere Mündungsgeschwindigkeit.

Panzerung
Die dünne Panzerung des Typs 95 wies nur Stärken zwischen 6 mm und 14 mm auf. Damit war der Panzer kaum gegen die Wirkung der Kanonen der potenziellen gegnerischen Panzer geschützt. Dieser Mangel stellte sich im Einsatz gegen sowjetische Panzer in der Mandschurei heraus und konnte während des gesamten Zweiten Weltkrieges nicht abgestellt werden.

Laufwerk/Federung
Beim Typ 95 wurde eine Winkelhebel-Federung mit vier gummibelegten Laufrädern auf jeder Seite verwendet. Das Treibrad befand sich vorn, das Leitrad hinten, und die Kette wurde von zwei Stützrollen geführt.

Die hohe Silhouette des leichten Panzers Typ 95 ist hier besonders gut in der Rückansicht zu sehen. Dadurch war der Panzer im Kampf ziemlich verwundbar. Sowohl die schwereren Bordkanonen der feindlichen Panzer als auch die Panzerabwehrkanonen des Gegners mit ihrer hohen Vo (Anfangsgeschwindigkeit eines Geschosses beim Verlassen der Mündung der Waffe) forderten vom Typ 95 einen hohen Blutzoll.

des Typs 95 mit einer Stärke zwischen 6 mm und 14 mm und die Kanone Typ 94 im Kaliber 37 mm für ausreichend und kampfkräftig genug. Kurz nach der Produktionsaufnahme des Typs 95 wurde der Panzer mit der Kanone Typ 98 im Kaliber 37 mm nachgerüstet, die eine höhere Mündungsgeschwindigkeit aufwies. Der leichte Panzer Kyugo konnte auf der Straße eine Geschwindigkeit von 45 km/h erreichen. Das Fahrzeug war hauptsächlich vernietet, der Turm war sehr beengt, und der Kommandant musste die Kanone laden, richten und abfeuern, und zwar zusätzlich zu seinen anderen Aufgaben. Der Turm war leicht nach links versetzt, und zusätzlich zur Kanone war ein Maschinengewehr Typ 97 im Kaliber 7,7 mm eingebaut, das nach hinten in der Stellung 5:00 Uhr gerichtet war. Der Zweck dieser Konfiguration war die Erhöhung des Bestreichwinkels der Waffen, und das galt besonders im Einsatz gegen feindliche Infanterie. In der Praxis erwies sie sich aber als enttäuschend. Der Fahrer des Panzers Typ 95 saß nach rechts versetzt in der Wanne, ein MG-Schütze saß links neben ihm und bediente ein zweites Maschinengewehr Typ 97. Neben 2970 Schuss MG-Munition führte der Panzer 119 Granaten der Typen HE und AP für seine Kanone mit sich.

Technische Daten

Abmessungen	Länge: 4,38 m Breite: 2,06 m Höhe: 2,18 m
Gewicht	7,4 t
Triebwerk	1 × luftgekühlter 6-Zylinder-Dieselmotor Mitsubishi NVD 6120 mit einer Leistung von 120 PS
Geschwindigkeit	45 km/h (Straße)
Bewaffnung	1 × Kanone Typ 98 im Kal. 37 mm, 2 × Maschinengewehr Typ 97 im Kal. 7,7 mm
Panzerung	6–14 mm
Reichweite	250 km
Besatzung	3 Mann

Schlechte Fahreigenschaften

Der Antrieb des Typs 95 erfolgte über einen luftgekühlten 6-Zylinder-Dieselmotor Mitsubishi NVD 6120 mit einer Leistung von 120 PS. Das von Hand zu schaltende Getriebe hatte vier Vorwärts- und einen Rückwärtsgang. Die dreiköpfige Besatzung wurde bei Geländefahrten im ländlichen China oft kräftig durchgeschüttelt. Das Fahrzeuginnere war mit Asbestmatten ausgekleidet, die dabei Stöße abmildern sollten, aber sie sollten auch etwas Schutz vor der extremen Hitze im Fahrzeug bieten, die bei dem schwülheißen Klima entstand.

Wenige Varianten

Die wichtigste Variante des leichten Panzers Typ 95 war der amphibische Panzer Typ 2 Ka-Mi. Dieses Fahrzeug wurde von den Landungstruppen der Kaiserlich-Japanischen Marine eingesetzt, und zwar sowohl in der offensiven als auch in der defensiven Rolle. Der Typ 2 war mit einem vierten Besatzungsmitglied besetzt, das die Schwimmkörper nach der Landung des Panzers abbauen musste.

Die Variante Ke-Ri sollte mit einer Kanone im Kaliber 57 mm bewaffnet werden, aber diese Planung wurde bald aufgegeben. Von der Variante Ke-Nu hingegen wurden ca. 100 Exemplare gefertigt, sie hatte den Turm des Typs 97 und eine Kanone im Kaliber 57 mm. Der Panzerjäger Ho-Ru erreichte nur das Prototypstadium, und ein Sturmgeschütz Ho-To mit einer Haubitze im Kaliber 120 mm entstand lediglich auf dem Reißbrett.

Tage der Enttäuschung

Als im Jahre 1939 die in Kwantung stationierte japanische Armee auf sowjetische Streitkräfte traf, war der Einsatz des leichten Panzers Typ 95 noch relativ

Japanische Besatzungsmitglieder eines leichten Panzers Typ 95 warten ihr Fahrzeug während einer Kampfpause irgendwo in China. Der Typ 95 wurde 1936 eingeführt und war eigentlich als Unterstützungspanzer für Infanterieeinsätze vorgesehen, später traf er zunehmend auf feindliche Panzer.

erfolgreich. Es zeigte sich aber sehr bald, dass die leistungsfähigeren Kanonen der Panzer BT-5 und BT-7 der Roten Armee im Kaliber 45 mm auf normale Kampfentfernung hin die Panzerung der japanischen Panzer durchbrechen konnten. Zwar konnte auch die japanische Bordkanone Typ 95 im Kaliber 37 mm die sowjetische Panzerung durchschlagen, aber man musste dazu ziemlich nah an den Feind herankommen. Es war offensichtlich, dass der Typ 95 beim Ausbruch des Zweiten Weltkrieges schon veraltet war. Die verbesserten sowjetischen Panzer, der leichte amerikanische Panzer M3 Stuart und der mittlere Kampfpanzer M4 Sherman sowie der britische Matilda konnten den japanischen Typ 95 mühelos vernichten.

Überlegene Feinde des Typs 95 im Pazifikkrieg

Obwohl der leichte Panzer Typ 95 bei den siegreichen japanischen Feldzügen auf der malaiischen Halbinsel und bei der Einnahme der britischen Bastion in Singapur gute Dienste leistete, waren Kämpfe Panzer gegen Panzer in Asien und im Pazifikraum ziemlich selten. Wenn es zu diesen Kämpfen kam, war der Typ 95 oft der Verlierer. Der erste Kontakt zwischen amerikanischen leichten Panzern des Typs M3 Stuart und dem Typ 95 fand am 22. Dezember 1941 auf den Philippinen statt, der Kampf ging relativ unentschieden aus. Allerdings zeigte sich sehr schnell, dass der Stuart besser gepanzert war als der Typ 95, und die Amerikaner nutzten diesen Vorteil später sehr gut aus. An einem anderen Ort im Pazifikraum wurden sieben Panzer Typ 95 in der Nähe der Strände auf der Insel Tarawa eingegraben, um die Landungsunternehmen der amerikanischen Marine im November 1943 abzuwehren. In einer kurzen Schlacht auf dieser Insel kämpfte ein amerikanischer M4 Sherman gegen einen Panzer Typ 95. Wenn eine Granate des japanischen Panzers im Kaliber 37 mm die Wanne des Sherman traf, bildete sich auf der Innenseite des amerikanischen Panzers ein zitronengelber Fleck. Die Panzerung durchschlagen konnte die Granate aber nicht. Der japanische Panzer wurde dann von der amerikanischen Panzerkanone im Kaliber 75 mm zusammengeschossen. Panzer vom Typ 95 fielen regelmäßig den amerikanischen Stuarts und Shermans zum Opfer. Außerdem wurden sie regelmäßig auf Saipan, Tinian, Guam, Peleliu und Okinawa von amerikanischen Panzerabwehrkanonen im Kaliber 37 mm und der Panzerabwehrwaffe Bazooka außer Gefecht gesetzt.

T-35 (1935)

Der sowjetische T-35 war der einzige Panzer mit fünf Türmen, der in irgendeinem Land bei den Streitkräften eingesetzt wurde. Er sollte zwar im Einsatz viele Aufgaben haben, aber die dienstliche Verwendung der Mehrzahl der T-35 bestand in der Teilnahme an Paraden in Moskau.

Der schwere Panzer T-35, der zwischen den beiden Weltkriegen konstruiert worden war, war für das sowjetische Konstruktionsbüro OKMO eine Enttäuschung. Die Konstruktion des Panzers war vom Vorgängertyp T-28, einem mittelschweren Panzer mit drei Türmen, beeinflusst worden, und diese Konstruktion ging wiederum auf einen Entwurf der britischen Rüstungsfirma Vickers zurück. Das war ein Panzer mit mehreren Türmen, der aber nie über das Stadium eines Prototyps hinausging. Der T-35 war der einzige Panzer mit fünf Türmen, der jemals produziert wurde. Die Konstruktion des T-35 stammt aus dem Jahre 1930. Der erste Prototyp wurde zwei Jahre später eingeführt. Es ist durchaus möglich, dass auch deutsche Konstrukteure zwischen den beiden Weltkriegen an dieser Konstruktion beteiligt waren, denn in den späten 1920er-Jahren arbeiteten sie im Geheimen an der

Hauptturm
Der Hauptturm des schweren Panzers T-35 war identisch mit demjenigen des mittleren Kampfpanzers T-28, das galt auch für die Kanone im Kaliber 76,2 mm. Bei den späten Exemplaren wurde der Panzerschutz des Haupttumes auf 25 mm verstärkt.

Bewaffnung
Die Hauptwaffe des T-35 war eine Kanone im Kaliber 76,2 mm, die im größten der fünf Türme (rechts) untergebracht war. Zwei kleinere Türme waren mit Kanonen im Kaliber 45 mm und mit Maschinengewehren Kaliber 7,62 mm ausgestattet. Zwei weitere kleine Türme waren mit jeweils einem einzelnen MG Kaliber 7,62 bewaffnet.

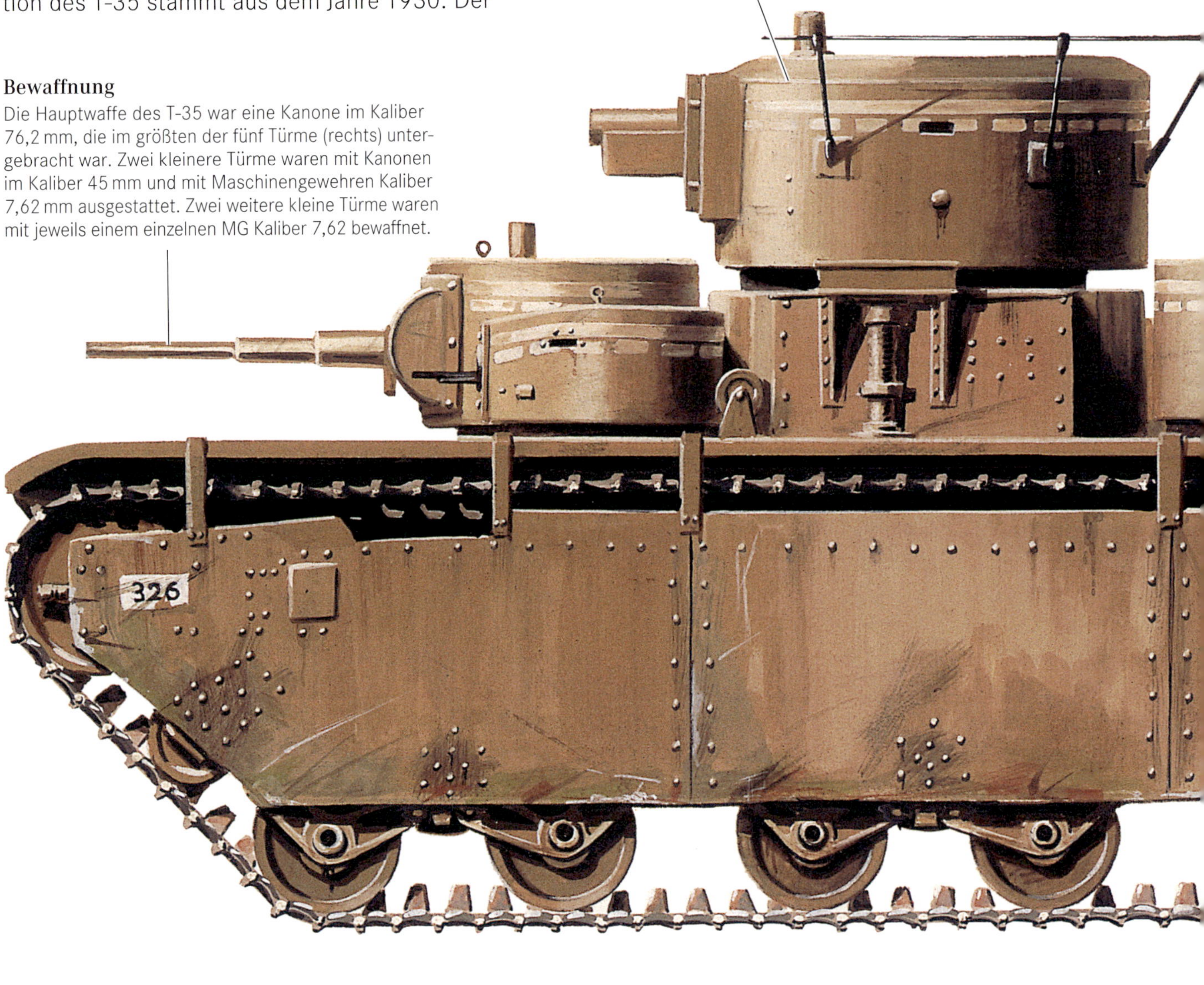

Entwicklung von Panzern für das deutsche Heer. Die meisten der 61 gebauten Panzer T-35, die zwischen 1933 und 1938 vom Band rollten, waren länger als das ursprüngliche Modell. Zusammen mit dem beträchtlichen Gewicht von 45 t trug die zusätzliche Länge dazu bei, dass der Panzer noch schwieriger zu steuern war.

Vielzahl von Waffen

Die Hauptbewaffnung im größten Turm des Panzers bestand ursprünglich aus einer Kanone KT obr. 1927/32 im Kaliber 76,2 mm. Später wurde die verbesserte Kanone KT-28 eingebaut; diese Waffe war mit derjenigen im T-28 identisch. In zwei weiteren Türmen waren die Sekundärwaffen im Kaliber 37 mm eingebaut, von denen eine im Turm rechts vorn und die andere im Turm links hinten untergebracht waren. Später wurden diese Kanonen durch neue Waffen im Kaliber 45 mm ersetzt. Außerdem war ein koaxiales Maschinengewehr im Kaliber 7,62 mm vorhanden. In zwei weiteren kleinen Türmen befanden sich ebenfalls Maschinengewehre im Kaliber 7,62 mm.

Draufsicht auf den schweren sowjetischen Panzer T-35. Hier kann man gut sehen, welche beengten Verhältnisse im Fahrzeug aufgrund der fünf Türme herrschten. Obwohl der T-35 auf den ersten Blick sehr wehrhaft aussah, war der Panzer für seine Größe zu leicht bewaffnet.

Panzerung

Der Panzerschutz für den schweren Panzer T-35 hatte Stärken zwischen 11 und 30 mm. Die Stärke der Panzerung wurde im Verlauf der Fertigung geändert. Typisch war die Anbringung der stärksten Panzerung an der Frontseite des Fahrzeugs. Die Panzerschürzen an den Seiten hatten eine Stärke von 10 mm, sie sollten die Ketten, Laufräder und Federungselemente vor feindlichem Pak-Feuer schützen.

Triebwerk

Der riesige schwere Panzer T-35 wurde von einem 12-Zylinder-Benzinmotor Mikulin M-17M mit einer Leistung von 500 PS angetrieben. Hauptkritikpunkt an diesem Panzer war die Tatsache, dass er mit diesem Motor und seinem Gewicht von 45 t untermotorisiert war.

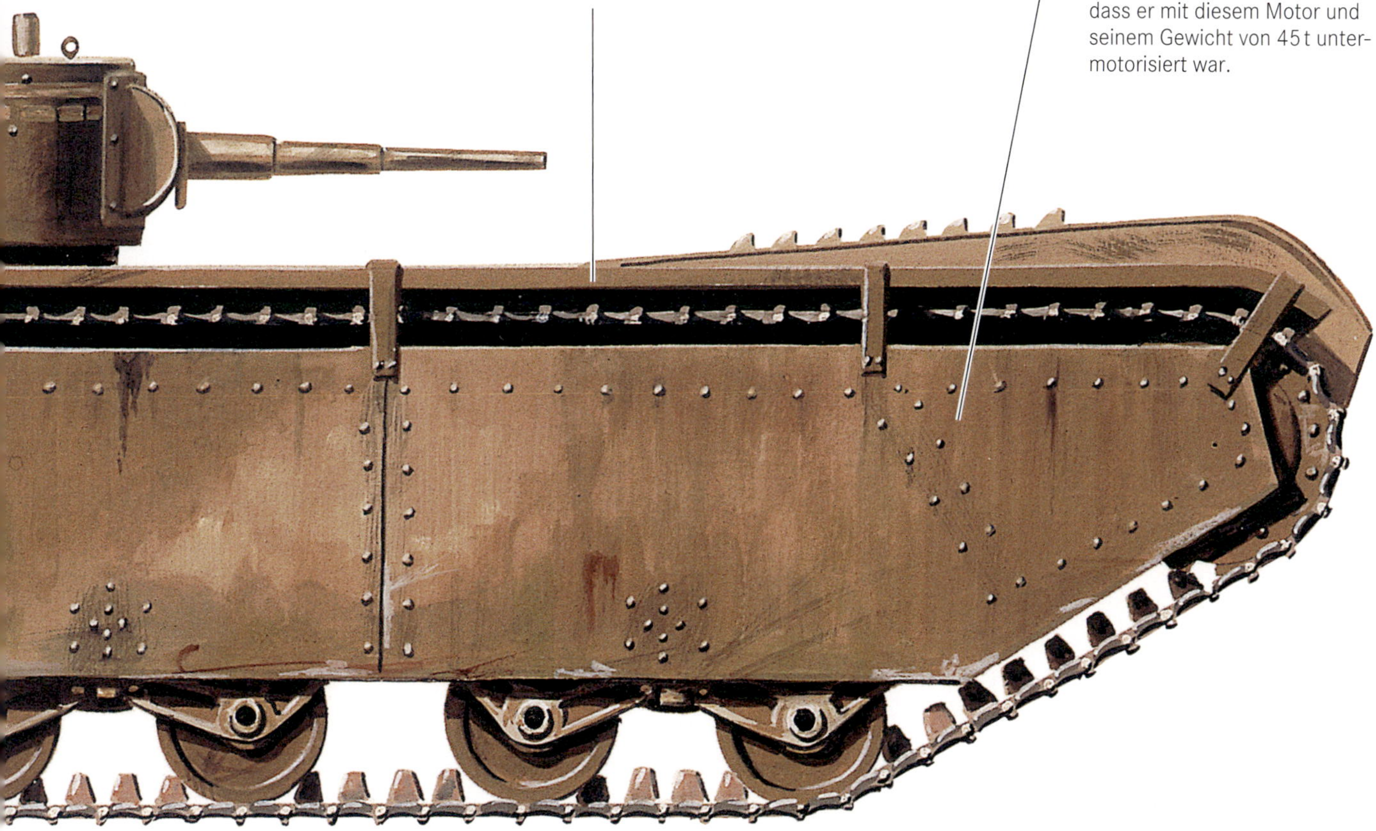

Die nach vorn feuernde Hauptwaffe des T-35 im Kaliber 76,2 mm war für den Kampf gegen andere Panzer zu schwach.

Beengte Verhältnisse im Kampfraum

Trotz der beeindruckenden Größe des Panzers T-35 war es im Kampfraum ziemlich beengt. Die Besatzung von elf oder zwölf Mann musste auf ziemlich engen Sitzen Platz nehmen, sodass sie im Einsatz nur in begrenztem Umfang kämpfen konnten. Im eigentlichen Fahrzeug saßen allerdings nur ein oder zwei Besatzungsmitglieder. Der Kommandant hatte seinen Platz im Hauptturm auf der rechten Seite der Kanone. Sein Stellvertreter war für die Bedienung der Kanone im Kaliber 45 mm im zweiten nach vorn weisenden Turm zuständig, außerdem war er für die Einsatzbereitschaft des Panzers verantwortlich. Gefahren wurde der Panzer von einem Soldaten mit einer technischen Ausbildung, er saß vorn auf dem Fahrerplatz. Ein weiteres Besatzungsmitglied, das ebenfalls als Fahrer bezeichnet wurde, bediente das Maschinengewehr im Kaliber 7,62 mm im nach vorn zeigenden Turm Nr. 3 und half dem Hauptfahrer beim Fahren des Panzers T-35. Der für die Bedienung des Hauptturmes verantwortliche Soldat saß auf der linken Seite der Kanone im Kaliber 76,2 mm und war für die Bedienung der Waffe zuständig. Der Kommandant des Turmes Nr. 2 saß rechts von der Kanone im Kaliber 45 mm und fungierte als Ladeschütze. Der Kommandant des nach hinten zeigenden Turmes Nr. 4 bediente die zweite Kanone im Kaliber 45 mm, er saß links von ihr. Im Turm Nr. 4 saß außerdem ein Reservefahrer, der als Ladeschütze fungierte. Der Kommandant des Turmes Nr. 5 bediente das nach hinten schießende Maschinengewehr im Kaliber 7,62 mm. Der Funker saß im Hauptturm und half außerdem als Ladeschütze für die Kanone im Kaliber 76,2 mm aus. Außerhalb des Panzers war ein Fahrer für das Getriebe und das Laufwerk zuständig, zeitweilig wurde außerdem ein Kfz-Mechaniker für die Wartung des Motors eingesetzt.

Technische Daten

Abmessungen	Länge: 9,72 m Breite: 3,2 m Höhe: 3,43 m
Gewicht	45 t
Triebwerk	1 × 12-Zylinder-Benzinmotor Mikulin M-17M mit 500 PS Leistung
Geschwindigkeit	30 km/h
Bewaffnung	Hauptwaffe: 1 × Kanone KT-28 im Kal. 76,2 mm, Sekundärbewaffnung: 2 × Kanone 20K im Kal. 45 mm, 5 oder 6 × Maschinengewehr DT im Kal. 7,62 mm
Panzerung	11–30 mm
Reichweite	150 km
Besatzung	11 oder 12 Mann

Schutz und Fertigung

Die Stärke der Panzerung variierte von 11 bis 30 mm, im Jahre 1936 wurde die Frontpanzerung auf 50 mm verstärkt. Dadurch sollte die vorn in der Wanne untergebrachte Besatzung besser geschützt werden. Der Panzer war sowohl geschweißt als auch genietet, und im Jahre 1938 wurde ein konisch geformter Turm mit einer Frontpanzerung von 25 mm Stärke eingeführt. Einige Fahrzeuge hatten Panzerschürzen mit einer Stärke von 10 mm, dadurch sollten sie besser gegen Panzerabwehrwaffen geschützt werden. Die Fertigung dieses Typs wurde am 11. August 1933 genehmigt. Im Verlauf der gesamten, insgesamt fünf Jahre dauernden Fertigungszeit kam es immer wieder zu Änderungen an der Konstruktion. Die Fertigung verlief schleppend und war teuer. Die niedrige Stückzahl von nur 61 Panzern war äußerst gering im Vergleich zur Fertigung von anderen sowjetischen Panzerfahrzeugen, die jeweils in beträchtlichen Stückzahlen gebaut wurden. Zu den Varianten gehören der T-35 B, ein Prototyp mit einem anderen Motor, und

der Prototyp SU7 mit einer schweren Kanone mit einem Kaliber von wenigstens 254 mm.

Mit seinem Gewicht von 45 t war der riesige sowjetische schwere Panzer T-35 nur schwer zu steuern. Aufgrund seiner fünf Türme und der langen Wanne war er für den Gegner ein willkommenes Ziel.

Begrenzte Einsätze

Im Gegensatz zu einer Reihe von anders lautenden Berichten wurde der T-35 nicht bei der Roten Armee im Verlauf des Winterkrieges von 1939–40 in Finnland eingesetzt. Ursprünglich wurde der T-35 nur an die 5. Eigenständige Schwere Brigade in der Nähe von Moskau ausgegeben. Hauptaufgabe der Panzer war die Teilnahme an Paraden auf dem Roten Platz; dort sollten sie Zuschauern und vor allen Dingen ausländischen Beobachtern einen falschen Eindruck von der Gesamtstärke der sowjetischen Panzerwaffe vermitteln. Obwohl es Beweisfotos dafür gibt, dass wenigstens ein T-35 während der Operation Barbarossa von der deutschen Wehrmacht erbeutet wurde, gibt es über die sonstigen Einsätze dieses Panzertyps nur wenige Hinweise. Diejenigen T-35, die tatsächlich gegen die Wehrmacht kämpften, wurden wegen ihrer leichten Panzerung und der eingeschränkten Beweglichkeit aufgrund des extremen Übergewichts zusammengeschossen. Viele Fahrzeuge gingen außerdem durch mechanische Defekte verloren.

Mangelhafte Bewährung im Einsatz

Schon vor dem Einmarsch der deutschen Panzer, die am 22. Juni 1941 die russische Grenze überquerten, war man zu der Erkenntnis gekommen, dass der schwere Panzer T-35 nicht für den Kampfeinsatz zur Abwehr der Invasion geeignet war. Offensichtlich war die Führung der Roten Armee schon vor dem Ausbruch des Krieges, der später als der Große Vaterländische Krieg bezeichnet wurde, zu dieser Erkenntnis gekommen. Über den Einsatz während des Winterkrieges in Finnland von 1939–40 gibt es keine Berichte, und Berichte über den Einsatz im Zweiten Weltkrieg sind ebenfalls rar. Aus den Unterlagen geht hervor, dass alle Modelle des T-35 an das 5. Eigenständige Schwere Panzerbataillon in der Nähe von Moskau ausgegeben wurden. Ihre Hauptaufgabe zwischen 1935 und 1940 war die Teilnahme an Paraden auf dem Roten Platz in Moskau. Einige Historiker sind der Meinung, dass im Sommer 1940 die T-35 an das 67. und das 68. Panzerregiment der 34. Panzerdivision abgegeben wurden. Über Erfolge im Kampf ist nur wenig bekannt.

Dt. Reich 1933–45

Panzer II Ausf F (1936)

Der ursprünglich als Übergangslösung geplante Panzerkampfwagen II, der eigentlich die Lücke zwischen leichten Panzern und den noch in der Entwicklung befindlichen schwereren Panzern überbrücken sollte, wurde eine Hauptstütze der Panzertruppe der Wehrmacht während der Feldzüge in Polen und Frankreich.

Die Entwicklung des Panzerkampfwagens II geht auf das Jahr 1934 zurück. Damals wurde die Panzertruppe der deutschen Wehrmacht noch im Geheimen aufgebaut, denn der Vertrag von Versailles verbot die Fertigung von Kampfpanzern. In diesem Jahr erteilte die Reichsregierung der Maschinenfabrik Augsburg-Nürnberg (MAN) den Fertigungsauftrag für den PzKpfw II. Der Auftrag wurde unter dem unverfänglichen Decknamen „Industrietraktor 100" erteilt. Ursprünglich war der PzKpfw II für Ausbildungszwecke vorgesehen, er wurde dann aber zum zahlenstärksten Panzer deutscher Panzerdivisionen. Bei der Offensive

Bewaffnung
Die Hauptwaffe des PzKpfw II war eine leichte Maschinenkanone im Kaliber 20 mm. Versuche mit dem Einsatz von schwereren Bordwaffen wurden aufgegeben. Im Verlauf des Zweiten Weltkrieges wurde dieser Panzertyp hauptsächlich als Spähpanzer eingesetzt.

in Frankreich zwischen dem 10. Mai und dem 22. Juni 1940 waren mehr als 1000 Panzer bei den Panzerdivisionen im Einsatz. Selbst als der Panzer mit der Indienststellung der neuen PzKpfw III und PzKpfw IV veraltet war, spielte er weiterhin eine bedeutende Rolle bei den deutschen Siegen in Polen und in der Anfangsphase der Operation Barbarossa an der Ostfront.

Panzerung und Feuerkraft

Die erste Serienausführung des PzKpfw II Ausführung A wurde 1935 mit einer Maschinenkanone KwK 30 im Kaliber 20 mm eingeführt. Diese Kanone wurde auch von den Erdkampfflugzeugen der Luftwaffe eingesetzt. Als Sekundärbewaffnung war ein einzelnes MG 34 im Kaliber 7,92 mm eingebaut, das koaxial zur Kanone montiert war. Der Panzer führte 180 Patronen

Diese Frontansicht des PzKpfw II zeigt deutlich, wie weit der Turm auf der Wanne nach links versetzt ist. Der Einbau des Motors hinten in der Wanne sorgte für eine gleichmäßige Gewichtsverteilung.

Panzerung
Der Panzerschutz des PzKpfw II war anfänglich 11 bis 30 mm stark. Die Einsatzerfahrungen im Spanischen Bürgerkrieg und die wirksamen alliierten Panzerabwehrwaffen führten dazu, dass spätere Varianten besser gepanzert wurden.

Triebwerk
Der ursprüngliche Motor des PzKpfw II leistete 130 PS, es war ein Benzinmotor. Als sich dieser Antrieb als nicht ausreichend erwies, wurde er durch einen 6-Zylinder-Benzinmotor Maybach mit einer Leistung von 140 PS ersetzt.

Laufwerk
Die Varianten D und E des PzKpfw II hatten eine Drehstabfederung. Bei der letzten Ausführung F wurden dann Blattfedern verwendet.

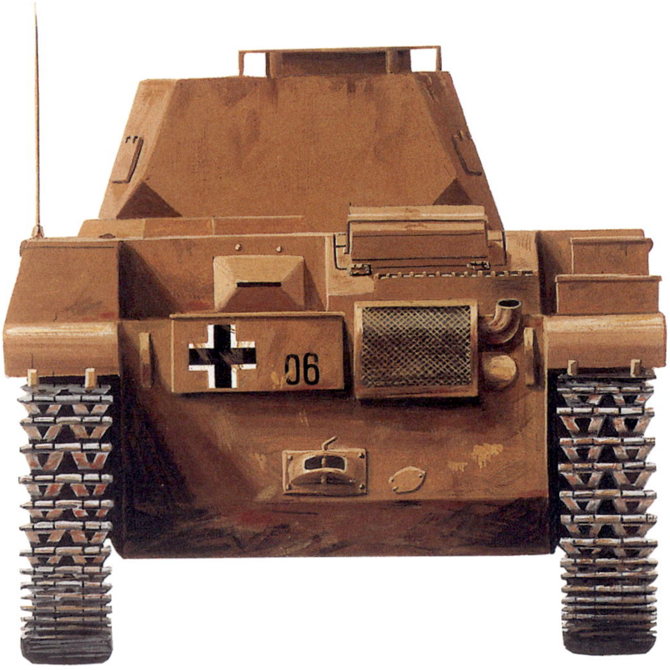

Diese Heckansicht des PzKpfw II zeigt seine relativ große Bodenfreiheit, die zur guten Geländegängigkeit des Panzers beitrug. Die Ausführung F erhielt eine überarbeitete Turmluke für den Kommandanten.

im Kaliber 20 mm und 1425 Schuss Munition für das Maschinengewehr mit. Experimente mit dem Einbau von Kanonen im Kaliber 37 mm und 50 mm wurden aufgegeben, da aufgrund der Einführung von schwereren Panzern eine höhere Feuerkraft für dieses leichte Fahrzeug als unnötig erachtet wurde. Erste Truppenerprobungen und die Kampferfahrungen während des Spanischen Bürgerkrieges zeigten aber, dass eine stärkere Panzerung und ein leistungsfähigerer Motor für eine optimale Leistung des Panzers

Technische Daten

Abmessungen	Länge: 4,64 m Breite: 2,30 m Höhe: 2,02 m
Gewicht	9,5 t
Triebwerk	1 × 6-Zylinder-Benzinmotor Maybach mit 140 PS Leistung
Geschwindigkeit	55 km/h
Bewaffnung	1 × Kanone KwK 30 im Kal. 20 mm, 1 × Maschinengewehr MG 34 im Kal. 7,92 mm
Panzerung	Front 35 mm, Seiten 20 mm, Heck 14,5 mm, Wannenboden 5 mm
Reichweite	200 km
Besatzung	3 Mann

erforderlich waren. Anfänglich bestand der Panzerschutz aus einer 14 mm starken Panzerplatte an der Front, der Rückseite und den Seiten, die Oberseite und die Unterseite der Wanne waren mit 10 mm starken Platten gepanzert. Ab der Ausführung B wurde die Frontpanzerung etwas verstärkt, und so stieg das Gesamtgewicht des PzKpfw II auf 8 t. Durch den Einbau eines 6-Zylinder-Benzinmotors von Maybach mit einer Leistung von 140 PS wurde das frühere Triebwerk mit seinen 130 PS ersetzt. Bei den nächsten Varianten wurde der Panzerschutz weiter optimiert, und auch die Federung wurde verbessert, um das Fahrzeug im Gelände gängiger zu machen. Die Straßengeschwindigkeit der Modelle Ausführung D und Ausführung E, die beide im Jahre 1938 eingeführt wurden, erreichte 55 km/h. Die Ausführung F, die im Jahre 1940 ihre Feuertaufe erhielt, hatte eine weiter verstärkte Frontpanzerung mit einer Stärke von 35 mm, die Seiten waren mit 20 mm starken Platten gepanzert. Die zusätzliche Panzerung erhöhte das Gewicht auf 10 t, dementsprechend geringer war dann die Höchstgeschwindigkeit. Als aber zunehmend kampfkräftigere alliierte Panzer erschienen, wurde ein verbesserter Panzerschutz für die dreiköpfige Besatzung des PzKpfw II als notwendig erachtet. Das Fahrzeug wurde zunehmend als Spähpanzer und als Führungspanzer verwendet. Das Laufwerk der Ausführung F wurde mit Blattfedern anstelle der Korrosionsstabfederung der vorangegangenen Varianten D und E ausgestattet. Der Turm des Panzers war auf der Wanne etwas nach links versetzt, der Fahrer saß vorn in der Wanne und konnte seinen Fahrweg durch schmale Sehschlitze beobachten. Kommandant und Richtschütze, der gleichzeitig als Ladeschütze fungierte, saßen im Turm.

Vielseitige Einsatzmöglichkeiten

Als der PzKpfw II an der Ostfront und der Westfront zum Einsatz kam, machten ihn seine hohe Geschwindigkeit und die leichte Panzerung zu einer idealen Plattform für zahlreiche andere Panzerfahrzeuge; dazu gehörten der Marder I und eine Reihe von Selbstfahrgeschützen zur Panzerabwehr. Außerdem entstand die Selbstfahrlafette Wespe mit einer Haubitze im Kaliber 105 mm, die bis zum Jahre 1944 gefertigt wurde. Eine weitere interessante Variante des PzKpfw II war der Flammenpanzer II, der mit zwei Flammenwerfern ausgerüstet war. Davon wurden mindestens 100 Stück gefertigt, die 1942 in Dienst gestellt wurden. Für die geplante Invasion in

Großbritannien im Jahre 1940 wurde eine amphibische Variante entwickelt. Dabei trieb der Motor über eine Welle eine Schiffsschraube an, das Fahrzeug erreichte im Wasser eine Geschwindigkeit von 10 km/h.

Bewährung im Kampf

Während der ersten Monate des Zweiten Weltkrieges erwies sich der PzKpfw II als die ideale Kombination von Geschwindigkeit und Feuerkraft. Damit konnte der schnelle Vormarsch der Wehrmacht im Blitzkrieg ermöglicht werden. Obwohl seine Kanone leichter war als die der gegnerischen Panzerfahrzeuge – das galt besonders für die französischen Typen Char B1 bis, Somua S-35 und Renault R35, die mit Kanonen im Kaliber 75 mm, 47 mm und 37 mm ausgestattet waren –, war der PzKpfw II schnell und auch im Gelände sehr beweglich. Der wirkliche Vorteil des PzKpfw II in der Anfangszeit des Krieges war seine überragende Mobilität, die sich hervorragend mit Luftunterstützung, Artillerieunterstützung und den Taktiken des Panzerkrieges kombinieren ließ. Die Taktiken des Panzerkrieges waren von General Heinz Guderian entwickelt worden, der allgemein als der Vater des Blitzkrieges gilt. Der PzKpfw II wurde von 1935 bis 1943 gebaut, und insgesamt wurden fast 1900 Exemplare davon in Dienst gestellt.

Frühe Erfolge der deutschen Panzerwaffe

Als die Speerspitzen der deutschen Panzerwaffe im Herbst des Jahres 1939 tief nach Polen und im Frühjahr des Jahres 1940 dann auch nach Frankreich eindrangen, war der PzKpfw II einer der zahlreichsten eingesetzten Panzertypen auf dem Schlachtfeld. Der PzKpfw II hatte eine Kanone im Kaliber 20 mm, das war im Vergleich zu den früheren deutschen Panzerfahrzeugen, die nur mit Maschinengewehren bewaffnet waren, ein deutlicher Fortschritt. Der Panzer war leicht und im Gelände ziemlich beweglich, er war hervorragend für Aufklärungseinsätze und die tiefen schnellen Vorstöße im Rahmen der Blitzkrieg-Doktrin geeignet. Als dann zunehmend größere und schwerere Panzer mit höherer Feuerkraft eingeführt wurden, blieb der PzKpfw II immer noch ein wichtiger Spähpanzer, der für Aufklärungseinsätze und Infanterie-Unterstützung eingesetzt wurde. Er wurde von 1935 bis 1943 gefertigt, die letzte Variante war die Ausführung F, die 1940 eingeführt wurde. Von März 1941 bis Dezember 1942 wurden insgesamt 524 Exemplare der Ausführung F produziert. Auf der unteren Abbildung sieht man eine Formation von PzKpfw II, die vorsichtig von einem offenen Feld her in einen lichten Wald einfahren. Die Aufnahme entstand in den ersten Wochen des Zweiten Weltkrieges.

Char B1 bis (1937)

Mehrere große französische Fahrzeugfabriken einschließlich Renault fertigten den schweren Kampfpanzer Char B1 bis für die französische Armee. Der Panzer Char B1 bis war die letzte Variante des Char B1. Er wurde 1937 als einer der kampfkräftigsten Panzer der Welt in Dienst gestellt.

Bewaffnung

Der schwere Panzer B1 bis hatte mehr Feuerkraft als alle anderen zeitgenössischen Panzerfahrzeuge im Jahre 1940. Die im Turm untergebrachte Kanone im Kaliber 47 mm wurde vom Kommandanten des Panzers bedient, während sich vorn in der Wanne eine Haubitze im Kaliber 75 mm befand. Diese Rohrwaffe hatte allerdings nur einen begrenzten Schwenkbereich, üblicherweise musste das ganze Fahrzeug mithilfe des Kettenlaufwerks geschwenkt werden.

Verständigung

Die vier Besatzungsmitglieder des B1 bis saßen im ganzen Fahrzeug verteilt, wobei der Kommandant im kleinen Turm saß. Die Verständigung untereinander, das galt besonders im Kampfeinsatz, war ausgesprochen schwierig.

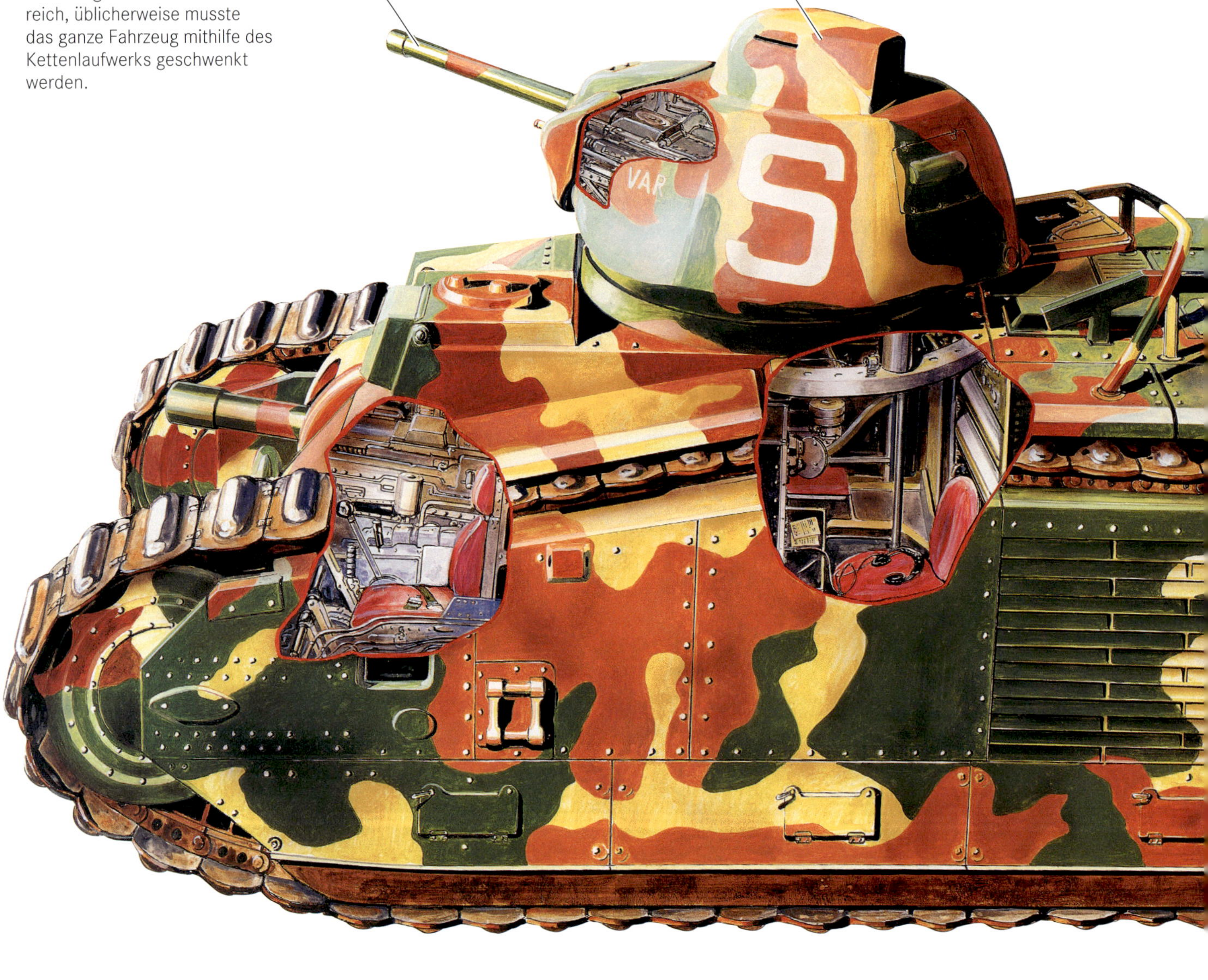

Obwohl die französische Wirtschaft durch die Ereignisse des Ersten Weltkrieges stark geschwächt war – und das galt natürlich auch für die Streitkräfte dieses Landes –, erkannten nur wenige Offiziere der französischen Armee den Bedarf an fortlaufender Modernisierung und Mechanisierung ihrer Streitkräfte. Schon bald nach Kriegsende stellte General Jean-Baptiste Eugene Estienne die Forderung zur Entwicklung eines französischen schweren Panzers auf. Bis 1921 hatte man dann mit den Konstruktionsarbeiten begonnen, es sollte aber noch 14 weitere Jahre dauern, ehe das Ergebnis dieser Arbeiten, der Panzer Char B1, in die Fertigung ging. Die letzte Serienausführung des Char B1 war der Char B1 bis, der von 1937 bis 1940 in begrenzten Stückzahlen gebaut wurde. Als er dann auf dem Schlachtfeld eingesetzt wurde, erwies er sich als seinen Gegnern bei der deutschen Invasion im Frühjahr 1940 deutlich überlegen.

Die Frontansicht des schweren französischen Panzers Char B1 bis zeigt deutlich, welche Feuerkraft der Panzer hatte. Der Char B1 bis konnte in den ersten Monaten des Zweiten Weltkrieges die besten deutschen Panzer problemlos zerstören, allerdings war er nicht in ausreichenden Stückzahlen vorhanden.

Panzerung

Die französischen Ingenieure kombinierten geschweißte und vernietete Bauteile bei der Fertigung des Panzers Char B1 bis, außerdem wurden Gussteile verwendet. Die Panzerung hatte Stärken zwischen 14 und 60 mm, die stärkste Panzerung befand sich vorn an der Wanne.

Triebwerk

Der Panzer Char B1 bis war serienmäßig mit einem Benzinmotor mit sechs Zylindern in Reihe von Renault ausgerüstet, der ihm gegenüber der ersten Ausführung Char B1 überragende Fahreigenschaften verlieh.

Lufteinlass

Der luftgekühlte Motor des Char B1 bis benötigte an der Seite der Wanne einen großzügig dimensionierten Lufteinlass. Trotz dieser konstruktionsbedingten Schwächung des Panzerschutzes an dieser Stelle war die Seitenpanzerung mit einer Stärke von 55 mm durchaus ausreichend.

Die Ausführung des Kettenlaufwerkes des B1 bis erinnerte noch an die Panzer aus der Zeit des Ersten Weltkrieges. Diese Draufsicht zeigt allerdings, dass der französische schwere Panzer schon solche Neuerungen wie einen um 360° drehbaren Turm mit einer Kanone im Kaliber 47 mm hatte.

Technische Daten

Abmessungen	Länge: 6,63 m Breite: 2,52 m Höhe: 2,84 m
Gewicht	31,5 t
Triebwerk	1 × Benzinmotor Renault 6-Zylinder in Reihe mit 307 PS Leistung
Geschwindigkeit	Straße: 28 km/h, Gelände: 21 km/h
Bewaffnung	1 × Haubitze ABS SA35 L/17 im Kal. 75 mm, in der Wanne höhenrichtbar, 1 × Kanone SA35 L/32 im Kal. 47 mm im rundum drehbaren Turm, 1 × Koaxial-Maschinengewehr Chatellerault Mle. 31 im Kal. 7,5 mm, 1 × schwenkbares Maschinengewehr Chatellerault Mle. 31 im Kal. 7,5 mm
Panzerung	14–60 mm
Reichweite	Straße: 135 km, Gelände: 100 km
Besatzung	4 Mann

Feuerkraft und Panzerschutz

Obwohl der Einfluss des Panzerbaus aus dem Ersten Weltkrieg noch deutlich sichtbar in die Konstruktion des Char B1 eingeflossen war, wiesen die Typen Char B1 und der Nachfolger Char B1 bis auch eine Reihe von technischen Neuerungen auf. Dazu gehörten ein elektrischer Anlasser und selbstabdichtende Kraftstofftanks. Zur schweren Bewaffnung gehörten eine Kanone SA35 L/32 im Kaliber 47 mm in einem rundum drehbaren Turm und eine sehr wirksame Haubitze ABS SA35 L/17 im Kaliber 75 mm vorn in der Wanne, ein koaxiales MG Chatellerault Mle. 31 im Kaliber 7,5 mm und ein schwenkbares zweites MG im Kaliber 7,5 mm. Der Panzer hatte einen Munitionsvorrat von 72 Schuss im Kaliber 47 mm und 74 Schuss für die Haubitze im Kaliber 75 mm. Die 14 bis 60 mm starke Panzerung aus Nickelstahl war vernietet und verschweißt. Als die Variante Char B1 bis in die Fertigung ging, gehörten zu den konstruktiven Verbesserungen ein stärkerer Panzerschutz, ein verbesserter Turm und ein Renault-Benzinmotor mit sechs Zylindern in Reihe, der 307 PS leistete. Dieser Panzer wurde aber nur kurze Zeit produziert, am Vorabend des Zweiten Weltkrieges standen nur 400 Panzer Char B1 und Char B1 bis im Dienst. Die Fertigung des Char B1 bis war teuer, und zwischen April 1937 und Juni 1940 waren nur 369 Panzer der 1144 Exemplare umfassenden Bestellung der französischen Armee ausgeliefert worden. Bei Kriegsausbruch waren nur 129 Panzer Char B1 bis im Einsatz. Für die Fertigung ab Sommer 1940 war eine weitere Variante mit der Bezeichnung Char B1 ter vorgesehen, die einen stärkeren Motor und eine dickere Frontpanzerung bekommen sollte. Die Niederlage Frankreichs verhinderte das Projekt.

Mängel im Kampfeinsatz

Der Char B1 war für seine Besatzung im Einsatz eine ziemliche Herausforderung. Der Kommandant saß in seinem engen Turm und musste die Kanone im Kaliber 47 mm selber richten und abfeuern. Die vier Besatzungsmitglieder saßen verteilt im Fahrzeug, eine Verständigung untereinander war schwierig. Der Panzer wog mächtige 31,5 t, und das war der Grund für die enttäuschenden Werte bei der Straßengeschwindigkeit von nur 28 km/h und der Geländegeschwindigkeit von 21 km/h. Die hohe Silhouette des Char B1 bis machte ihn auf dem Schlachtfeld zu einem willkommenen Ziel, während der Lufteinlass des luftgekühlten Renault-Motors an der linken Flanke die Panzerung an dieser Stelle schwächte.

Führung im Einsatz

Zu Beginn des Zweiten Weltkrieges war die französische Armee zumindest auf dem Papier die größte und kampfkräftigste Armee der Welt. Allerdings hatte man bis dahin nur drei Panzerdivisionen (Divisions Cuirassees de Reserve) aufgestellt. Die Aufstellung einer vierten Division wurde innerhalb von Tagen nach Kriegsausbruch überhastet genehmigt. Obwohl die Hauptwaffe dieser Divisionen, die Panzertypen Char B1 und Char B1 bis, durchaus in der Lage waren, jeden gegnerischen Panzer zu jener Zeit zu zerstören und diese Tatsache den Deutschen bei Ausbruch des Krieges sehr wohl bekannt war, wurden die Franzosen von den tatsächlichen Ereignissen buchstäblich überrollt. Nachdem sie in den Kampfeinsatz kamen, wurden die Panzer von Pannen geplagt, und es erforderte einen hohen Wartungsaufwand, um den Panzer Char B1 überhaupt kampfbereit zu halten. Obendrein erwiesen sich die Panzer als überaus durstig, denn die drei jeweils 400 l fassenden Treibstofftanks waren in nur sechs Stunden leer. Als größtes Problem erwies sich aber die französische Einsatztaktik, denn die schweren Panzer wurden nur in geringen Stückzahlen hauptsächlich zur Infanterieunterstützung eingesetzt. Richtig wäre der Einsatz in großen Stückzahlen gewesen, denn dann hätten sie ihre konzentrierte Feuerkraft zur Beherrschung des Schlachtfeldes nutzen können. Nach der Niederlage von Frankreich stellte die Wehrmacht mehr als 160 erbeutete Panzer Char B1 in Dienst, wobei sie dann die neue Bezeichnung PzKpfw B1 bis 740 (f) bekamen. Die Panzer wurden hauptsächlich für Garnisonsdienste eingesetzt, zum Beispiel bei der Besetzung der britischen Kanalinseln und für die Ausbildung. Einige wenige dieser Panzer wurden zu Selbstfahrlafetten und zu Flammenwerferpanzern umgebaut.

Bei diesem offensichtlich nicht mehr fahrbereiten Char B1 bis wurde eine Panzerluke an der Seite geöffnet, um Reparaturarbeiten vornehmen zu können.

Char B1 bis beim Angriff

Am 16. Mai 1940 bewies ein einzelner Panzer Char B1 bis mit dem Namen „Eure“ unter dem Kommando von Hauptmann Pierre Billotte vom 1/41e BCC *(Battaillon de Chars de Combat)*, dass der schwere französische Panzer ein furchtbarer Gegner war. Als sich der Panzer von Billotte den Straßen des Dorfes Stonne in Frankreich in der Nähe der belgischen Grenze näherte, konnte der Kommandant die Feuerkraft seines Panzers voll ausnutzen und damit 13 deutsche Panzer abschießen. Zwei davon waren neue PzKpfw IV, die restlichen 11 waren Panzer III. Außerdem zerstörte Billotte zwei deutsche Pak-Geschütze im Kaliber 37 mm. Obwohl der Panzer insgesamt 140 Treffer erhalten hatte, konnte kein Geschoss die Panzerung des Char B1 bis durchschlagen.

Dt. Reich 1933–45

Panzer 38(t) (1938)

Nach der Besetzung der Tschechoslowakei durch die Wehrmacht erging der Befehl, die Produktion des leichten tschechoslowakischen Panzers LT vz 38 weiterzuführen. Der Panzer erhielt die neue Bezeichnung 38(t). Es zeigte sich, dass die Wehrmacht damit in der Frühzeit des Zweiten Weltkrieges über einen der besten Panzer der Welt verfügte.

Als die Nazis im Jahre 1938 das Sudetenland und danach im Jahre 1939 die gesamte Tschechoslowakei besetzt hatten, gehörte zur Kriegsbeute von Adolf Hitler auch eine Rüstungsindustrie, die eine der besten der Welt war. Die legendären Škoda-Werke und die Maschinenbaufirma Ceskomoravská Kolben-Danek (CKD) gehörten dazu, und die Deutschen übernahmen die tschechoslowakischen Fachkenntnisse sehr schnell für ihre eigenen Zwecke.

Gestohlenes Eigentum

Eine der bemerkenswertesten Waffen aus dem tschechischen Arsenal, das dann mit dem deutschen Balkenkreuz versehen wurde, war der leichte Panzer LT vz 38, damals der Standardpanzer der tschechoslowakischen Armee. Bei der Wehrmacht wurde der Panzer dann Panzer 38(t) genannt, wobei der Buchstabe „t“ für „tschechisch“ stand, das deutsche

Bewaffnung
Die tschechoslowakische Kanone Škoda A7 im Kaliber 37 mm im Turm des Panzers 38(t) war schwerer als die Bewaffnung anderer zeitgenössischer Panzer zu Anfang des Zweiten Weltkrieges. Damit war er in vielen Kampfsituationen überlegen.

Die Panzerung des Panzers 38(t) wies stellenweise einen gewissen Grad an Abschrägung auf, so wie das hier in der Frontansicht zu sehen ist. Bei späteren Panzerkonstruktionen der Alliierten und der Achsenmächte wurde dann mehr Wert auf abgeschrägte Panzerung an der Wanne und am Turm gelegt.

Wort für „tschechoslowakisch". Der Panzer 38 (t) war eine geglückte Konstruktion. Er wurde ursprünglich aufgrund einer technischen Leistungsbeschreibung des tschechoslowakischen Militärs für einen neuen leichten Panzer im Jahre 1935 entwickelt. Das Laufwerk des Panzers 38(t) hatte Blattfederung, der Panzerschutz hatte Stärken zwischen acht und 30 mm bei den früheren Versionen, später wurden durch das Anbringen von zusätzlichen Panzerplatten Stärken bis 50 mm erreicht. Der Benzinmotor mit sechs Zylindern in Reihe der Bauart Praga EPA leistete 150 PS, damit erreichte das Fahrzeug eine Höchstgeschwindigkeit von 42 km/h auf der Straße. Im Gelände wurden immerhin noch respektable 15 km/h erreicht. Die aus vier Mann bestehende Besatzung bestand aus dem Kommandanten, der auch als Geschützbedienung fungierte, und einem Ladeschützen, die beide im Turm saßen. Der Fahrer saß rechts vorn in der Wanne,

Panzerung
Die frühen Versionen des Panzers 38(t) hatten Panzerungen, die von 8 mm für die weniger verwundbaren Teile bis zu 30 mm für die Frontpartie gingen. Die später gefertigten Modelle hatten einen verbesserten Panzerschutz für die Besatzung mit Stärken von bis zu 50 mm.

Genietete Bauweise
Der Turm und die Wanne des Panzers 38 (t) waren hauptsächlich vernietet und nicht geschweißt, einige Außenteile des Panzers waren angeschraubt.

Triebwerk
Der wassergekühlte Benzinmotor Praga EPA mit sechs Zylindern in Reihe leistete 150 PS, dadurch erreichte der Panzer 38(t) auf der Straße eine Höchstgeschwindigkeit von 42 km/h.

Diese Draufsicht auf den Panzer 38(t) zeigt die Anordnung des Motors im Heck und die darüberliegenden Lüftungsschlitze. Der enge Turm bot nur wenig Platz für die zwei Besatzungsmitglieder, und auch in der Wanne hatte die insgesamt vierköpfige Besatzung nur wenig Bewegungsfreiheit.

Aufgrund seines frei liegenden Auspuffsystems war der Panzer 38(t) anfällig für Angriffe von hinten. Die hohe Bodenfreiheit von 400 mm machte ihn aber gut geländegängig.

während der Funker, der auch das Bug-MG bediente, auf der linken Seite saß.

Starke Feuerkraft

Die Hauptwaffe des Panzers 38(t) war die in der Tschechoslowakei gefertigte Kanone Škoda A7 im Kaliber 37 mm, die bei der Wehrmacht dann als KwK 38(t) L/47.8 bezeichnet wurde. Im Turm und in der Wanne waren ungefähr 90 Schuss Munition für die Kanone untergebracht, die im Kampf vom Ladeschützen entnommen oder weitergereicht wurden. Der Kommandant feuerte die Kanone ab. Zur Sekundärbewaffnung gehörten zwei Maschinengewehre ZB-53 im Kaliber 7,92 mm, die später bei der Wehrmacht als MG 37(t) bezeichnet wurden. Für die Maschinengewehre waren normalerweise 2550 Schuss Munition vorhanden. Das in einer Kugellafette gelagerte MG im Turm konnte entweder vom Kommandanten oder vom Ladeschützen bedient werden. Das MG vorn in der Wanne war ebenfalls in einer Kugellafette gelagert und ließ sich in einem großen Bereich schwenken. Der Panzer 38(t) war schwerer bewaffnet und zeigte bessere Leistungen im Kampf als die deutschen Gegenstücke PzKpfw I und II. Aufgrund seiner Reichweite auf der Straße und im Gelände von 250 km bzw. 100 km war er eine hervorragende Waffe für den Blitzkrieg, nämlich den schnellen Vormarsch und den Kampf der verbundenen Waffen. Diese Taktik wurde von der deutschen Wehrmacht während der frühen Feldzugphasen in Polen, Frankreich und den Niederlanden und bei der Invasion in der Sowjetunion angewendet.

Technische Daten

Abmessungen	Länge: 4,61 m Breite: 2,135 m Höhe: 2,252 m
Gewicht	9,85 t
Triebwerk	1 × wassergekühlter Benzinmotor Praga EPA mit sechs Zylindern in Reihe mit einer Leistung von 150 PS
Geschwindigkeit	Straße: 42 km/h, Gelände: 15 km/h
Bewaffnung	1 × tschechoslowakische Kanone Škoda A7 im Kal. 37 mm, 2 × Maschinengewehr ZB-53 im Kal. 7,92 mm
Panzerung	8–50 mm
Reichweite	Straße: 250 km, Gelände: 100 km
Besatzung	4 Mann

Eingedeutscht

Die deutschen Ingenieure nahmen an der ursprünglichen tschechoslowakischen Konstruktion des LT vz 38 eine Reihe von Änderungen vor. Dazu gehörte die Einrichtung eines Platzes für den Ladeschützen im Turm; der Munitionsbestand für die Kanone im Kaliber 37 mm wurde deswegen auf 72 Schuss reduziert. Kommandant und Ladeschütze erhielten außerdem verstellbare Sitze. Selbst als Ende 1941 die Konstruktion dieses Panzers langsam veraltet war, wurde die Fertigung noch bis ins folgende Jahr weitergeführt. Insgesamt wurden mehr als 1400 Panzer 38(t) hergestellt, die Fertigung begann im Jahre 1939. Die Deutschen erkannten außerdem die vielseitigen Verwendungsmöglichkeiten für das in der Tschechoslowakei konstruierte Fahrgestell und änderten es so ab, dass auf dieser Basis mehrere Varianten geschaffen werden konnten, sowohl mit

Im Qualm der auf ihrem Weg krepierenden Granaten, der ihnen die Sicht nimmt, laufen Rotarmisten an einem aufgegebenen Jagdpanzer Marder III an der Ostfront vorbei. Der Marder III war ein erfolgreicher Umbau unter Verwendung des in der Tschechoslowakei konstruierten Fahrgestells, das hauptsächlich für den leichten Panzer 38(t) verwendet wurde.

offenen als auch geschlossenen Türmen. Dazu gehörten der Jagdpanzer „Marder", der Jagdpanzer 38(t), der üblicherweise als „der Hetzer" bezeichnet wurde, das Sturmgeschütz SdKfz 138 „Grille" mit einer Kanone im Kaliber 150 mm, der Flugabwehrpanzer SdKfz 140 „Flakpanzer 38(t)" mit einer Kanone im Kaliber 20 mm für die Flugabwehr und diverse Spähpanzer.

Gefährlicher Dienst im Panzer 38(t)

„Ich war der Ladeschütze, und wir konnten alle vor Stolz kaum noch laufen, als wir unsere tschechoslowakischen Panzer 38(t) bekamen." Dieses Zitat stammte von dem zukünftigen Tiger-Kommandanten Otto Carius, einem sogenannten Panzer-Ass, als das 21. Panzerregiment vor der Operation Barbarossa aufgestellt wurde. *„Wir hielten uns mit unserer Kanone im Kaliber 37 mm und den tschechischen Maschinengewehren für praktisch unbesiegbar."* Carius beschreibt dann weiter, wie er nur mit knapper Not aus seinem Panzer 38(t) aussteigen konnte, nachdem dieser einen Treffer von einer sowjetischen Pak im Kaliber 47 mm erhalten hatte. In seinem Buch „Tiger im Schlamm" beschreibt er dann den Ablauf der folgenden Ereignisse als den sprichwörtlichen „geölten Blitz": *„... ein großes Stück der Panzerung neben dem Sitz des Funkers war durchschlagen worden ... erst als ich mit meinen Händen durch mein Gesicht fahren konnte ... war mir bewusst, dass sie mich ebenfalls erwischt hatten. Unser Funker hatte seinen linken Arm verloren ...."*

Einsatz in anderen Ländern

Als die deutsche Wehrmacht die Tschechoslowakei besetzte, standen im Jahre 1940 insgesamt 90 von Schweden bestellte Panzer LT vz 38 zur Auslieferung bereit, die von der Wehrmacht beschlagnahmt und in den eigenen Dienst gestellt wurden. Dann gab es Verhandlungen darüber, den Panzer in Lizenz in Schweden zu bauen, und die ersten Panzer aus diesem Lizenzvertrag wurden im Dezember 1942 an die schwedischen Streitkräfte geliefert. Die Lizenzfertigung ging bis ins Jahr 1944, und insgesamt wurden 220 Panzer für Schweden fertiggestellt. Die Schweden bauten einige ihrer Panzer in Selbstfahrlafetten und gepanzerte Mannschaftstransportfahrzeuge um. Alle in Schweden in Lizenz gefertigten Panzer, die dort die Bezeichnungen „Stridsvagen m/41 S I" und „Stridsvagen m/41 S II" (mit einer verbesserten Bewaffnung und einem stärkeren Motor) trugen, wurden in den 1950er-Jahren außer Dienst gestellt. Mitte der 1930er-Jahre kaufte Peru 24 Panzer LT vz 38 von der Tschechoslowakei. Diese Panzer nahmen an dem dreiwöchigen Grenzkrieg teil, der vom 5. bis 31. Juli 1941 zwischen Peru und dem benachbarten Ecuador ausgetragen wurde.

Mk III Valentine Infanteriepanzer (1939)

Der auf Grundlage einer vorangegangenen Panzerkonstruktion von Vickers mit der Bezeichnung A10 entstandene Infanteriepanzer Mk III Valentine war während einer kritischen Phase des Zweiten Weltkrieges für Großbritannien und die Commonwealth-Länder in größerer Stückzahl verfügbar, als eine Invasion der Wehrmacht auf die britischen Inseln drohte.

Anfängliche Diskussionen mit dem Rüstungsunternehmen Vickers über die Teilnahme an der Fertigung des neuen Panzers Matilda II wurden beendet, weil Vickers schon die Fertigungsanlagen für einen eigenen Kreuzerpanzer, den A10, eingerichtet hatte. Vickers wurde dann aufgefordert, einen Infanteriepanzer auf der Grundlage des

Bewaffnung
Die 2-Pfünder-Schnellfeuerkanone (Kaliber 40 mm) des Infanteriepanzers Mk III Valentine verlor nach dem Auftauchen der schwereren Kampfpanzer der Achsenmächte an Wirksamkeit, deswegen wurde sie später durch eine 6-Pfünder-Kanone (Kaliber 57 mm) ersetzt.

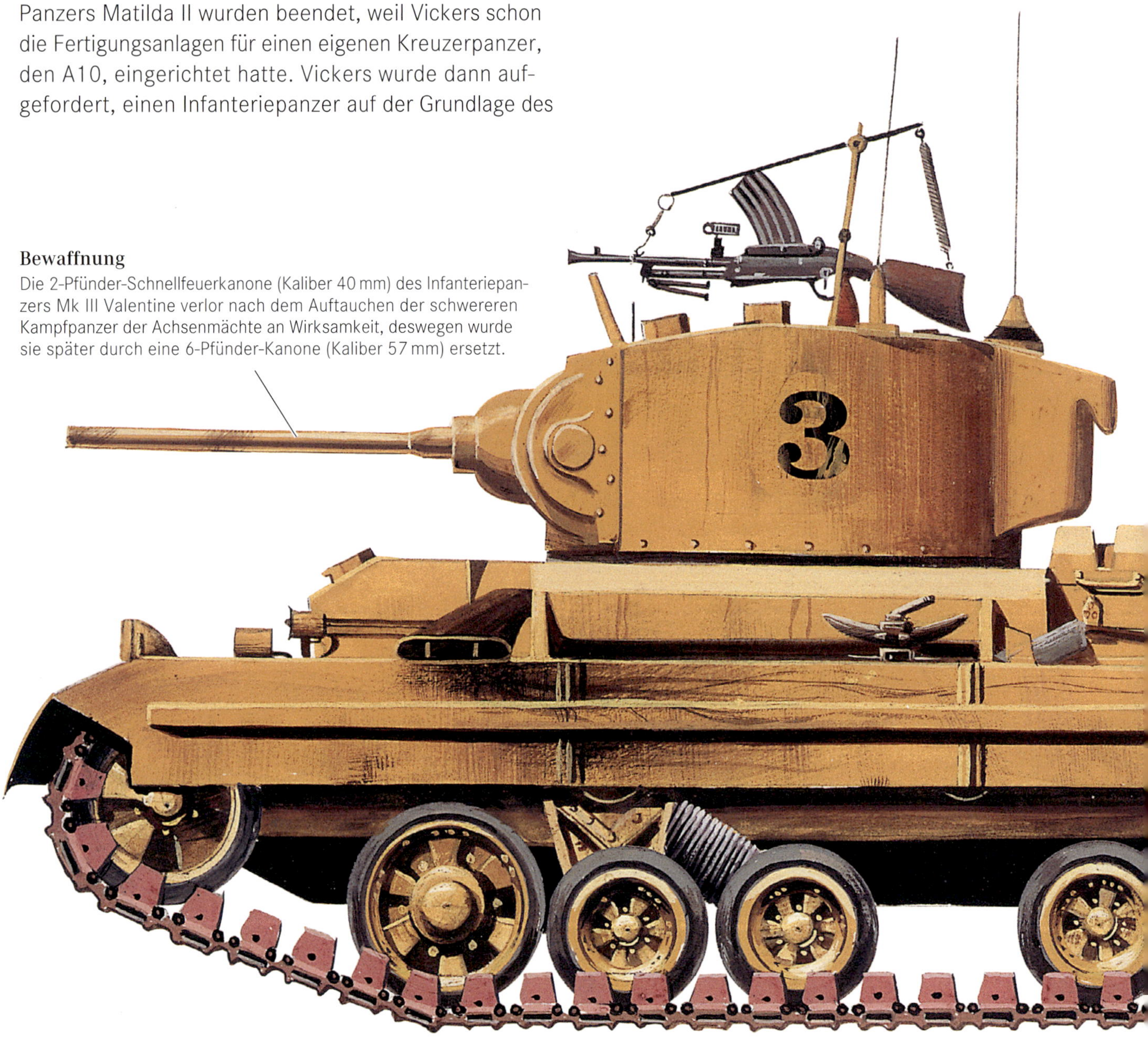

A10 zu entwickeln, und diese Konstruktion wurde schließlich im Sommer 1939 zur Fertigung freigegeben. Obwohl einige Fachleute die früheren Panzerkonstruktionen von Vickers kritisch betrachteten – das galt besonders für die kleinen Türme, in die nicht einfach Kanonen mit größeren Kalibern eingebaut werden konnten –, waren Panzer bei den britischen Streitkräften knapp, und zu dieser Zeit verlief der Zweite Weltkrieg für Großbritannien sehr ungünstig. Da eine Invasion der deutschen Truppen durchaus im Bereich der Möglichkeiten stand, war die Fertigung von Panzern überaus wichtig. Hier stand Quantität und nicht Qualität im Vordergrund, und so ging der Mk III Valentine ohne größere Erprobungen in die Fertigung. Das war ein kalkuliertes Risiko, aber die Erfahrungen mit dem

Sekundärbewaffnung
Das Maschinengewehr BESA war die britische Version des in der Tschechoslowakei entwickelten luftgekühlten Maschinengewehrs ZB-53. Diese Waffe wurde von den britischen Streitkräften während des Zweiten Weltkrieges in großem Umfang genutzt.

Turm
Der Turm mit zwei Mann Besatzung des Infanteriepanzers Mk III Valentine war ziemlich eng, so musste der Kommandant auch als Ladeschütze die 2-Pfünder-Kanone bedienen.

Die Serienfertigung des Infanteriepanzers Mk III Valentine wurde im Jahre 1940 ohne umfangreiche Truppenerprobung recht übereilt aufgenommen. Allerdings erwies sich das Fahrzeug als zuverlässig; der Grund dafür waren hauptsächlich die bei Vickers gemachten Erfahrungen mit seinem Vorgänger, dem Kreuzerpanzer A10.

Panzerschutz
Die Panzerung des Infanteriepanzers Mk III Valentine variierte von acht mm bis 65 mm. Damit war er stärker gepanzert als der Kreuzerpanzer A10, auf dessen Grundlage der Valentine entwickelt wurde.

Triebwerk
Der 6-Zylinder-Dieselmotor AEC A190 des Infanteriepanzers Mk III Valentine leistete 131 PS. Spätere Varianten des Panzers wurden mit einem amerikanischen Dieselmotor von GMC ausgerüstet.

A10 konnten einige Bedenken in Bezug auf das Leistungsvermögen des neuen Panzers ausräumen, der sich dann auch tatsächlich als ziemlich zuverlässig erwies.

Fertigung bei Vickers

Der erste der neuen Panzer von Vickers war der Valentine I. Er verließ Ende 1940 die Fertigungsanlagen. Von da an wurde dieser Typ in größeren Stückzahlen gefertigt, und als die Fertigung des Panzers 1944 auslief, hatte man fast 8300 Stück davon gebaut. Im Jahre 1943 war der Valentine zeitweilig so zahlreich, dass er insgesamt ein Viertel der gesamten britischen Panzerfertigung darstellte. Der Valentine wurde auch von anderen Herstellern in Großbritannien gefertigt, und in Kanada gebaute Valentines wurden hauptsächlich in die Sowjetunion verschifft. Auf dem Höhepunkt der Fertigung im Jahre 1943 fertigte Vickers allein 20 Panzer pro Woche. In Kanada wurden über 1400 Mk III gebaut, während in Großbritannien in den verschiedenen Herstellungsstätten ungefähr 6900 dieser Panzer gefertigt wurden. Der Infanteriepanzer Mk III Valentine war von den Stückzahlen her der zahlreichste in dieser Serie. Bei der Fertigung profitierte man in großem Umfang von den bei Vickers gemachten Erfahrungen mit dem A10. Die zahlreichen Mängel, die beim A10 entdeckt worden waren, hatte man beim Valentine beseitigt. Der Panzer war stärker gepanzert mit einer Stärke zwischen acht und 65 mm; beim Einsatz im Feld kam es auch deutlich weniger zu Pannen. Der Infanteriepanzer Mk III Valentine wurde von einem 6-Zylinder-Dieselmotor AEC A190 mit einer Leistung von 131 PS angetrieben. Sein Getriebe

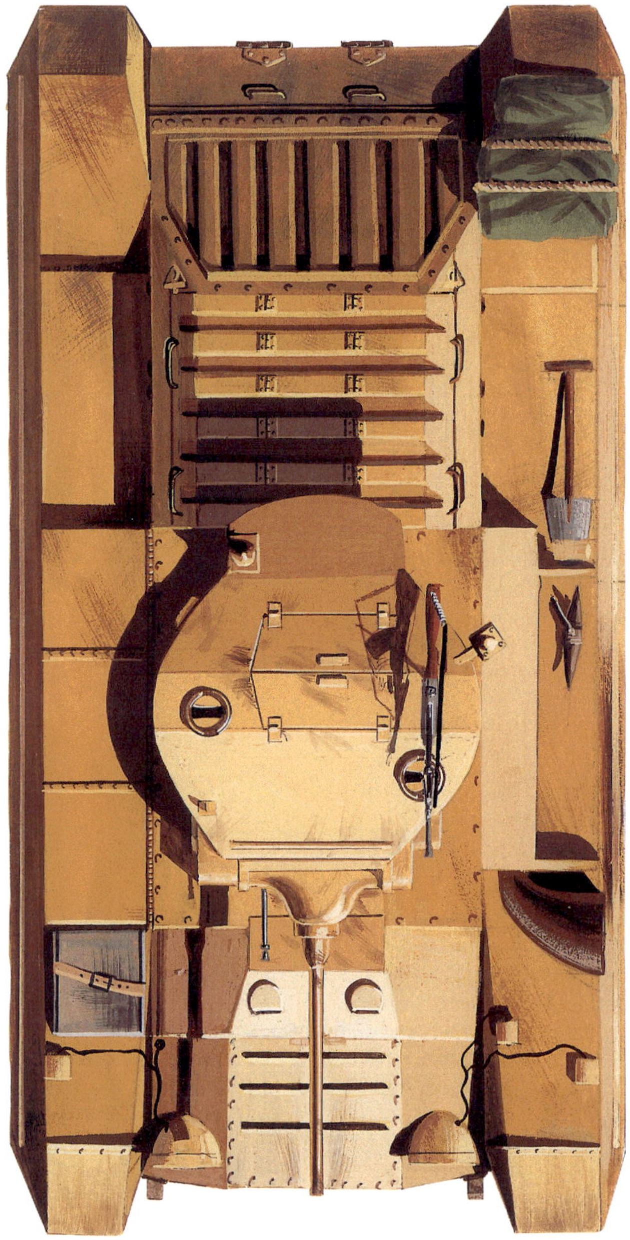

Der von Vickers gefertigte Panzer Valentine hatte zahlenmäßig einen der größten Anteile an der Gesamtzahl der britischen Panzerfahrzeuge im Zweiten Weltkrieg. Es wurden fast 8300 Stück davon gebaut, ehe die Fertigung 1944 eingestellt wurde.

Meadows 22 hatte fünf Vorwärtsgänge und einen Rückwärtsgang. Die Laufräder des Laufwerks waren mit Spiralfedern abgefedert. Die Hauptbewaffnung des Mk III bestand aus einer Schnellfeuerkanone im Kaliber 40 mm (britische Bezeichnung: 2-Pfünder), als Sekundärbewaffnung war ein einzelnes MG BESA im Kaliber 7,92 mm vorgesehen. Der Antrieb des Valentine änderte sich im Verlauf der Produktionszeit; die Varianten Mk IV und Mk V zum Beispiel wurden mit dem zuverlässigen und relativ leise laufenden amerikanischen Dieselmotor GMC 6004 ausgestattet, auch das Getriebe kam aus den USA. Die Besatzung des Valentine bestand aus drei Mann, der Fahrer saß vorn

Technische Daten

Abmessungen	Länge: 5,41 m Breite: 2,63 m Höhe: 2,273 m
Gewicht	16,96 t
Triebwerk	1 × 6-Zylinder-Dieselmotor AEC A190 mit einer Leistung von 131 PS
Geschwindigkeit	Straße: 24 km/h, Gelände: 12,9 km/h
Bewaffnung	1 × 2-Pfünder-Schnellfeuerkanone im Kal. 40 mm, 1 × Maschinengewehr BESA im Kal. 7,92 mm
Panzerung	8–65 mm
Reichweite	145 km
Besatzung	3 Mann

in der Mitte der Wanne und war durch ein Schott vom Kampfraum und dem Turm abgetrennt. Im Turm hatte rechts der Richtschütze seinen Platz und links saß der Kommandant, der auch als Ladeschütze fungieren musste. Ein weiteres Schott trennte den Kampfraum vom hinten in der Wanne liegenden Motorraum ab.

Valentine an die Front

Insgesamt wurden elf verschiedene Varianten (britische Bezeichnung: Mark) des ursprünglichen Valentine während des Zweiten Weltkrieges gefertigt. Einer der größten Vorzüge dieses Panzers war die Möglichkeit, stärkere Waffen aufzunehmen. Während die Varianten I bis VII jeweils mit der 2-Pfünder-Kanone (Kaliber 40 mm) bewaffnet waren, bekamen die Varianten VIII bis X eine Schnellfeuerkanone im Kaliber 57 mm (britische Bezeichnung: 6-Pfünder). Die Variante XI wurde dann mit einer Schnellfeuerkanone im Kaliber 75 mm bewaffnet. Der Valentine wurde bei den Commonwealth-Streitkräften in großem Umfang eingesetzt, so zum Beispiel im Mittelmeerraum, in der nordafrikanischen Wüste und in Burma. Dort war er den meisten japanischen Panzern überlegen. Allerdings war der Valentine ziemlich langsam und den nach Kriegsbeginn eingeführten neuen Panzern unterlegen.

Varianten des Valentine

Auf dem Fahrgestell des Valentine wurden zahlreiche Spezialfahrzeuge gebaut. Dazu gehörten auch die Selbstfahrlafette „Bishop" mit einer 25-Pfünder-Kanone, der Valentine „Canal Defence Light", Brückenlegepanzer, Beobachtungspanzer, Befehlspanzer, Flammenwerfer-Panzer und Varianten mit Schwimmantrieb. Der Valentine mit Schwimmantrieb erwies sich als so erfolgreich, dass er eine Zeit lang der Standard-Amphibienpanzer der britischen Armee war. Obwohl man versuchte, auf dem Fahrgestell des Valentine einen Jagdpanzer mit einem offenen Turm und einer von einem Panzerschild geschützten 6-Pfünder-Kanone zu entwickeln, blieb dieser Versuch erfolglos. Allerdings wurde das Fahrgestell des Valentine dann für das Sturmgeschütz „Archer" mit einem offenen Turm verwendet. Dieses Fahrzeug wurde 1944 in Dienst gestellt. Die Fertigung aller Varianten des Valentine wurde im Jahre 1945 eingestellt.

Valentine auf der ganzen Welt

Der britische Infanteriepanzer Mk III Valentine wurde von den britischen und den Commonwealth-Truppen während des Zweiten Weltkrieges auf der ganzen Welt eingesetzt. Auf diesem Foto erlaubt die Besatzung auf der Mittelmeerinsel Malta während der Feiern anlässlich des Geburtstags von König Georg VI. den ortsansässigen Kindern, auf ihren Panzer zu klettern und ihn zu untersuchen. Obwohl die ursprüngliche Konstruktion des Valentine noch aus der Zeit vor der Eröffnung der Feindseligkeiten stammte, erwies sich der Panzer als feuerkräftig und gut geschützt und war deswegen und auch aufgrund seiner großen Stückzahlen in der Lage, für die Verteidigung von Großbritannien und seines riesigen Empires zu sorgen. Panzer des Typs Valentine kämpften gegen die Japaner auf dem asiatischen Kontinent von Malaya bis Burma, gegen die italienische Armee und schließlich gegen die Wehrmacht in Nordafrika. Die an die Sowjetunion abgegebenen Panzer kämpften nach der Eröffnung der Operation Barbarossa am 22. Juni 1941 gegen die Wehrmacht. Zum Ende des Zweiten Weltkrieges waren mehr als 8000 Panzer des Typs Valentine in Großbritannien und Kanada gefertigt worden, außerdem gab es zahllose Spezialfahrzeuge auf dem Fahrgestell des Valentine.

Dt. Reich 1933–45

Panzer III Ausf F (1940)

Der zur Zeit des Einmarsches in die Sowjetunion am zahlreichsten in den Panzerdivisionen der Wehrmacht vorhandene PzKpfw III war ursprünglich als relativ leichter mittlerer Kampfpanzer entwickelt worden. In jedem Panzerbataillon waren drei Kompanien mit diesem Typ ausgestattet, während die vierte Kompanie mit dem schwereren PzKpfw IV ausgerüstet war.

Die Entwicklung des langlebigen Panzerkampfwagens III begann im Jahre 1935. Damals bestellte das deutsche Rüstungsministerium einen mittleren Kampfpanzer, der die mittleren PzKpfw IV ergänzen sollte. Während der vier Jahre dauernden Fertigungszeit von 1939 bis 1943 wurden mehr als 5800 Stück davon gebaut. Der taktische Einsatz des PzKpfw III wurde dann im Verlauf des Krieges den sich ändernden Bedingungen auf dem Schlachtfeld angepasst. Während des Zweiten Weltkrieges wurden nicht weniger als elf Varianten der ursprünglichen Serienausführung PzKpfw III Ausf E produziert. Die Varianten A bis D waren Prototypen, die in den Jahren 1937 und 1938 gebaut wurden. Bei den Varianten A bis C wurde die Drehstabfederung

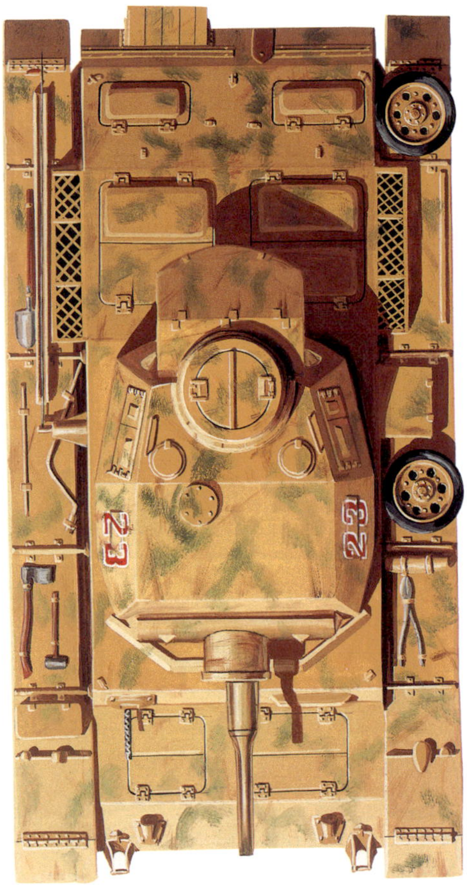

Der PzKpfw III diente bei der Wehrmacht während des Zweiten Weltkrieges an allen Fronten. Im Verlauf des Krieges wurde sein Einsatz vom reinen Kampfpanzer zum Infanterie-Unterstützungspanzer geändert. Das Fahrgestell wurde außerdem für Sturmgeschütze, Bergepanzer und Beobachtungspanzer verwendet.

Bewaffnung
Die Hauptwaffe des PzKpfw III war ursprünglich die Kanone KwK 36 L/46,5 im Kaliber 37 mm, die später durch die Kanone KwK 38 L/42 im Kaliber 50 mm ersetzt wurde. Die Sekundärbewaffnung bestand aus zwei Maschinengewehren MG 34 im Kaliber 7,92 mm, eines davon im Turm und das andere in der Wanne.

verbessert, bei D und E wurde die Panzerung verstärkt, es wurde ein stärkerer Motor eingebaut, und die Ausführung der Kuppel des Kommandanten wurde verbessert. Das Innere des PzKpfw III bot im Vergleich zu anderen zeitgenössischen Panzern relativ viel Platz, der allerdings reduziert wurde, nachdem im Verlauf der Einsatzzeit stärkere Kanonen eingebaut wurden. Der Fahrer saß links vorn in der Wanne, auf seiner rechten Seite saß der Funker, der auch das Bug-MG bediente. Drei Besatzungsmitglieder - der Kommandant, der Richtschütze und der Ladeschütze - saßen im Turm, der sich mittig auf der Wanne befand. Der V12-Benzinmotor Maybach HL 120 TRM leistete 300 PS; er war im Fahrzeugheck untergebracht. Die Drehstabfederung hatte sechs Laufräder, das Treibrad befand sich vorn, das Leitrad war hinten, außerdem waren auf jeder Seite drei Stützrollen vorhanden.

Panzerfertigung

Als im Jahre 1939 die Ausführung E in die Fertigung ging, war sie mit einer Kanone KwK 36 L/46,5 im Kaliber 37 mm bewaffnet. Im Jahre 1940 entstand die Ausführung F, die weitgehend mit der Ausführung E identisch war. Zu den Verbesserungen der Ausführung E

Panzerung
Die Panzerung des PzKpfw III wurde im Verlauf der Fertigung der verschiedenen Varianten immer weiter verstärkt. Die Grundpanzerung und die aufgeschraubten Panzerplatten hatten Stärken zwischen 15 und 50 mm.

Turm
Der mit drei Mann besetzte Turm des PzKpfw III hatte Platz für einen Richtschützen und einen Ladeschützen, sodass der Kommandant sich im Kampf auf die Führung seines Panzers konzentrieren konnte. Im Gegensatz dazu war bei zahlreichen alliierten Panzertypen der Kommandant gezwungen, auch die Kanone zu bedienen.

Triebwerk
Der wassergekühlte V12-Benzinmotor befand sich im Fahrzeugheck des PzKpfw III. Er leistete 300 PS.

Der PzKpfw III bot ein beeindruckendes Bild, er war kompakt und kampfkräftig. Die Panzerung am Turm war abgeschrägt, um einen besseren Schutz vor Treffern zu bieten. Die Wanne hingegen war ziemlich eckig ausgeführt. Nachdem die Bewaffnung verstärkt worden war, war die Feuerkraft des Panzers mit derjenigen von frühen alliierten Panzern vergleichbar.

gehörten ein geändertes Zündsystem für den Motor, geänderte Lufteinlässe und eine verbesserte Drehstabfederung. Von der Ausführung E wurden ungefähr 300 Panzer gefertigt, die mit der Kanone im Kaliber 37 mm bewaffnet waren. Bei zunehmend verbesserten alliierten Panzerkonstruktionen erwies sich diese Waffe aber als weitgehend unwirksam. Es folgten dann 100 Panzer der Ausführung F mit der stärkeren Kanone KwK 38 L/42 im Kaliber 50 mm. Während der gesamten Produktionszeit bestand die Sekundärbewaffnung aus zwei oder drei Maschinengewehren MG 34 im Kaliber 7,92 mm, die vorn in der Wanne und im Turm neben der Kanone installiert waren. Zur Zeit des deutschen Einmarsches in Frankreich und den Niederlanden am 10. Mai 1940 wurde die Ausführung F in großen

Technische Daten

Abmessungen	Länge: 5,38 m Breite: 2,91 m Höhe: 2,44 m
Gewicht	17,41 t
Triebwerk	1 × wassergekühlter V12-Benzinmotor Maybach HL 120 TRM mit einer Leistung von 300 PS
Geschwindigkeit	Straße: 40 km/h, Gelände: 20 km/h
Bewaffnung	anfänglich 1 × Kanone KwK L/46,5 im Kal. 37 mm, später 1 × Kanone KwK 38 L/42 im Kal. 50 mm, 2 × Maschinengewehr MG 34 im Kal. 7,92 mm
Panzerung	15–50 mm
Reichweite	155 km
Besatzung	5 Mann

Stückzahlen eingesetzt. Bei der Variante G wurde die Walzenblende der Kanone stärker gepanzert, während die Front- und Heckpanzerung der Ausführung H durch das Anschrauben von zusätzlichen Panzerplatten mit einer Stärke von 30 mm verstärkt wurden. Bei der Ausführung H wurde die Motorleistung erhöht, außerdem wurden breitere Ketten für den Einsatz in der Wüste Nordafrikas oder auf den Schlammpisten an der Ostfront eingeführt. Nachdem man sich vom Schock wegen des Erscheinens des überragenden sowjetischen mittleren Kampfpanzers T-34 erholt hatte, wurde die Version PzKpfw III Ausführung J eingeführt. Diese Version hatte eine Kanone im Kaliber 50 mm mit längerem Rohr, um eine höhere Mündungsgeschwindigkeit zu erreichen. In der Folge erhielten die Varianten L und M verstärkte Panzerung, damit wurde das Gewicht des ursprünglichen PzKpfw III beinahe verdoppelt; sie wogen jetzt über 22,7 t. Die Ausführung M erhielt außerdem ein Fahrgestell mit größerer Stabilität.

Der lange Weg nach Osten

Schon als die Wehrmacht am 22. Juni 1941 die russische Grenze überschritt, war die Kampfkraft des hauptsächlich in den deutschen Panzerdivisionen eingesetzten Panzers PzKpfw III bereits nicht mehr ganz ausreichend. Der sowjetische T-34 stellte sehr bald alle anderen Konstruktionen in den Schatten. Der PzKpfw III erhielt dann die Aufgabe, als Begleitpanzer zur Unterstützung des Vormarsches der Infanterie zu fungieren, während der ursprünglich als Infanterie-Unterstützungspanzer vorgesehene PzKpfw IV nun die

Deutsche Soldaten und Panzerbesatzungsmitglieder sitzen oben auf einem PzKpfw III, der in den frühen Tagen des Zweiten Weltkrieges einen Fluss durchwatet. Beachten Sie die typische Kopfbedeckung der Panzerwaffe bei dem Besatzungsmitglied ganz rechts. Der PzKpfw III Ausf M wurde von 1942 bis 1943 gefertigt, er war mit einem Tiefwatsystem für den Auspuff ausgestattet.

Hauptlast des Kampfes gegen feindliche Panzer tragen musste, bis im Jahre 1943 der PzKpfw V Panther zur Front kam. Der PzKpfw III Ausf N wurde dann so abgeändert, dass er zur Unterstützung der Infanterie eingesetzt werden konnte. Dazu erhielt er eine kurzrohrige Kanone im Kaliber 75 mm, die ursprünglich in den PzKpfw IV eingebaut war. Der Munitionsvorrat der Ausführung N betrug 64 Schuss im Kaliber 75 mm. Später wurde dieser Typ den unabhängigen Panzerbataillonen als Begleitung für die schweren Kampfpanzer PzKpfw VI Tiger zugeordnet.

Vielseitig verwendbares Fahrgestell

Das Fahrgestell des PzKpfw III erwies sich im Verlauf des Zweiten Weltkrieges als sehr vielseitig verwendbar. Speziell das Fahrgestell der Ausführung F mit der verbesserten Drehstabfederung hatte einen sehr guten Ruf als stabile Geschützplattform; das galt sowohl für die Ausführung als Kampfpanzer als auch als Sturmgeschütz. Das Sturmgeschütz war mit einer Kanone im Kaliber 75 mm bewaffnet und war im Einsatz überaus erfolgreich. Auch für Bergepanzer und Spähpanzer wurde das Fahrgestell der Ausführung F verwendet; diese Varianten wurden während des gesamten Krieges gefertigt.

Geänderte Einsatztaktik

Im Hintergrund brennen Gebäude, während Wehrmachtssoldaten mit Unterstützung eines PzKpfw III auf einem vom Krieg zerstörten Straßenzug irgendwo an der Ostfront gegen den Feind vorgehen. Der PzKpfw III wurde im Verlauf des Zweiten Weltkrieges laufend geändert und verbessert, und er wurde dann nicht mehr als Kampfpanzer, sondern zur Unterstützung der Infanterie eingesetzt, nachdem seine Feuerkraft und seine Panzerung den folgenden Generationen der alliierten Panzer nicht mehr gewachsen waren. In den ersten Monaten des Zweiten Weltkrieges war der PzKpfw III der hauptsächlich an der Front eingesetzte deutsche Panzer. Er war in relativ großen Stückzahlen vorhanden und war bis zum Erscheinen des sowjetischen T-34 den gegnerischen Panzern durchaus gewachsen. Der in zunehmend größerer Anzahl eingesetzte T-34 wurde im Einsatz von den älteren Typen BT und T-26 der Roten Armee begleitet. In Nordafrika war der PzKpfw III den britischen Panzern zeitweilig überlegen und beherrschte das Schlachtfeld, bis die mittleren amerikanischen Kampfpanzer M3 Grant/Lee und M4 Sherman mit ihren Kanonen im Kaliber 75 mm auftauchten.

KV-1A Schwerer Panzer (1940)

Die Panzer der Serie KV wurden oftmals für Angriffsoperationen und als Speerspitzen beim Durchbruch durch Verteidigungslinien verwendet. Sie waren nach dem sowjetischen Verteidigungskommissar Klimenti Voroshilov benannt. Die Panzer der KV-Serie bildeten in den folgenden Jahrzehnten die Grundlage für die Konstruktion schwerer Panzer in der Sowjetunion.

Die Sowjets gingen nur langsam von ihrer Fixierung auf Panzer mit mehreren Türmen ab. Im Jahre 1938 war man dabei, einen Nachfolger für den veralteten schweren Panzer T-35 zu schaffen. Mehrere Konstruktionsbüros reichten dafür Pläne für Panzer mit mehreren Türmen ein, während ein einziges Büro einen Panzer mit nur einem Turm vorschlug, und dieser neue Panzer wurde nach dem sowjetischen Verteidigungskommissar Klimenti Voroshilov benannt. Diese Neukonstruktion eines sowjetischen schweren Panzers wurde dann eingeführt und im Winterkrieg gegen Finnland im Jahre 1940 eingesetzt. Der Panzer erhielt die offizielle Bezeichnung KV-1 und wurde in zwei Varianten zur Fertigung freigegeben. Die erste

Bewaffnung
Die langrohrige Kanone F32 im Kaliber 76,2 mm im KV-1A ersetzte die kürzere Kanone L-11 im selben Kaliber, die in den früheren KV-1 installiert war und unter anderem im Winterkrieg gegen Finnland eingesetzt wurde.

Variante war der KV-1A, der mit einer langrohrigen Kanone F32 im Kaliber 76,2 mm bewaffnet war und 111 Schuss Munition für diese Kanone mitführte. Diese Waffe löste die kurzrohrige Kanone L-11 im Kaliber 76,2 mm ab, die für die ersten Prototypen verwendet wurde. Das zweite Modell war der KV-2, eine Kombination von Wanne und Laufwerk/Fahrgestell des KV-1 mit einer Haubitze im Kaliber 152 mm.

Beständige Konstruktion

Vom ursprünglichen Panzer KV-1 wurden im Jahre 1939 nur 141 Exemplare gefertigt. Der KV-2 mit seinem gefährlich übergewichtigen Turm und einem beträchtlichen Gesamtgewicht erwies sich als Fehlkonstruktion, deswegen wurden davon nur 334 Exemplare gebaut. So wurde der KV-1A zum hauptsächlich verwendeten Panzer in den sowjetischen schweren Panzereinheiten. Im Jahre 1940 wurde die Fertigung dann ausschließlich auf den KV-1A umgestellt. Er hatte eine zwischen 37 und 78 mm starke Panzerung und wurde von einem wassergekühlten V12-Dieselmotor V-2K angetrieben, der 550 PS leistete. Damit erreichte der Panzer eine Höchstgeschwindigkeit von 35 km/h. Die Sekundärbewaffnung bestand aus drei Maschinengewehren DT im Kaliber 7,62 mm, für die insgesamt 3024 Schuss Munition mitgeführt

Der schwere Panzer KV-1A wurde zusammen mit der recht unglücklich konstruierten Selbstfahrlafette KV-2 eingeführt, die einen überaus voluminösen Turm mit Platz für die Haubitze im Kaliber 152 mm hatte. Der Panzer KV-1A spielte während des Zweiten Weltkrieges an der Ostfront eine Schlüsselrolle auf dem Weg der Sowjets zum Sieg.

Turm

Der ursprüngliche Turm des KV-1A bestand aus einzelnen Stahlplatten. Bei der Ausführung KV-1C wurde er durch einen gegossenen Turm ersetzt, der widerstandsfähiger war.

Panzerung

Der Panzerschutz des schweren Panzers KV-1A variierte von 37 mm bis 78 mm und wurde im Verlauf der Fertigung der diversen Varianten der Serie KV laufend verstärkt, denn auch die Feuerkraft der deutschen Panzer erwies sich als zunehmend wirksam.

Triebwerk

Der wassergekühlte V12-Dieselmotor der Serie V-2K leistete 550 PS, er wurde aber zunehmend überlastet, als die Panzer der KV-Serie mit zusätzlichen Panzerplatten versehen wurden. Danach konnte er nicht mehr genügend Leistung für wirksamen Einsatz über große Entfernungen liefern.

Obwohl der schwere Panzer KV-1A von einer Reihe von mechanischen Problemen während seiner gesamten Einsatzzeit geplagt wurde, funktionierte er doch so ausreichend gut, dass er als Speerspitze bei Angriffsoperationen verwendet werden konnte, mit denen man die feindlichen Linien durchbrach, den hinteren Frontbereich aufbrach und die auf dem Rückzug befindlichen feindlichen Truppen abschneiden konnte.

wurden. Ein MG war vorn in der Wanne montiert, das zweite war koaxial zur Hauptwaffe im Turm installiert, und das dritte MG befand sich hinten im Turm, um Angriffe von hinten her abzuwehren. Einige Panzer der Serie KV hatten ein viertes Maschinengewehr, das an der Kommandantenkuppel angebracht war und zur Verteidigung gegen angreifende Infanterie und Tiefflieger verwendet wurde.

Technische Daten

Abmessungen	Länge: 6,25 m Breite: 3,25 m Höhe: 2,75 m
Gewicht	46 t
Triebwerk	1 × wassergekühlter V12-Dieselmotor Serie V-2K mit einer Leistung von 550 PS
Geschwindigkeit	35 km/h
Bewaffnung	1 × langrohrige Kanone F32 im Kal. 76,2 mm, 3 × Maschinengewehr DT im Kal. 7,62 mm
Panzerung	37–78 mm
Reichweite	225 km
Besatzung	5 Mann

Beengter Kampfraum

Der KV-1A und die folgenden Varianten dieser ursprünglichen schweren Panzerkonstruktion hatten eine Besatzung von fünf Mann. Der Fahrer saß vorn in der Mitte der Wanne, der Bug-MG-Schütze saß links von ihm. Im Turm befanden sich der Kommandant, der Kanonier und der MG-Schütze für das hintere MG. Einer der Mängel dieses Panzers war die Tatsache, dass der Kommandant auch als Ladeschütze fungieren musste. Deswegen musste er oftmals die Kanone bedienen und konnte sich nicht um die Kampfsituation um seinen Panzer herum konzentrieren.

Verstärkte Panzerung

Im Verlauf des Zweiten Weltkrieges wurden die deutschen Panzer immer besser gepanzert, und auch ihre Feuerkraft wurde größer. Deswegen wurde auch der KV-1A verbessert, um hier Schritt zu halten. Die Frontpanzerung und die Seitenpanzerung der Wanne wurden beim KV-1B um 25 bis 35 mm verstärkt, während der aus Einzelplatten gefertigte Turm der früheren Modelle durch den von der Version KV-1C stammenden gegossenen Turm ersetzt wurde. Die dann folgenden Maßnahmen zur Verbesserung der Feuerkraft des Panzers waren allerdings ziemlich erfolglos. Man versuchte, den Turm mit einer Kanone im Kaliber 107 mm auszustatten; das blieb ohne Erfolg. Im Jahre 1943 wurde eine Anzahl der KV-1 mit der Kanone DT-5 im Kaliber 85 mm bewaffnet; diese Panzer erhielten die Bezeichnung KV-85. Bei einigen Panzern wurde die Panzerung sogar geschwächt, da man hoffte, damit die Höchstgeschwindigkeit steigern zu können. Diese Fahrzeuge mit der Bezeichnung KV-1S (*skorostnoy* = schneller Panzer) waren auch nicht sonderlich erfolgreich.

Mechanische Probleme

Während der gesamten Fertigungszeit von 1939 bis 1943 und dem Einsatz bis zum Ende des Zweiten Weltkrieges hatten der KV-1A und andere Panzer dieser Serie immer wieder mechanische Probleme. Frühe Modelle wurden von fehlerhaften Getrieben und Problemen mit der Kupplung geplagt, manchmal war es nicht mehr möglich, die Gänge zu wechseln. Mit der Ausnahme einer Leistungssteigerung des Motors beim KV-1C, der 100 PS mehr Leistung erbrachte, gab es weitere Probleme mit der mechanischen Zuverlässigkeit, weil die Panzer durch das Anbringen zusätzlicher Panzerplatten, die für das Überleben auf dem Schlachtfeld notwendig waren, keine zusätzliche höhere Motorleistung erhielten. Obwohl die Panzer der Serie KV anfällig für Pannen waren und einige Kritiker bemängelten, dass ihre Hauptwaffe nicht genügend Feuerkraft für die Bekämpfung gegnerischer schwerer Panzer hatte, war die Grundkonzeption durchaus in Ordnung, und so blieben sie bei der Roten Armee auch in der überaus kritischen Zeit nach der deutschen Invasion im Einsatz, wobei sie entscheidend wichtige Dienste leisteten. Außerdem bildeten sie die konstruktive Grundlage für die verbesserten schweren Panzer der Stalin-Serie, die ihnen nachfolgten.

Die Rote Armee schlägt zurück

Da es der Wehrmacht weder im Winter 1941 noch im folgenden Jahr gelang, Moskau einzunehmen und es in der Folge zum Sieg der Roten Armee bei Stalingrad im Februar 1943 kam, konnten die Sowjets ihre Offensive an der Ostfront im Verlauf des Jahres 1943 durchführen. Auf dem unteren Bild sieht man Rotarmisten, deren Fahne im Wind weht, während sie eine Pause bei einer Gegenoffensive machen. Zu ihnen hat sich die Panzerbesatzung oben auf der Wanne des KV-1 Modell 1942 gesellt. Diese schweren Panzer waren maßgeblich am Aufhalten der Wehrmacht und am Ergreifen der Initiative an der Ostfront beteiligt.

Obwohl es durchaus Kritik an der Serie KV gab, weil man die Bewaffnung für unzureichend hielt und weil sie von Pannen geplagt wurde, was hauptsächlich auf Probleme mit Getriebe und Kupplung zurückzuführen war, zeigte sich der KV-1A im Kampf gegen die deutschen Kampfpanzer PzKpfw III und IV doch als ausreichend wirksam. In der Zwischenzeit hatten die sowjetischen Konstrukteure ihre Lektionen sehr gut gelernt und in der Folge die schweren Panzer der Josef-Stalin-Serie entwickelt, die im späteren Verlauf des Zweiten Weltkrieges eingesetzt wurden und unter anderem durch die Straßen von Berlin rollten.

Dt. Reich 1933–45

Panzer IV Ausf F1 (1941)

Das Arbeitspferd der deutschen Panzertruppe während des Krieges war der Panzer IV Ausf F1. Ursprünglich war er als Begleitpanzer für Infanterieeinsätze vorgesehen. Später wurde er dann für den Kampf Panzer gegen Panzer eingesetzt, nachdem die alliierten Panzerfahrzeuge zunehmend kampfkräftiger wurden.

Der in den größten Stückzahlen bei einer ganzen Reihe von Herstellern gefertigte und eingesetzte deutsche Kampfpanzer im Zweiten Weltkrieg war der PzKpfw IV; er bildete die Hauptwaffe der Panzertruppe der Wehrmacht. Die ersten Exemplare liefen Mitte der 1930er-Jahre bei Krupp in Essen vom Band, und ab diesem Datum wurden bis 1945 mehr als 8800 Stück davon gebaut. Es war der einzige deutsche Panzer, der während des gesamten Krieges gefertigt wurde. Der PzKpfw IV wurde ursprünglich als Unterstützungspanzer für die Infanterie entwickelt, während der gleichzeitig produzierte PzKpfw III als Kampfpanzer zum Kampf

Der PzKpfw IV wurde in größeren Stückzahlen als jedes andere gepanzerte deutsche Kampffahrzeug gefertigt. Er diente auch noch nach dem Ende des Zweiten Weltkrieges bei den Streitkräften einer ganzen Reihe von Staaten.

Triebwerk
Der wassergekühlte V12-Benzinmotor Maybach HL 120 TRM des PzKpfw IV leistete 296 PS; damit erreichte der Panzer eine Höchstgeschwindigkeit von 42 km/h auf der Straße.

Mobilität
Breitere Ketten, ein geändertes vorderes Treibrad und das hintere Leitrad halfen dabei, den PzKpfw IV auch im Gelände gut lenkbar zu machen. Im Winter wurde die Geländegängigkeit durch das Anbringen sogenannter Eisfedern weiter verbessert.

gegen Feindpanzer eingesetzt werden sollte. Der ursprüngliche PzKpfw IV wurde entsprechend einer technischen Leistungsbeschreibung gebaut, die im Januar 1934 herausgegeben wurde und in der eine Besatzung von fünf Mann vorgesehen war: der Kommandant, der Bug-MG-Schütze, der Funker, der Ladeschütze und der Fahrer. Der Panzer war mit einer kurzrohrigen Kanone im Kaliber 75 mm bewaffnet. Dazu kamen zwei Maschinengewehre MG 34 im Kaliber 7,92 mm, eines davon im Turm und das andere vorne in der Wanne. Als dann die Fertigung des PzKpfw III genehmigt wurde, hielt man dessen Kanone im Kaliber 37 mm für ausreichend im Kampf gegen Feindpanzer. Mit der schwereren Kanone im PzKpfw IV sollten Artilleriestellungen, Befestigungsanlagen und Truppenkonzentrationen bekämpft werden, die den Vormarsch während des deutschen Blitzkrieges behindert hätten. Unter Blitzkrieg verstand man die koordinierte Offensive der verbundenen Waffen, nämlich Flugzeuge, Artillerie, Panzer und Bodentruppen, die 1939 und 1940 Polen und dann Frankreich und die Niederlande überrannten.

Turm
Die asymmetrische Bauweise des PzKpfw IV bezog sich auch auf den Turm, der um 66,5 mm seitlich versetzt war. Der Grund dafür war die Führung einer Kardanwelle, die sonst dem Schwenkmechanismus des Turms im Weg gewesen wäre.

Panzerung
Während seiner gesamten Einsatzzeit wurde die Panzerung des PzKpfw IV weiter verstärkt. Die Stärke der Panzerung ging von 15 bis 60 mm, sie bestand aus gewalztem und verschweißtem Nickelstahl.

Bewaffnung
Die Hauptbewaffnung des PzKpfw IV Ausf F bestand aus zwei Varianten, nämlich F1 und F2. Bei der Variante F1 wurde eine kurzrohrige Kanone L/24 im Kaliber 75 mm eingebaut, die Variante F2 hatte die hier gezeigte langrohrige Kanone L/43 im Kaliber 75 mm.

Die ersten Exemplare des PzKpfw IV Ausf F erhielten aufgrund ihrer kurzen Kanone L/24 im Kaliber 75 mm die Bezeichnung F1. Die später gefertigte Ausführung F2 hatte die langrohrige Kanone L/43 im Kaliber 75 mm.

Der Turm des PzKpfw IV hatte eine mechanische, elektrisch angetriebene Schwenkvorrichtung, er konnte aber bei Stromausfall auch per Hand gedreht werden. Der Motor war im Heck der Wanne untergebracht, das von Hand zu schaltende Getriebe hatte sechs Vorwärtsgänge und einen Rückwärtsgang.

Ständige Nachrüstung

Das erste Serienmodell des PzKpfw IV war die Ausführung A. Sie wurde im Jahre 1936 den Kampftruppen zugeteilt. Innerhalb eines Jahres wurden dann Verbesserungen an der Kraftübertragung und am wassergekühlten V12-Benzinmotor Maybach HL 120 TRM vorgenommen; das Ergebnis war die relativ seltene Variante B. Die Ausführung C mit einer verbesserten Turmpanzerung mit einer Stärke von 30 mm wurde 1938 in Dienst gestellt. Dann folgte die Ausführung D, bei der man das Bug-MG wieder eingeführt hatte, das bei den Vorgängermodellen weggefallen war. Außerdem hatte man die Walzenblende des Turms dahingehend überarbeitet, dass sie jetzt nach außen gelegt wurde.

Technische Daten

Abmessungen	Länge: 5,91 m Breite: 2,88 m Höhe: 2,68 m
Gewicht	22 t
Triebwerk	1 × wassergekühlter V12-Benzinmotor Maybach HL 120 TRM mit einer Leistung von 296 PS
Geschwindigkeit	42 km/h
Bewaffnung	1 × kurzrohrige Kanone L/24 im Kal. 75 mm, 2 × Maschinengewehr MG 34 im Kal. 7,92 mm
Panzerung	15–60 mm
Reichweite	Straße: 240 km, Gelände: 120 km
Besatzung	5 Mann

Im September 1940 wurde die Ausführung E eingeführt, die eine verstärkte Panzerung und eine neu positionierte Kommandantenkuppel hatte. Die meisten zu dieser Zeit im Dienst stehenden PzKpfw IV wurden auf diese Ausführung E nachgerüstet. Ab Frühjahr 1941 wurde neun Monate lang die Ausführung F produziert, denn sowohl die Wehrmachtführung als auch die zivilen Hersteller hatten erkannt, dass der PzKpfw IV zwei Aufgaben erfüllen musste – die Unterstützung der Infanterie und der Kampf gegen Feindpanzer. Außerdem war offensichtlich, dass die letztgenannte Aufgabe, nämlich der Kampf gegen Feindpanzer, zunehmend wichtiger wurde. Bei der Ausführung F wurde die Panzerung der Wanne auf 60 mm verstärkt, während der Turm eine Panzerung von 50 mm erhielt. Das bisher in der Wanne montierte Maschinengewehr kam in den Turm, um ein besseres Schussfeld zu bekommen, und breitere Ketten sollten die Fahreigenschaften des Panzers auf den in dieser Zeit in verschiedenen Klimazonen befindlichen deutschen Einsatzbereichen verbessern. Die wichtigste Änderung bzw. Verbesserung bei der Ausführung F war die Einführung einer leistungsfähigeren Kanone. Ursprünglich war die Ausführung F noch mit der kurzrohrigen Kanone L/24 im Kaliber 75 mm bewaffnet. Danach wurden zahlreiche Panzer der Ausführung F auf die langrohrige Kanone L/43 im Kaliber 75 mm nachgerüstet, denn diese Waffe hatte eine höhere Mündungsgeschwindigkeit und eine stärkere Durchschlagskraft gegen feindliche Panzer. Die verbliebenen PzKpfw IV mit der kurzrohrigen Kanone L/24 erhielten die Bezeichnung F1, während diejenigen

Das lange Rohr der Kanone L/43 im Kaliber 75 mm des PzKpfw IV war auf dem Schlachtfeld ein imposanter Anblick. Die hier gezeigten Panzer nahmen an der Offensive von Kursk im Juli 1943 teil.

Der meistgebaute Panzer

Auf dem Höhepunkt seiner Fertigung und seines Einsatzes machte der PzKpfw IV volle 30 % der bei den Panzertruppen der deutschen Wehrmacht eingesetzten Kampfpanzer aus. Es dauerte aber ziemlich lange, ehe dieser kampfkräftige Panzer nach Kriegsausbruch in nennenswerten Stückzahlen an die Front kam. Während des Einmarsches in Polen im September 1939 und der Eroberung von Frankreich und den Niederlanden im Mai 1940 bildeten eigentlich die deutschen Panzer der leicht gepanzerten und leicht bewaffneten Typen PzKpfw I und PzKpfw II den Kern der deutschen Truppenbewegungen. Als die Wehrmacht in Warschau einmarschierte, standen nur 211 PzKpfw IV im Einsatz, und an den Einsätzen an der Westfront im folgenden Frühjahr waren auch nur 278 Panzer dieses Typs beteiligt. Anfang 1940 wurde klar, dass man den PzKpfw IV in größeren Stückzahlen benötigte. Obwohl Krupp bis dahin der einzige Hersteller dieses Panzers war, wurde die Fertigung jetzt auf andere Werke ausgedehnt, und der PzKpfw IV ersetzte allmählich Vorgängermodelle, die schon vor Ausbruch der Feindseligkeiten in Dienst gestellt worden waren. Im Jahre 1939 wurden nur ungefähr 40 PzKpfw IV pro Monat gefertigt, diese Zahl stieg aber ständig bis auf 83 Stück im Jahre 1942, 252 Exemplare im Jahre 1943 und 300 Panzer Anfang 1944. Dann wurde die Fertigung auf einigen Produktionsanlagen auf andere Waffen umgestellt. Bis zum Herbst 1944 war die Fertigung dann wieder auf nur 55 Panzer pro Monat gefallen.

mit der langrohrigen Kanone L/43 als F2 bezeichnet wurden. Ab Juni 1942 wurden alle dann gefertigten PzKpfw IV mit der langen Kanone L/43 ausgerüstet, denn jetzt war klar, dass sie gegen Feindpanzer eingesetzt werden sollten. Sie erhielten die Bezeichnung Ausf G.

Unsanftes Erwachen

Als die mit der verbesserten Kanone L/43 ausgerüstete Variante F2 in Nordafrika eingesetzt wurde, war das für die alliierten Panzersoldaten und die höheren Kommandoebenen ein ziemlicher Schock, denn dieser Typ konnte gute Erfolge im Kampf erzielen. Eine kurze Zeit lang war der F2 auch an der Ostfront der kampfkräftigste Panzer der deutschen Panzerwaffe, zumal er in beträchtlichen Stückzahlen eingesetzt werden konnte. Obwohl der PzKpfw IV in großen Stückzahlen gefertigt wurde, erlitt dieser Panzertyp starke Verluste. Das galt besonders von 1944 ab bis zum Ende des Krieges, nachdem die Alliierten die Lufthoheit über den Himmel von Europa errungen hatten. Ab diesem Zeitpunkt wurden Bewegungen der deutschen Panzerfahrzeuge während des Tages gefährlich, wenn sie nicht sogar selbstmörderisch waren. Die letzte Serienausführung des PzKpfw IV war die Ausf J, die im Frühjahr 1944 in Dienst gestellt wurde. Man hatte die Bauweise dieses Panzers im Vergleich zu den Vorgängermodellen vereinfacht; das war ein Versuch, die großen Verluste auf den Schlachtfeldern auszugleichen. Während seiner Dienstzeit wurde das Fahrgestell des PzKpfw IV als Plattform für eine Reihe von Flak-Panzern und Jagdpanzern verwendet.

Mk VI Crusader I Kreuzerpanzer (1941)

Die britischen Crusader-Panzer wurden zwischen den beiden Weltkriegen entwickelt. Sie waren als schnelle Panzerfahrzeuge vorgesehen, die von schweren Waffen geschlagene Breschen in den feindlichen Verteidigungslinien durchbrechen und dann mit hoher Geschwindigkeit in deren hinteren Frontbereich fahren und dort verheerende Schäden anrichten sollten.

Für die britischen Taktiker in den 1930er-Jahren war das Konzept des Kreuzerpanzers logisch. Nachdem schwere Artillerie und Panzer Lücken in die gegnerischen Verteidigungslinien geschlagen hatten, sollten die Kreuzerpanzer unter Ausnutzung ihrer hohen Geschwindigkeit den Feind demoralisieren und tiefe Breschen in die feindlichen Linien schlagen. Durch dieses taktische Verfahren wollte man den starren Schützengrabenkrieg vermeiden, der während des Ersten Weltkrieges an der Westfront lange zum Stillstand geführt hatte. Allerdings hatten Geschwindigkeit und Mobilität einen hohen Preis. Bei den Kreuzerpanzern musste notwendigerweise ein großer Teil des Panzerschutzes der Geschwindigkeit geopfert werden, damit der Auftrag wirksam ausgeführt werden konnte. Zusätzlich musste auch die Bewaffnung leichter gehalten werden, denn das zusätzliche Gewicht einer schweren Kanone hätte die Wirksamkeit dieses Waffensystems gemindert.

Der Crusader von Nuffield

Der Kreuzerpanzer Mk VI Crusader I und die dann folgenden Varianten wurden 1941 in Dienst gestellt. Der Panzer war das Produkt der Konstruktionsfirma Nuffield Mechanization & Aero Limited, die den Vorgänger Kreuzerpanzer Mk VI entwarf. Zuerst hatte die Konstruktionsmannschaft einen Prototyp mit zwei Türmen, den A15, entwickelt und verfeinert. Der neue Panzer wurde einer Reihe von sehr

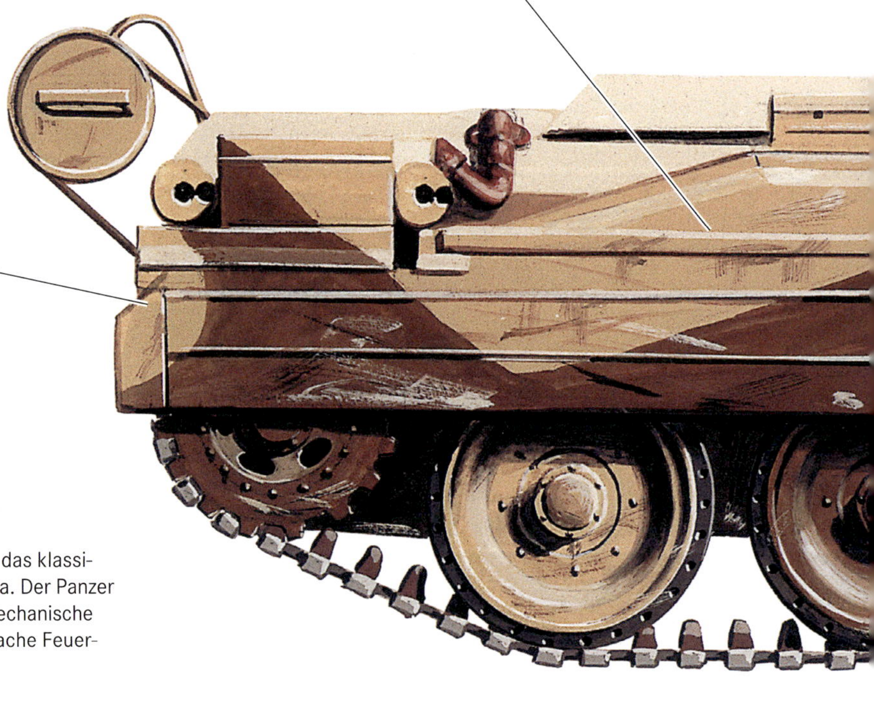

Panzerung
Der Kernpunkt in der Taktik des Kreuzerpanzers lag in seiner Geschwindigkeit, dafür musste Panzerung geopfert werden. Frühe Crusader hatten nur eine dünne Panzerung, die maximal 40 mm stark war, die späteren Varianten hatten eine mit 50 mm Stärke etwas verbesserte Panzerung.

Triebwerk
Der wassergekühlte 12-Zylinder-Benzinmotor Nuffield Liberty L-12 der Crusader-Serie wurde sehr leicht heiß. Auch mit dem ebenfalls von Nuffield stammenden Getriebe gab es oft Pannen, durch die das Fahrzeug liegen blieb.

Der Kreuzerpanzer Crusader in der Ausführung Mk VI war das klassische britische Kampffahrzeug im Wüstenkrieg in Nordafrika. Der Panzer war in ausreichenden Stückzahlen verfügbar, was seine mechanische Anfälligkeit, die zu leichte Panzerung und die relativ schwache Feuerkraft etwas ausglich.

harten Erprobungen unterzogen, bei denen sich technische Mängel, speziell beim Kühlsystem des wassergekühlten 12-Zylinder-Benzinmotors Nuffield Liberty L-12, zeigten. Der Motor war für den Einsatz in Panzerfahrzeugen abgeändert worden. Auch mit dem Getriebe gab es Probleme, denn oft ließen sich die Gänge nur schwer einlegen. Einer der Hauptfehler der Crusader-Serie war die einfache Tatsache, dass die hier aufgetauchten Mängel nie richtig beseitigt wurden, und so wurde der Panzer während seiner gesamten Dienstzeit von Unzuverlässigkeit geplagt. Trotzdem wurden mehr als 5300 Crusader gebaut. Die erste Serienausführung war der Crusader I. Damit hatte man zwar das Kreuzerpanzer-Konzept richtig umgesetzt, aber er war von Anfang an den schwereren deutschen Panzern, die damals schon eingesetzt wurden, deutlich unterlegen. Der Crusader I hatte eine relativ schwache 2-Pfünder-Schnellfeuerkanone (Kaliber 40 mm) und war nur schwach gepanzert. Die stärkste Panzerung war nur 40 mm stark. Trotz aller

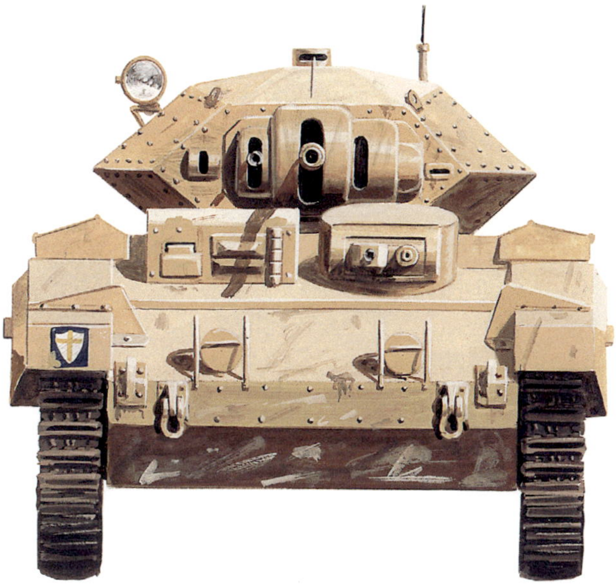

Die Panzer der Serie Crusader hatten eine durchaus günstige Formgebung und sahen wie hervorragende Kampffahrzeuge aus. Allerdings zeigten sich im harschen Klima der nordafrikanischen Wüste sehr schnell ihre technischen Mängel.

Turm

Die Ausführung Mk VI des Kreuzerpanzers Crusader hatte einen im Vergleich zu den früheren Varianten vergrößerten Turm. Da man aber die schwerere 6-Pfünder-Kanone eingebaut hatte, gab es tatsächlich weniger Platz für die Mannschaft im Turm.

Bewaffnung

Der Mk VI Crusader I war mit einer wenig leistungsfähigen 2-Pfünder-Schnellfeuerkanone (Kaliber 40 mm) bewaffnet, mit der er gegen die neue Generation der deutschen Panzer kaum eine Chance hatte. Beim Crusader III wurde dann die leistungsfähigere 6-Pfünder-Schnellfeuerkanone (Kaliber 57 mm) eingebaut, mit der die britischen/Commonwealth-Panzerbesatzungen im Kampf eine bessere Chance hatten.

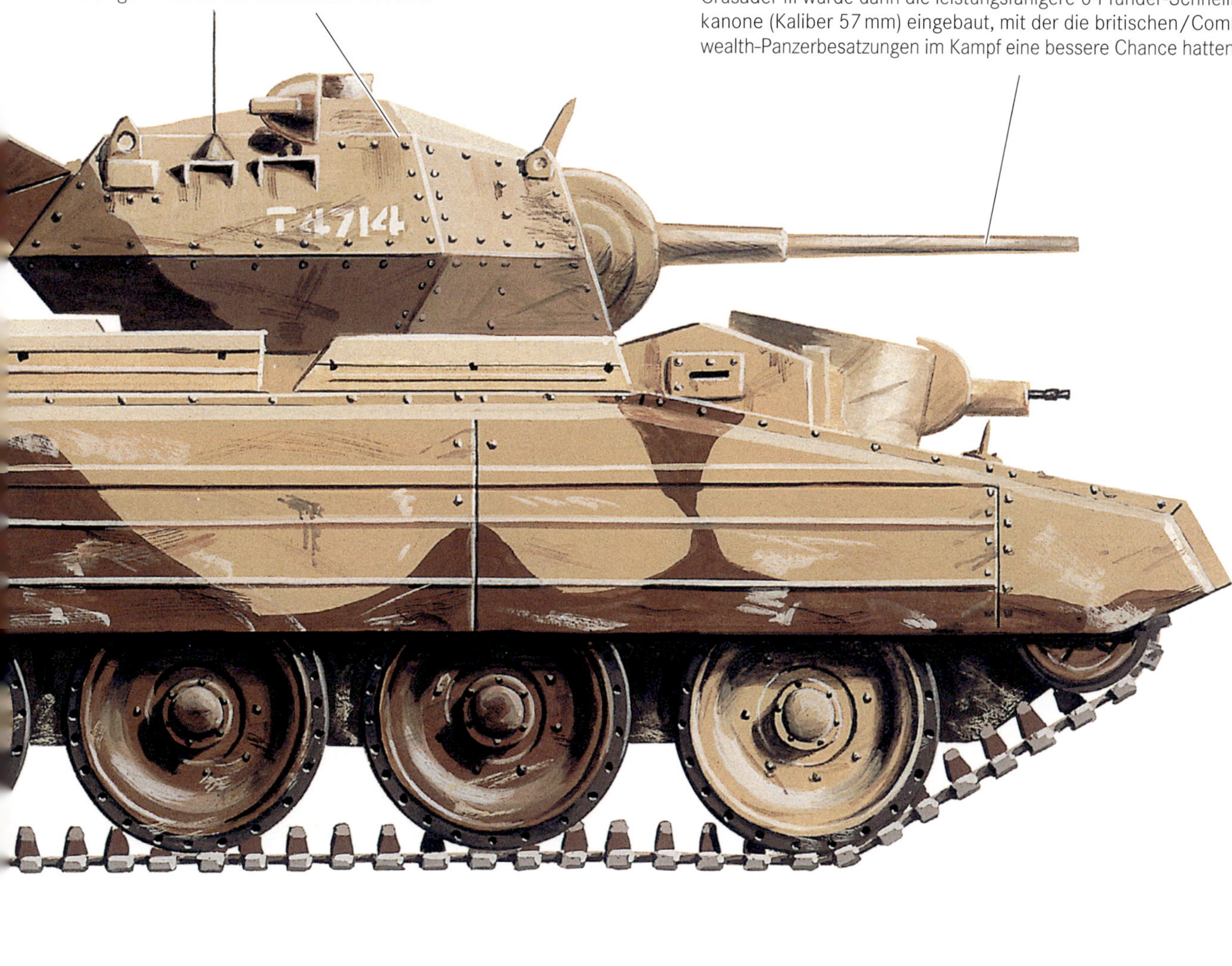

seiner Mängel sah der Crusader I durchaus wie ein Kampfpanzer aus, aber im Kampfeinsatz konnte er die in ihn gesetzten Erwartungen nicht erfüllen. Schon nach einigen Monaten wurde die Panzerung beim Folgemodell Crusader II auf maximal 50 mm verstärkt. Erstaunlicherweise wurde auch jetzt das Problem mit der Motorkühlung nicht beseitigt. In ihren verschiedenen nachgerüsteten Versionen wurden die Panzer der Crusader-Serie mit unterschiedlich starker Besatzung eingesetzt. Beim Crusader I und Crusader II bestand die Besatzung entweder aus vier oder fünf Mann: ein Kommandant, ein Richtschütze im Turm, der Fahrer, der Ladeschütze und eventuell ein Schütze für das Bug-MG. Später wurde dann beim Crusader III die Besatzung auf drei Mann reduziert, da man eine größere Waffe eingebaut hatte, nämlich die 6-Pfünder-Schnellfeuerkanone (Kaliber 57 mm). Die Sekundärbewaffnung bestand anfänglich aus zwei Maschinengewehren BESA im Kaliber 7,92 mm, dann wurde ein einzelnes MG BESA im Turm montiert. Das Laufwerk des Panzers basierte auf der Entwicklung des amerikanischen Erfinders Walter Christie, der diese Konstruktion ursprünglich für schnell fahrende Panzer entwickelt hatte. Die Laufräder waren hierbei einzeln abgefedert.

In die Wüste

Trotz seiner Mängel wurde der Crusader bei den Fronttruppen der britischen Panzertruppe eingesetzt, und im Wüstenkrieg in Nordafrika wurde er sogar zu so etwas wie einer Ikone. Gut ausgebildete Besatzungen konnten einen Teil der technischen Mängel ausgleichen, und sie wurden auch mit der Verwundbarkeit ihres Panzers fertig, dem besonders Gefahr von den Kanonen der deutschen Panzer und der überragenden 8,8-Flak drohte, die zur Panzerabwehr eingesetzt wurde. Die endgültige Ausführung dieser Serie von Kampffahrzeugen war dann der Crusader III, der erstmals bei der entscheidenden Schlacht von El Alamein im Oktober 1942 eingesetzt wurde und danach an der 1770 km langen Jagd auf die deutsche Panzerarmee des Afrikakorps nach Tunesien teilnahm. An dem Sieg in El Alamein waren ungefähr 100 Panzer Crusader III beteiligt. Durch die Einführung der

Die abgeschrägte Panzerung des Turms des Crusader III verbesserte den Panzerschutz, sodass der Panzer seinen Auftrag als schnelles Kampffahrzeug zum Durchbrechen der gegnerischen Linien wirksamer erfüllen konnte.

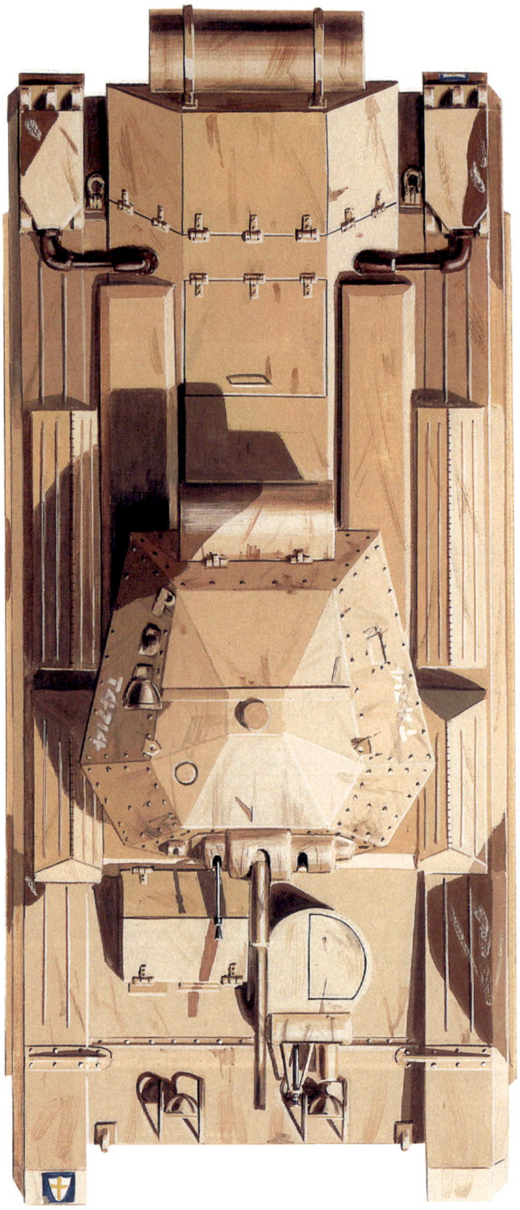

Technische Daten

Abmessungen	Länge: 5,99 m Breite: 2,64 m Höhe: 2,23 m
Gewicht	19,73 t
Triebwerk	1 × wassergekühlter 12-Zylinder-Benzinmotor Nuffield Liberty L-12 mit einer Leistung von 340 PS
Geschwindigkeit	Straße: 43,4 km/h, Gelände: 24 km/h
Bewaffnung	1 × 6-Pfünder-Schnellfeuerkanone im Kal. 57 mm, 1 × Maschinengewehr BESA im Kal. 7,92 mm
Panzerung	50 mm
Reichweite	204 km
Besatzung	3 Mann

6-Pfünder-Schnellfeuerkanone (Kaliber 57 mm) mit 65 Schuss Munition an Bord hatte der Crusader endlich die Möglichkeit, die vom deutschen Afrikakorps in Nordafrika eingesetzten Kampfpanzer PzKpfw III und PzKpfw IV wirksam zu bekämpfen. Zwar war der Crusader III etwas langsamer als seine Vorgänger, was hauptsächlich am Gewicht der größeren Kanone lag, aber der Panzerschutz war weitgehend unverändert geblieben. Die Höchstgeschwindigkeit im Gelände des Crusader III betrug 24 km/h, auf der Straße konnte er eine Höchstgeschwindigkeit von 43,4 km/h erreichen.

Positive Leistungen

Trotz seiner Anfälligkeit für Pannen war der Crusader III bei seinen Besatzungen durchaus beliebt. Panzer dieser Serie standen zur Abwehr der Angriffe der Achsenmächte in Nordafrika in ausreichender Stückzahl zur Verfügung, allerdings gab es unter den britischen Soldaten und den Commonwealth-Soldaten, die auf diesen Panzertyp vertrauten, erhebliche Verluste. Anfang 1943 kam dann der zuverlässige und überaus mobile amerikanische Kampfpanzer M4 Sherman in immer größeren Stückzahlen an die Front, und so wurde der Crusader von weiteren Kampfeinsätzen zurückgestellt. Das Fahrgestell konnte dann allerdings für eine ganze Reihe von Spezialfahrzeugen verwendet werden. Die Version Crusader IIC zum Beispiel wurde mit einer wirksamen Haubitze im Kaliber 75 mm bewaffnet, während Flak-Panzer, Bergepanzer, Räumpanzer und Zugmaschinen ebenfalls auf dieser Grundlage gebaut wurden.

Crusader im Kreuzfeuer

Mit ihren 2-Pfünder-Schnellfeuerkanonen (Kaliber 40 mm) als Hauptwaffe konnten die ersten in Nordafrika eingesetzten Crusader-Panzer gerade noch gegen die deutschen PzKpfw III mit ihren kurzrohrigen Kanonen im Kaliber 50 mm bestehen. Die kurzrohrige Kanone im Kaliber 75 mm des PzKpfw IV war schon eine andere Geschichte. Die schwerere deutsche Kanone konnte auch weiter schießen als der Crusader, das war für die Briten im Wüstenkrieg ein entscheidender Nachteil. Außerdem beherrschten die Wehrmachtssoldaten ihre Panzerabwehrwaffen überaus gut. Dazu gehörte die legendäre 8,8-Flak, aber auch die Pak 38 im Kaliber 50 mm. So lockten deutsche Panzer die britischen Crusader oft in die Reichweite ihrer in versteckten Stellungen lauernden Panzerabwehrkanonen und Artillerie. Nachdem die britischen Panzer dann unter Feuer genommen wurden, mussten sie sich entweder schnell aus der Reichweite der deutschen Geschütze zurückziehen oder einen regelrechten Spießrutenlauf durch das Feuer der Pak und der Artillerie durchführen, um die deutschen Panzer zu bekämpfen. Keine dieser Optionen war für die Briten sonderlich günstig. Bis der Crusader III mit seiner 6-Pfünder-Kanone (Kaliber 57 mm) in ausreichenden Stückzahlen an die Front kam, war die hohe Geschwindigkeit der einzige wirkliche taktische Vorteil der frühen Crusader-Panzer. Sie waren schneller als jeder andere Panzer in der Wüste. Wenn sie allerdings einen Treffer einstecken mussten, dann brannten sie in aller Regel sehr heftig. Auf dem hier gezeigten Foto legt ein Panzer einen Halt ein, um der Besatzung eine Pause zu gönnen, während ein Sanka hinter ihm anhält.

Churchill Mk IV (1941)

Der ursprünglich als Unterstützungspanzer für Infanterieeinsätze entwickelte Kampfpanzer Churchill Mk IV, der auch größere Hindernisse auf dem Schlachtfeld überwinden können musste, wobei man an den Schützengrabenkrieg während des Ersten Weltkrieges dachte, entwickelte sich zu einem vielseitig verwendbaren Panzerfahrzeug, das eine ganze Reihe von Aufgaben beim Kampf und der Unterstützung durchführen konnte.

Britische schwere Panzer wurden anfänglich für einen einzigen Zweck konstruiert: Sie sollten die Infanterie bei Angriffen über schwerem Gelände unterstützen. Das galt auch für den Churchill Mk IV. Als der britische Hersteller Harland & Wolff vier Prototypen des Infanterie-Unterstützungspanzers A20 gefertigt hatte, sollte das neue Panzerfahrzeug bei den Vormärschen mit derselben Geschwindigkeit wie die Fußsoldaten fahren und dabei vom Feind errichtete Hindernisse und natürliche Hindernisse

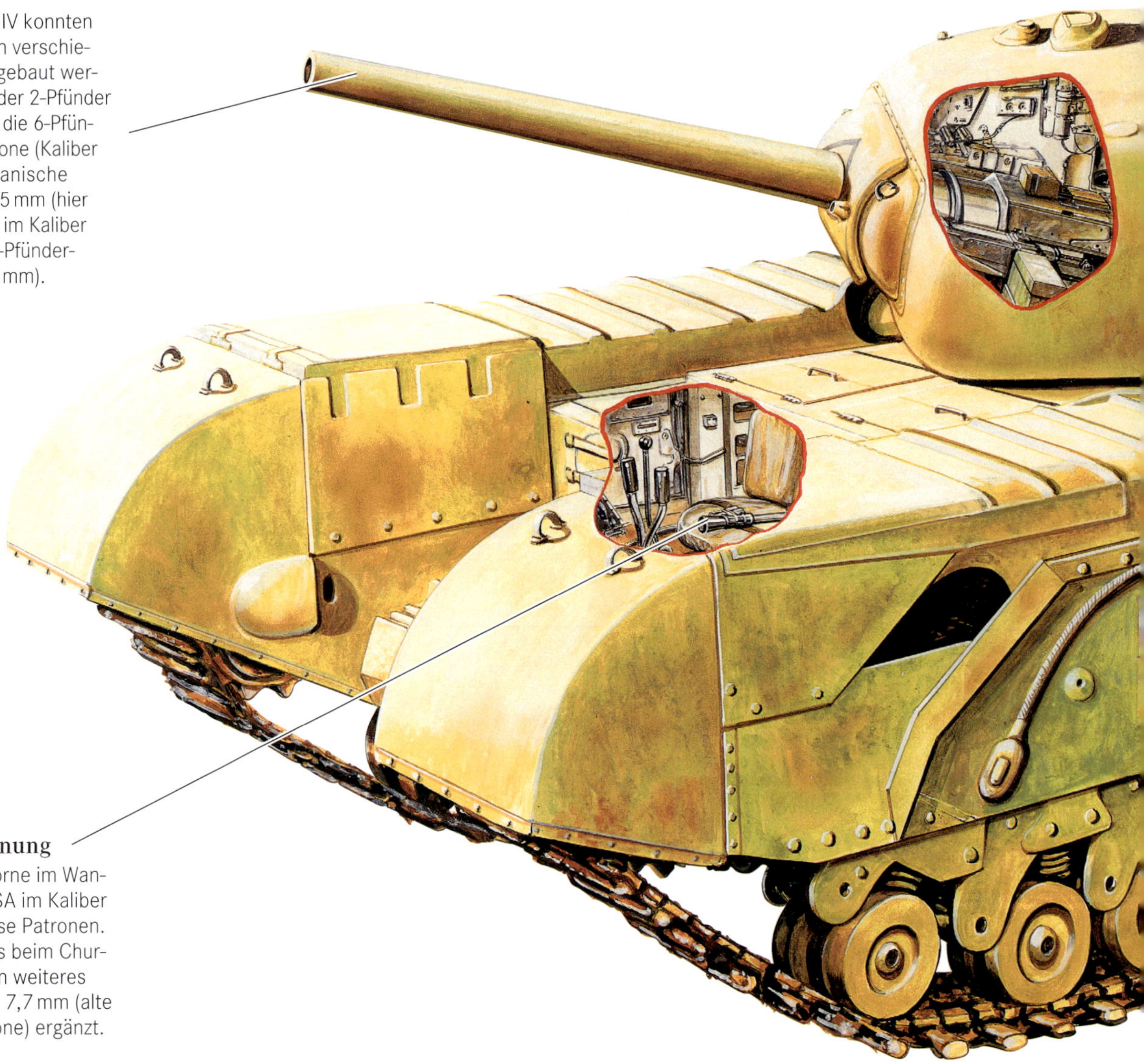

Bewaffnung
In den Turm des Mk IV konnten eine ganze Reihe von verschiedenen Kanonen eingebaut werden, dazu gehörten der 2-Pfünder (Kaliber 40 mm) und die 6-Pfünder-Schnellfeuerkanone (Kaliber 57 mm), die amerikanische Kanone im Kaliber 75 mm (hier gezeigt), die Kanone im Kaliber 76,2 mm und die 25-Pfünder-Haubitze (Kaliber 95 mm).

Sekundärbewaffnung
Das einzelne MG vorne im Wannenbug war ein BESA im Kaliber 7,92 mm für randlose Patronen. Manchmal wurde es beim Churchill Mk IV durch ein weiteres MG Bren im Kaliber 7,7 mm (alte britische Randpatrone) ergänzt.

beseitigen. Die Experimentalmodelle von Harland & Wolff wurden im Jahre 1940 fertiggestellt. Im selben Jahr überrannten die deutschen Streitkräfte bei ihren Eroberungsfeldzügen den europäischen Kontinent; es war unwahrscheinlich, dass dieser Feldzug in einem Schützengrabenkrieg endete. Stattdessen war ein hochmobiler Krieg mit kampfstarken Kräften erforderlich, um die Wehrmacht aus den besetzten Gebieten zu vertreiben.

Zahlreiche Varianten des Churchill

Nachdem Frankreich im Juni 1940 gefallen war, wurde die Wahrscheinlichkeit einer deutschen Invasion in Großbritannien ganz erheblich größer. Im Jahre 1941 wurde darum der A22, eine verbesserte Version des ursprünglichen A20, hastig in die Fertigung genommen,

Das eckig aussehende Profil von Wanne und Turm des Churchill Mk IV war auf dem Schlachtfeld nicht zu verwechseln. Nachdem man die Bewaffnung des Panzers verstärkt hatte, war sein Einsatz gegen die Panzer der Achsenmächte erfolgreicher.

Turm
Der Turm des Churchill bestand aus Gussteilen und geschweißten Elementen. Als die Kanone im Kaliber 75 mm installiert wurde, musste der Ladeschütze im Turm seine Position um 90 Grad ändern.

Antrieb
Der 12-Zylinder-Benzinmotor (V12, 180°) Bedford Twin-Six mit zwei gegenüberliegenden Zylinderreihen leistete 350 PS. Dieses Triebwerk wurde für alle Ausführungen des Churchill Mk IV verwendet, obwohl das Gewicht des Panzers laufend erhöht wurde.

Laufwerk
Das mit Schraubenfedern versehene Laufwerk des Churchill Mk IV hatte auf jeder Seite elf mit Schutzplatten abgedeckte Achsträger, an denen sich jeweils ein Laufrad mit einem Durchmesser von 254 mm befand. Diese Bauart des Laufwerks erwies sich als überaus wirksam und bot auf den verschiedensten Oberflächen gute Bodenhaftung.

denn die Zeit war knapp. Der Panzer erhielt schon bald den Namen „Churchill“ zu Ehren des Premierministers Winston Churchill, die offizielle Bezeichnung lautete Infanteriepanzer Mk IV. Die Anzahl der Varianten oder Marks, die auf der Grundlage des ursprünglichen Mk IV entstanden, würde mehrere Seiten Text erfordern. Ziemlich verwirrend ist die Tatsache, dass die Varianten des Mk IV wiederum eigene Mark-Bezeichnungen erhielten. So erhielt zum Beispiel die erste Kampfpanzer-Ausführung des Churchill auf der Grundlage des Mk IV die Bezeichnung Mk I. Aufgrund der kriegsbedingten Erfordernisse wurden die ersten Ausführungen des Churchill sehr schnell gefertigt und ohne weitere Truppenerprobungen oder Verbesserungen in den Kampf geschickt. Ein Sprecher des mitbeteiligten Automobilherstellers Vauxhall beschrieb die Situation wie folgt: *„Alle diejenigen Dinge, die uns bekannt sind und die nicht in Ordnung sind, werden berichtigt. Kampffahrzeuge werden dringend benötigt und wir haben die Anweisungen bekommen, diese Fahrzeuge weiter so zu bauen, wie sie sind, und nicht etwa die Produktion anzuhalten.“*

Der massive Kampfpanzer Churchill IV hatte eine Besatzung von fünf Mann, die Wanne war in vier Abteilungen eingeteilt. Der Fahrer saß vorn neben seinem Beifahrer, der auch das Bug-MG bediente. Im Kampfraum und im Turm befanden sich der Kommandant, der Richtschütze und der Ladeschütze,

Technische Daten

Abmessungen	Länge: 7,65 m Breite: 3,25 m Höhe: 2,5 m
Gewicht	40,6 t
Triebwerk	1 × Bedford Twin-Six x-180°-V12-Benzinmotor mit 350 PS Leistung
Geschwindigkeit	25 km/h
Bewaffnung	2-Pfünder-Schnellfeuerkanone im Kal. 40 mm, 6-Pfünder-Schnellfeuerkanone im Kal. 57 mm, KwK im Kal. 75 mm, KwK im Kal. 76,2 mm, Haubitze im Kal. 95 mm, 1 × Maschinengewehr BESA im Kal. 7,92 mm, optional Maschinengewehr Bren im Kal. 7,7 mm
Panzerung	16–152 mm
Reichweite	Straße: 195 km, Gelände: 100 km
Besatzung	5 Mann

Hier begegnen sich zwei der prominentesten alliierten Panzertypen im Zweiten Weltkrieg, wobei sich die Besatzungsmitglieder freundlich grüßen. Auf der linken Seite fährt ein britischer Infanteriepanzer Churchill Mk IV, rechts ein amerikanischer mittlerer Kampfpanzer M4 Sherman. Beide Typen waren die Arbeitspferde der alliierten Armeen während des Krieges.

der auch als Funker fungierte. Der Motorraum war im hinteren Teil der Wanne. Angetrieben wurde der Panzer von einem 12-Zylinder-Benzinmotor Bedford Twin-Six (ein aus zwei Lkw-Motoren entstandener Boxermotor) mit einer Leistung von 350 PS. Zuerst war die Panzerung zwischen 16 und 102 mm stark, bei späteren Versionen ab der Ausführung Mk VII wurde sie auf 25 bis 152 mm verstärkt. Eines der wichtigsten konstruktiven Merkmale des Churchill IV war das mit Schraubenfedern abgefederte Laufwerk, dessen 11 Schwingarme mit Laufrädern mit einem Durchmesser von jeweils 254 mm sich unter Abdeckplatten auf beiden Seiten der Wanne befanden. Dieses Laufwerk war ganz hervorragend und trug viel zu der sehr guten Geländegängigkeit und Steigfähigkeit des Panzers bei.

Verstärkte Bewaffnung

Im Verlauf seiner Einsatzzeit wurde die Bewaffnung des Panzers mehrfach verstärkt. Die frühen Ausführungen Mk I und Mk II waren mit der 2-Pfünder-Schnellfeuerkanone (Kaliber 40 mm) ausgerüstet, der Mk III hatte einen 6-Pfünder (Kaliber 57 mm) und der Mk IV NA75 die amerikanische Kampfwagenkanone im Kaliber 75 mm. Die schwereren Kanonen mitsamt den Walzenblenden von nicht mehr einsatzfähigen amerikanischen mittleren Panzern M4 Sherman wurden

Aufgrund seines einzigartigen Federungssystems des Laufwerks mit den typischen Schutzplatten kann man den Panzer Churchill sehr gut von anderen zeitgenössischen Panzern unterscheiden. Diese Art der Federung war ideal für den Unterstützungseinsatz für die Infanterie über schwerem Gelände mit steilen Steigungen.

in die Türme von Churchill-Panzern eingebaut. Der Erfolg stellte sich sofort ein, und bis Sommer 1944 hatte man schon mehr als 200 dieser Umbauten vorgenommen. Viele dieser Mk IV NA75 leisteten bei den Kämpfen in Italien hervorragende Dienste. Der Mk I wurde auch mit einer Haubitze im Kaliber 76,2 mm in der Wanne ausgestattet, das erwies sich aber als ungünstig, die Haubitze wurde darum wieder ausgebaut und stattdessen ein Bug-MG BESA im Kaliber 7,92 mm in den Mk II und spätere Varianten montiert. Einige Churchill hatten zusätzlich auch noch ein leichtes Maschinengewehr Bren im Kaliber 7,7 mm an Bord.

Bemerkenswerte Vielseitigkeit

Im Verlauf des Zweiten Weltkrieges wurden fast 7400 Infanteriepanzer Churchill in allen Varianten gebaut. Zu den auf der Grundlage des ursprünglichen Panzers entwickelten Spezialfahrzeugen gehörten mehrere, die bei der alliierten Landung in der Normandie am 6. Juni 1944 und den dann folgenden Kampfhandlungen in Westeuropa wichtige Dienste leisteten. Dazu gehörten auch der Pionierpanzer AVRE *(Armoured Vehicle Royal Engineers)* mit einem Petard-Mörser im Kaliber 290 mm, der Flammenwerferpanzer „Crocodile“, der Mannschaftstransporter „Kangaroo“, der Minenräumpanzer AVRE/CIRD *(Canadian Indestructible Rolling Device)*, der Bergepanzer ARV *(Armoured Recovery Vehicle)* und der Brückenlegepanzer ARK *(Armoured Ramp Carrier)*. Der Churchill wurde während des gesamten Zweiten Weltkrieges gefertigt, und die auf seiner Grundlage entstandenen Spezialfahrzeuge waren bei der britischen Armee noch viele Jahre nach Kriegsende im Einsatz.

Das Desaster von Dieppe

Trotz seines innovativen und weitgehend wirksamen Federungssystems blieb auch dem Panzer Churchill Mk IV bei seinem ersten Kampfeinsatz eine Niederlage nicht erspart. Die am 19. August 1942 begonnene Operation Jubilee, bei welcher der französische Hafen Dieppe angegriffen wurde, endete in einer Katastrophe und führte bei den hauptsächlich eingesetzten kanadischen Streitkräften zu erheblichen Verlusten. Die am Angriff beteiligten Panzer Churchill Mk I und Mk II erlitten ebenfalls hohe Verluste. Insgesamt 30 Churchill des 14. Panzer-Bataillons *(14th Tank Battalion)*, von denen einige mit Flammenwerfern ausgerüstet waren, blieben im Sand der Strände von Dieppe stecken. Weitere 30 Panzer des Calgary-Regiments kamen zu spät an Land. Nur wenige Panzer schafften es, vom Strand herunterzukommen und ins Inland vorzurücken, um die Infanterie zu unterstützen. Die im Sand stecken gebliebenen Churchill zogen konzentriertes deutsches Feuer auf sich und wurden entweder zerstört oder von den Besatzungen aufgegeben. Die Panzersoldaten fielen dann entweder oder gingen in Gefangenschaft. Allerdings war das Desaster von Dieppe nicht vergebens gewesen, denn man hatte viele Lehren daraus gezogen und konnte die zwei Jahre später folgende Invasion in der Normandie viel gründlicher planen.

M3A3 Stuart (1941)

Der amerikanische leichte Panzer M3 wurde als Unterstützungsfahrzeug für Infanterieeinsätze entwickelt. Dafür war er hervorragend schnell und wirksam bewaffnet. Er diente während des Zweiten Weltkrieges bei den amerikanischen, britischen und sowjetischen Streitkräften sowohl in Europa als auch im Pazifikraum.

Der leichte Panzer M3 war selbst unter schwierigen Verhältnissen auf dem Schlachtfeld sehr zuverlässig, er war bei den britischen und amerikanischen Besatzungen überaus beliebt. Bei den Briten galt der M3 als etwas zu groß geraten für einen leichten Panzer, aber sie erkannten, dass er seine Stärken bei der Unterstützung der Infanterie und als Spähpanzer bei Aufklärungsunternehmen hatte. Der hier gezeigte Panzer wurde bei der britischen 7. Panzerbrigade im Jahre 1942 in Nordafrika eingesetzt.

Die Fertigung des amerikanischen leichten Panzers M3 wurde im Frühjahr 1941 aufgenommen. Zu dieser Zeit zeichnete sich immer deutlicher ab, dass die Vereinigten Staaten schließlich auch in den sich immer weiter ausweitenden Konflikt in Europa und im Pazifikraum hineingezogen würden. Der M3 ersetzte den bereits vorhandenen M2, den man zu dieser Zeit schon für veraltet hielt. Der M2 war zwischen den beiden Weltkriegen die Umsetzung der amerikanischen Vorstellungen von der Rolle des Panzers im Kampf – Geschwindigkeit, Mobilität und Unterstützung der Infanterie.

Bewaffnung
Während seiner gesamten Einsatzzeit war die Hauptwaffe des leichten Panzers M3 die Kanone M6 im Kaliber 37 mm, die eigentlich für den Kampf gegen andere Panzer nicht geeignet war. Im Einsatz als Unterstützungspanzer für die Infanterie dagegen war die Leistung der Kanone ausreichend.

Laufwerk/ Federung
Charakteristisch für amerikanische Panzerfahrzeuge aus der Zeit des Zweiten Weltkrieges war das mit senkrechten Federungselementen ausgestattete Laufwerk. Das hintere Leitrad lief dabei auf dem Boden, sodass der Bodendruck verringert wurde und das Heck des Panzers M3A3 dadurch besser abgestützt wurde.

Antrieb und Verbesserungen

Die meisten Panzer der Serie wurden von dem luftgekühlten Sternmotor Continental W-670-9A angetrieben, nach dem auch für andere Fahrzeuge sehr große Nachfrage bestand. Darum wurden einige Fahrgestelle des M3 mit dem Dieselmotor T-1020 von Guiberson ausgerüstet. Ebenfalls verwendet wurden jeweils zwei V8-Motoren von Cadillac; dazu musste der Motorraum in der Wanne erhöht werden. Diese Version bekam die Bezeichnung M5, während die Briten sie als Stuart V bezeichneten. Der Name stammte von Generalmajor J. E. B. Stuart, ein tollkühner Kavallerie-Befehlshaber der Konföderierten während des Amerikanischen Bürgerkrieges. Die häufigsten Varianten des M3 waren der M3A1, der bei den Briten Stuart III oder IV hieß, je nachdem, ob

Sekundärbewaffnung
Der M3A3 Stuart war mit wenigstens zwei luftgekühlten Maschinengewehren M1919A4 Browning im Kaliber 7,62 mm bewaffnet. Eines davon war koaxial zur Hauptwaffe in den Turm eingebaut, das andere befand sich in einer Kugelblende vorn in der Wanne. Einige Modelle hatten auch ein weiteres Fla-MG neben der Turmluke.

Antrieb
Der luftgekühlte 7-Zylinder-Sternmotor Continental W-670-9A hatte im M3A3 eine Leistung von 250 PS. Zu den anderen Triebwerken des M3 gehörten jeweils zwei V8-Motoren von Cadillac und ein Dieselmotor von Guiberson.

Die relativ hohe Silhouette des leichten Panzers M3 machte die Tarnung des Fahrzeugs schwierig. In diesem Fall war aber seine Geschwindigkeit sein größter Vorteil, wenn er auf den Gegner traf. Durch eine verstärkte Frontpanzerung hatte der M3A3 im Kampf eine bessere Überlebenschance.

ein Benzinmotor oder ein Dieselmotor eingebaut war, und der M3A3 oder Stuart V. Während der gesamten Produktionszeit von 1941 bis zum Ende des Zweiten Weltkrieges wurde in den M3 als Hauptwaffe die Kanone M6 im Kaliber 37 mm eingebaut, die schon bei Kriegsbeginn gegen die neue Generation der Panzer der Achsenmächte nicht mehr wirksam war. Gegen andere Arten von Zielen war sie aber durchaus brauchbar. Die Sekundärbewaffnung bestand aus bis zu fünf Maschinengewehren Browning M1919A4 im Kaliber 7,62 mm. Bei der Version M3A1 wurde die Präzision der Hauptwaffe dahingehend verbessert, dass man unter anderem ein Stabilisierungssystem in den Turm mit Turmkorb einbaute. Beim M3A3 wurde dann eine abgeschrägte Panzerung mit einer Stärke zwischen 43 und 51 mm verwendet, der Fahrerplatz wurde vergrößert und zwei MG wurden ausgebaut, sodass nur noch drei MG Browning vorhanden waren. Der Platz im M3 galt als ausreichend, der Fahrer saß vorne links in der Wanne, der Beifahrer saß neben ihm, Kommandant und Kanonier besetzten den für zwei Mann vorgesehenen Turm.

Technische Daten

Abmessungen	Länge: 4,53 m Breite: 2,23 m Höhe: 2,52 m
Gewicht	14,7 t
Triebwerk	1 × luftgekühlter 7-Zylinder-Sternmotor Continental W-670-9A mit einer Leistung von 250 PS
Geschwindigkeit	58 km/h
Bewaffnung	1 × Kanone M6 im Kal. 37 mm, 2 × luftgekühltes Maschinengewehr Browning M1919A4 im Kal. 7,62 mm
Panzerung	10–65 mm
Reichweite	Straße: 120 km, Gelände: 60 km
Besatzung	4 Mann

Geschwindigkeit kontra Feuerkraft und Panzerschutz

Im Verlauf des Zweiten Weltkrieges wurden Tausende von Panzern M3 bei der britischen Armee und der sowjetischen Roten Armee im Rahmen des amerikanischen Leih- und Pachtabkommens (Lend-Lease-Programme) in Dienst gestellt. Obwohl sie eigentlich für die Unterstützung von Infanterieeinsätzen und für die Aufklärung vorgesehen waren, war es unvermeidlich, dass Panzer M3 auch in Gefechte mit schwereren deutschen Panzern und Panzerabwehrwaffen verwickelt wurden, in denen sie den Kürzeren zogen. Hier zeigten sich deutlich die Mängel bei Feuerkraft und Panzerschutz. Das führte dazu, dass einige Militärbeobachter die Leistungen dieses Panzertyps negativ beurteilten. In seinen eigentlich vorgesehenen Einsatzrollen war aber der M3 sowohl auf dem europäischen Kriegsschauplatz als auch im Pazifikraum mehr als ausreichend. Die britischen Panzerbesatzungen in Nordafrika waren von ihrem leichten Panzer, der 14,7 t wog, sehr angetan und gaben ihm den Spitznamen „Honey“ (Honig). Zusammen mit den von den Amerikanern gelieferten M3 Grant und M4 Sherman trug auch der M3 Stuart zum Sieg der Briten und später der Amerikaner in Nordafrika bei. Im Pazifikraum war der leichte Panzer M3 ein wirksames Waffensystem bei der Unterstützung der Infanterie. Er konnte selbst dichten Dschungel durchfahren und auch auf Gelände eingesetzt werden, das für schwere Panzer nicht geeignet war. Die Entwicklung der japanischen Panzer war derjenigen der amerikanischen Panzer deutlich unterlegen, und so war selbst der leichte M3 kampfkräftig genug, um während der amerikanischen Einsätze im Pazifik, dem sogenannten Inselspringen, japanische Panzer auszuschalten, Maschinengewehrnester zu vernichten und Bunker und Truppenkonzentrationen zu bekämpfen.

Noch lange im Einsatz

Obwohl der leichte Panzer M3 bis zum Ende des Zweiten Weltkrieges in der Fertigung blieb, war schon im Herbst 1944 sein Nachfolger, der M24 Chaffee, im Einsatz. Dieser neue Panzer war ein hervorragendes Beispiel dafür, wie schnell die Feuerkraft der Panzer während des Krieges gesteigert wurde, denn der leichte Panzer M24 hatte eine Kanone im Kaliber 75 mm. In der Folge wurden einige Panzer M3 zu Befehlspanzern für den Einsatz von Panzereinheiten umgebaut. Dazu wurden der Turm entfernt und weitere Maschinengewehre montiert, mit denen der Vormarsch der Infanterie direkt unterstützt werden konnte. Es wurden auch weiterhin Versuche mit Spezialversionen des M3 durchgeführt. Dazu gehörte ein Flak-Panzer mit schweren Maschinengewehren im Kaliber 12,7 mm, ein Flammenwerferpanzer und einige Selbstfahrlafetten mit Haubitzen im Kaliber 75 mm. Keines dieser Fahrzeuge erreichte aber jemals die Serienreife. Insgesamt wurden mehr als 25 000 Panzer M3 zwischen März 1941 und Oktober 1943 gefertigt. Das überaus zuverlässige Fahrzeug blieb auch lange nach dem Zweiten Weltkrieg bei einer ganzen Reihe von Streitkräften in vielen Ländern im Einsatz; es gibt sogar Berichte, dass sie noch in den 1990er-Jahren eingesetzt wurden.

Kämpferischer Stuart

Obwohl es dem Panzer an Feuerkraft und Panzerschutz fehlte, war der in Amerika gebaute leichte Panzer M3 gegen weiche Ziele wie Truppenkonzentrationen, Maschinengewehrnester und andere feindliche Stellungen, die eine Gefahr für die alliierte Infanterie bildeten, durchaus wirksam. Als bereits vor dem Zweiten Weltkrieg entstandene Konstruktion waren die Panzer der Serie M3 bei Kriegseintritt der Vereinigten Staaten eigentlich schon veraltet. Mittlerweile waren aber schon Tausende von ihnen im Rahmen der entsprechenden Leih- und Pachtabkommen an die Ostfront zu den sowjetischen und nach Nordafrika zu den britischen Streitkräften gekommen. Da es den Japanern im Pazifikraum an wirksamen Panzerabwehrwaffen und auch Panzern fehlte, war sogar der M2, der Vorgänger des M3, im Pazifikraum durchaus im Kampf zu gebrauchen. Während eines entscheidenden Gefechtes der amerikanischen Marineinfanterie am Tenaru-Fluss auf der zu den Salomonen gehörenden Insel Guadalcanal wehrte ein Zug von Panzern M2 die Angriffe der Japaner ab. Mit Sprenggranaten und ständigem Maschinengewehrfeuer konnten die gegnerischen Truppen vernichtet werden.

Die Wanne dieses hier gezeigten M3 aus einer früheren Serie ist vernietet. Da dieser Panzer während einer Übung einen Abhang hinauffährt, ist die vernietete Bauweise hier sehr gut zu sehen. Beachten Sie auch das vorn in der Wanne montierte MG Browning im Kaliber 7,62 mm.

M3A3 General Lee (1941)

Da man dringend gezwungen war, den deutschen Panzern in Nordafrika mit zusätzlicher gepanzerter Feuerkraft zu begegnen, konstruierten die amerikanischen Ingenieure ein bereits vorhandenes Fahrgestell so um, dass eine Kanone im Kaliber 75 mm in einer Kasemattlafettierung untergebracht werden konnte.

Weil die amerikanischen Konstrukteure wenig Zeit hatten, vorhandene Panzer mit stärkeren Kanonen auszurüsten, denn die Deutschen setzten Panzerfahrzeuge in Nordafrika mit Geschützen in den Kalibern 50 mm und 75 mm ein, war im Sommer 1941 einem englischsprachigen Sprichwort zufolge die Notwendigkeit im wahrsten Sinne des Wortes die Mutter der Erfindungen. Als dann im August der mittlere Kampfpanzer M3 in die Serienfertigung ging, war aber kein amerikanischer Panzerturm in der Lage, eine Bordwaffe mit einem größeren Kaliber als 37 mm aufzunehmen. Die Lösung war in diesem Fall ein rollender Anachronismus, in den aber auch moderne konstruktive Merkmale mit eingeflossen waren. Die Bauweise des mittleren Panzers M3 war noch ganz klar von Konstruktionen aus dem Ersten Weltkrieg beeinflusst worden, in diesem Fall war das die Kanone im Kaliber 75 mm in ihrer Kasemattlafettierung. Das Laufwerk mit seinen senkrechten Kegelfedern und den paarweise aufgehängten Laufrädern war für die amerikanischen Panzerfahrzeuge der 1930er-Jahre typisch und wurde noch während des gesamten Zweiten Weltkrieges verwendet.

Bewaffnung

Der mittlere Kampfpanzer M3 war mit einer Kanone im Kaliber 75 mm in einer Kasemattlafettierung in der Wanne und einer Kanone im Kaliber 37 mm im Turm bewaffnet. Diese Konfiguration bot sich den amerikanischen Herstellern zu einer Zeit an, als neue Panzer dringend benötigt wurden, um die britischen Verluste in der nordafrikanischen Wüste auszugleichen.

Dringender Ausgleich

Nachdem die Panzerverluste der Briten in Nordafrika eine Höhe erreicht hatten, die sie ohne fremde Hilfe nicht ausgleichen konnten, wandte man sich an die USA und bat um die Fertigung von britischen Konstruktionen in amerikanischen Panzerfabriken. Dieses Ersuchen wurde von den Amerikanern abgelehnt. Als Alternative bot man eine rasche Entwicklung, Fertigung und schnellen Fronteinsatz des M3 an; damit wurde die Fähigkeit der amerikanischen Industrie demonstriert, sich auf dringenden Bedarf einzustellen. Obwohl die Konstruktion ganz offensichtlich Mängel hatte, konnte der M3 den dringenden Bedarf der Briten an neuen Panzern zum Einsatz in der Wüste in gewissem Umfang decken. Für den M3 wurden Laufwerk und Federung sowie Antriebselemente des vorangegangenen M2 verwendet. Der Panzer war ungefähr 3 m hoch, wobei der Kampfraum ziemlich hoch gelegt werden musste, um die Antriebselemente darunter unterzubringen. Die frühen Ausführungen hatten einen kleinen Turm mit

Der Turm des M3 war nach links versetzt, um das hohe Gewicht der 75-mm-Kanone in der Wanne des Panzers auszugleichen.

Das unorthodoxe Aussehen des amerikanischen mittleren Panzers M3 hatte seine Ursache hauptsächlich in der Dringlichkeit, mit der dieser Panzer gefertigt werden musste. Die unbedingt erforderliche höhere Feuerkraft wurde durch den Einbau einer Kanone im Kaliber 75 mm in einer Kasemattlafettierung in der Wanne des Panzers erreicht.

Mehr als 4200 Panzer der in den USA gefertigten Typen M3A3 und M3A5 wurden an Großbritannien und die Sowjetunion abgegeben. In der nordafrikanischen Wüste und an der Ostfront halfen die Panzer der Serie M3 dabei, den anfänglichen Mangel an alliierten Panzern bis zum Eintreffen des M4 Sherman zu lindern.

Technische Daten

Abmessungen	Länge: 5,64 m Breite: 2,72 m Höhe: 3,0 m
Gewicht	27 t
Triebwerk	1 × 12-Zylinder-Dieselmotor General Motors 6046, bestehend aus zwei Motoren GM 6-71, mit einer Leistung von 420 PS
Geschwindigkeit	Straße: 40 km/h, Gelände: 26 km/h
Bewaffnung	1 × Kanone M2 L/31 im Kal. 75 mm in Kasemattlafettierung, 1 × Kanone M6 im Kal. 37 mm im Turm, bis 4 × Maschinengewehr Browning M1919A4 im Kal. 7,62 mm
Panzerung	12,5–76 mm
Reichweite	Straße: 240 km, Gelände: 150 km
Besatzung	6 oder 7 Mann

einer Kommandantenkuppel. Aufgrund seiner hohen Silhouette war der M3 anfällig für feindliches Feuer, außerdem konnte man mit diesem Panzer nicht aus Deckungen heraus kämpfen. Er war auch relativ langsam, denn im Gelände lief er nur 26 km/h schnell. Allerdings konnte er auch den harten klimatischen Bedingungen in der Wüste gut widerstehen.

Amerikanische Panzer in der Wüste

Insgesamt wurden 6258 mittlere Panzer M3 von August 1941 bis Dezember 1942 gefertigt. Viele davon entstanden in der Lokomotivfabrik Baldwin Locomotive Works in Philadelphia, Pennsylvania. Die Briten kauften große Stückzahlen dieser Panzer; einige davon wurden dahingehend umgebaut, dass man die Kommandantenkuppel zugunsten eines verlängerten Turmes für die Aufnahme des Funkgerätes entfernte. Diese Panzer bekamen von den Briten den Spitznamen „General Grant“, während die nicht abgeänderten M3 als „General Lee“ bezeichnet wurden. Beide Spitznamen bezogen sich auf den General Ulysses S. Grant der Unionstruppen bzw. den General Robert E. Lee der Konföderierten, die sich im Amerikanischen Bürgerkrieg bekämpft hatten. Auch die sowjetische Rote Armee erhielt Panzer des Typs M3. Offensichtlich war dieser Typ aber dort recht unbeliebt, denn er erhielt den Spitznamen „Sarg für sieben Brüder“. Trotz seines unkonventionellen Aussehens war die Kanone dieses alliierten Panzers im Kaliber 75 mm für die Deutschen doch eine Überraschung.

Grundausführung und Bauartänderungen

Aufgrund seiner Wanne, die mehr als eineinhalbmal so hoch wie ein durchschnittlich großer Mann war, hatte der mittlere Panzer M3 ein ungewöhnliches Aussehen und wirkte kopflastig. Er war ganz sicher nicht stromlinienförmig und verkörperte offensichtlich Konstruktionselemente einer vergangenen Zeit. Allerdings war der M3 in der Lage, ziemlich heftig zuzuschlagen. Seine größte Feuerkraft stammte von seiner Kanone im Kaliber 75 mm, die rechts in der Wanne in einer Kasemattlafettierung montiert war. Da die Zeit knapp war, hatte man diese etwas ungewöhnliche, aber einfach umzusetzende Lafettierung gewählt. Ein Handicap dieses Panzers war der begrenzte Schwenkbereich der großen Kanone, wenn feindliche Panzer bekämpft werden mussten. Dagegen war diese Waffe hervorragend für den Einsatz zur Artillerieunterstützung und zur Bekämpfung von Befestigungen geeignet. Da sie sowohl panzerbrechende Munition als auch Sprenggeschosse verschießen konnte, wurde die Kampfkraft des Panzers dadurch erhöht. Die im kleinen Turm untergebrachte Kanone M6 im Kaliber 37 mm dagegen war für den Kampf gegen Feindpanzer kaum zu gebrauchen. Zur Sekundärbewaffnung gehörten bis zu vier Maschinengewehre M1919A4 Browning im Kaliber 7,62 mm in der Wanne und im Turm. Die Panzerung war zwischen 12,5 mm und 76 mm stark. Frühe mittlere Panzer M3 waren mit ihrem Motor Wright Continental R975 EC2 mit einer Leistung von 340 PS bei einem Fahrzeuggewicht von 27 t etwas untermotorisiert. Nachdem die Fertigung auf modifizierte Typen umgestellt wurde, hatte man auch die Motorleistung verbessert. Der M3A1 war in geschweißter und nicht mehr genieteter Bauweise gefertigt. Die Panzerung wurde verstärkt, und für den M3A3 wurde der 12-Zylinder-Dieselmotor General Motors 6046 mit einer Leistung von 420 PS verwendet. Der M3A4 hatte den Chrysler-Motor A57 mit 370 PS. Der M3A5 war zwar weitgehend mit dem M3A3 identisch, aber er war vernietet. Es wurden über 4200 Panzer der Typen M3A3 und M3A5 an die Sowjets abgegeben.

Ablösung durch den Sherman

Obwohl der Panzer seinen Auftrag erfüllte, war klar, dass seine Karriere nur kurz sein würde. Schon auf dem Höhepunkt seiner Fertigung zeichnete sich ab, dass sein Nachfolger, der legendäre mittlere Panzer M4 Sherman, in absehbarer Zeit zum Einsatz kommen würde.

M3 im Kampfeinsatz

Zum ersten Kampfeinsatz des mittleren Panzers kam es im Jahre 1943 in Gazala in Nordafrika. Beim deutschen Afrikakorps wusste man nicht, dass ein schwererer alliierter Panzer mit einer Kanone im Kaliber 75 mm zum Einsatz kam, und man war über das Erscheinen des M3 recht erschrocken. Die in Gazala eingesetzten Panzer vom Typ Grant konnten sehr schnell ihre hohe Feuerkraft ausspielen. Sie griffen die deutschen Panzer an und blieben dabei gleichzeitig sicher außerhalb der Reichweite der gezogenen deutschen Pak 38 im Kaliber 50 mm. Der M3 war zuverlässig und hatte weniger Pannen als andere alliierte Panzer, bei denen der durch den Wind aufgewehte Wüstensand alle möglichen beweglichen Teile blockierte. Er war aber langsam, und aufgrund seiner hohen Silhouette zog er gegnerisches Artilleriefeuer an, wenn er sich in die Reichweite der feindlichen Kanonen wagte. Die genietete Bauweise einiger M3 bildete für die alliierten Panzersoldaten eine zusätzliche Gefahr. Wenn ihr Panzer von einem feindlichen Geschoss getroffen wurde, dann konnte es passieren, dass die Nieten aus ihren Sitzen herausbrachen und mit großer Wucht und verheerender Wirkung wie Geschosse in das Innere des Fahrzeugs geschleudert wurden.

T-70 (1942)

Obwohl die Sowjets im weiteren Verlauf des Zweiten Weltkrieges den Einsatz von leichten Panzern zunehmend aufgegeben hatten, wurde der T-70 noch von einer Reihe von kleineren Fabriken hergestellt und für Aufklärungseinsätze und die Unterstützung von Infanterieeinsätzen verwendet.

Bis zum Ende des Jahres 1941 hatte man sich bei den sowjetischen Panzerkonstruktionen fast ausschließlich auf den mittleren Panzer T-34 und den schwereren KV-1 konzentriert. Aufgrund ihrer eingeschränkten Leistungsfähigkeit stand die Zukunft der leichten Panzer infrage, obwohl sie bei einigen Gelegenheiten für Aufklärungseinsätze und die Unterstützung der Infanterie durchaus weiter geeignet waren. Im Gegensatz dazu hatten die Sowjets in den 1920er- und 1930er-Jahren erheblich in die Entwicklung von leichten Panzern (sogenannten *Tanketten*) investiert, die von einem einzelnen Soldaten als Besatzung gefahren

Bewaffnung
Die Kanone L/46 Modell 38 im Kaliber 45 mm des leichten Panzers T-70 war leistungsfähiger als die Kanone im Kaliber 37 mm des Vorgängermodells T-60. Zusammen mit besserem Panzerschutz stieg das Gewicht dieses Panzers auf mehr als 9 t an.

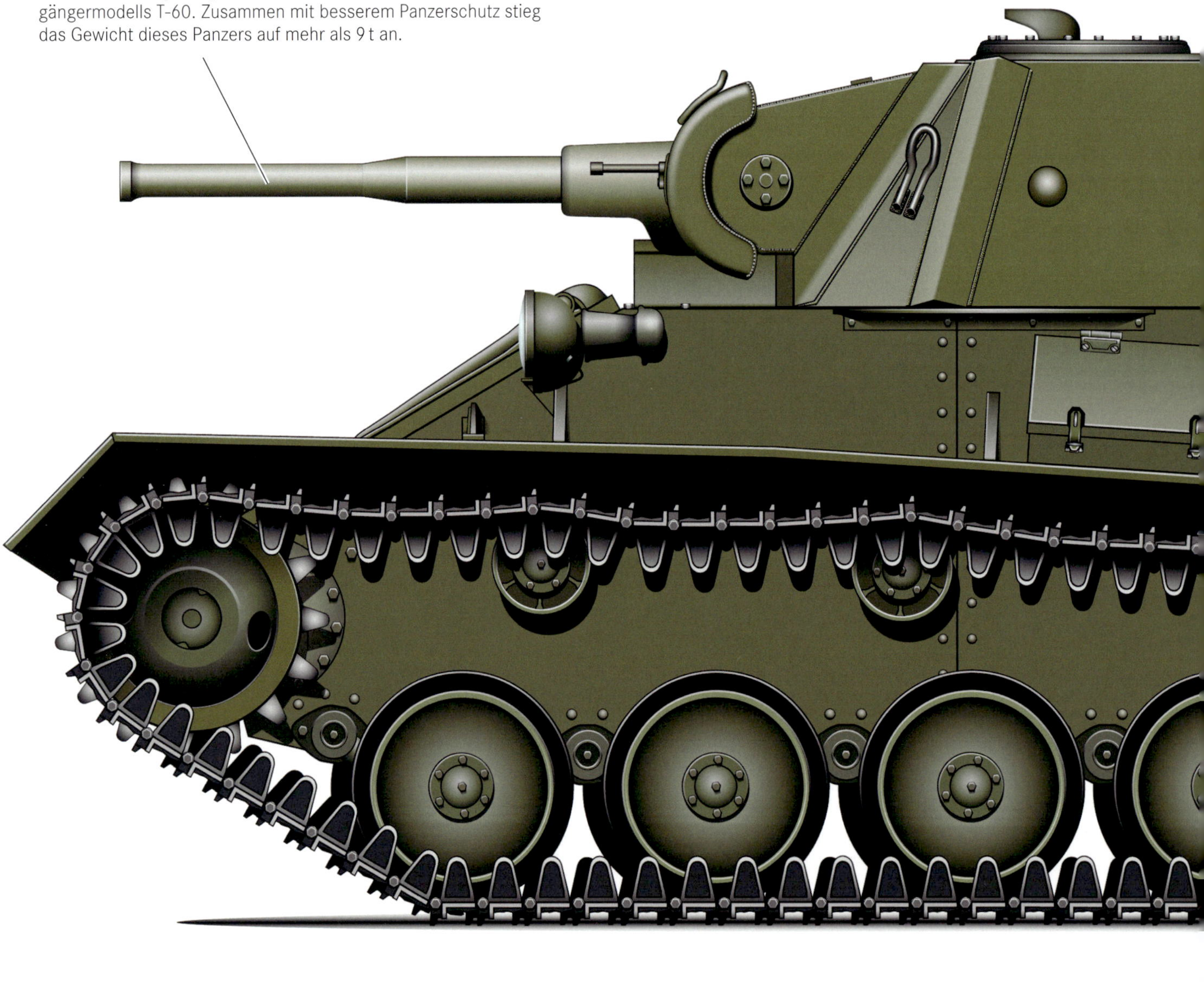

und bedient wurden. Außerdem wurden leichte Panzer entwickelt, deren Besatzung ebenfalls aus nur zwei Mann bestand. Das Konzept der Tanketten wurde schließlich aufgegeben, und Ende der 1930er-Jahre wurde die Fertigung eines Prototypen T-40 genehmigt. Vorher hatte man ein Jahrzehnt lang diese auf dem früheren T-27 basierende Konstruktion mindestens sechsmal abgeändert. Nach dem Überfall der Wehrmacht auf die Sowjetunion am 22. Juni 1941 wurde die Fertigung von leichten Panzern ganz erheblich hochgefahren, obwohl ein großer Teil der sowjetischen Industriekapazität im Moment demontiert worden war. Man verbrachte die Anlagen hinter den Ural. Dort sollten sie vor den deutschen Angriffen geschützt sein. Der T-40 erhielt die neue Bezeichnung T-60. 1942 erschien der T-60A, bei dem man die Panzerung etwas verbessert hatte, außerdem hatte er jetzt Vollräder anstelle der früheren Speichenräder an der Drehstabfederung bekommen. Als dann die Kampfkraft der deutschen Panzerwaffe erheblich zunahm, wurde es klar, dass die anfänglich verwendete Bordkanone im Kaliber 20 mm und die dann folgende Kanone im Kaliber 37 mm sowie die leichte Panzerung des T-60 gegen die deutschen Panzer

Der leichte Panzer T-70 wurde ab März 1942 gefertigt. Das war zu einer Zeit, als die sowjetische Militärführung die Wichtigkeit solcher Fahrzeuge bereits infrage stellte. Sie konzentrierten ihre Aufmerksamkeit auf den mittleren Panzer T-34 und die schweren Panzer KV-1.

Turm
Der eckige Turm des leichten Panzers T-70 mit seinen vielen Flächen war deutlich nach links versetzt, um das Gewicht der Munition der Kampfbeladung in der Wanne auszugleichen und so die Fahreigenschaften zu stabilisieren.

Antrieb
Die beiden in Tandemanordnung eingebauten 6-Zylinder-Benzinmotoren GAZ 202 mit einer Gesamtleistung von 140 PS stammten aus dem Pkw-Bau und ermöglichten dem Panzer T-70 eine Höchstgeschwindigkeit von 45 km/h.

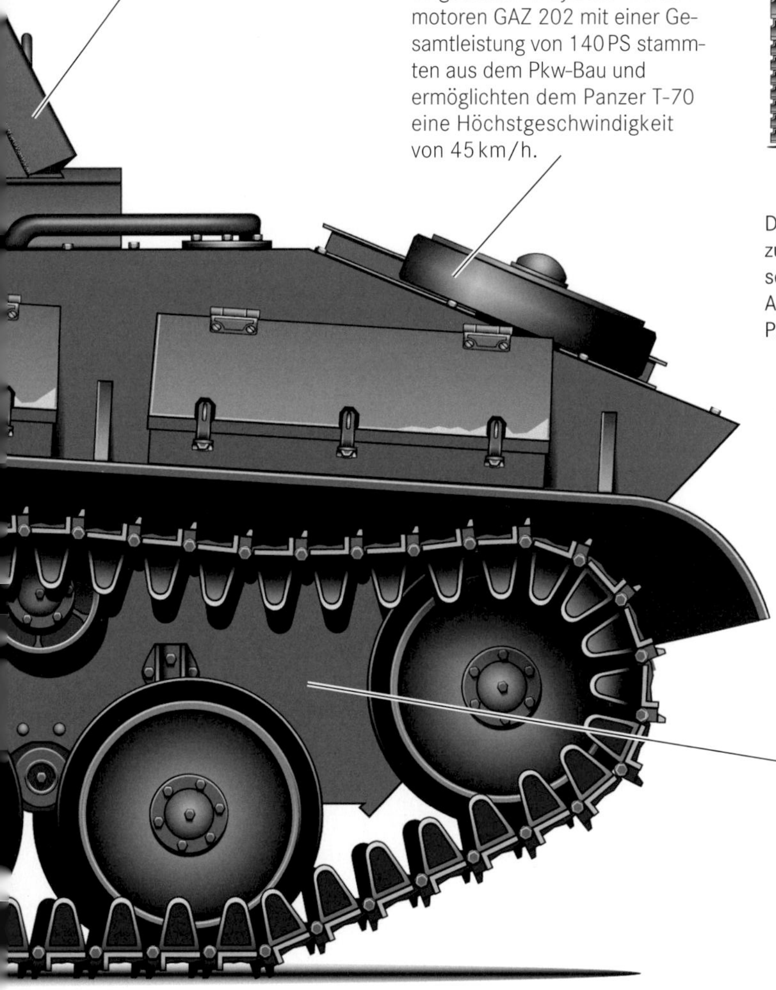

Laufwerk/Federung
Die mit kräftiger Drehstabfederung versehenen Laufwerke der späten Ausführungen der leichten Panzer T-60 und T-70 hatten Vollräder anstelle der Speichenräder.

im Kampf keine Chance hatten. Deswegen wurde der T-70 konstruiert, der sowohl als Spähpanzer als auch als Unterstützungspanzer für die Infanterie eingesetzt werden konnte. Das kompakte Kampffahrzeug wog nur 9,2 t und hatte eine Besatzung von nur zwei Mann, nämlich den Kommandanten und den Fahrer.

Geänderte technische Leistungsbeschreibungen

Der T-70 wurde in der Fabrik Nummer 38 in Kirov entwickelt. Er wurde von zwei in Tandemanordnung eingebauten 6-Zylinder-Benzinmotoren GAZ 202 mit einer Leistung von insgesamt 140 PS angetrieben. Die Motoren stammten eigentlich aus dem Automobilbau. Diese frühe Antriebsanlage wurde aber als nicht ausreichend betrachtet und in der folgenden Fertigung dann überarbeitet. Der T-70 hatte eine Panzerung mit einer Stärke zwischen 10 und 60 mm; man ging davon aus, dass er dem Feuer der deutschen Pak im Kaliber 37 mm widerstehen konnte. Er war mehr als 3 t schwerer als der Vorgänger T-40, und seine Kanone L/46 Modell 38 im Kaliber 45 mm war weitaus wirksamer als die 20-mm-Kanone und die 37-mm-Kanone der Typen T-40 und T-60. Die Kampfbeladung an Bord bestand aus 94 Schuss im Kaliber 45 mm. Außerdem war der Panzer mit einem Maschinengewehr DT im Kaliber 7,62 mm bewaffnet, das koaxial im Turm eingebaut war. Der Fahrer des T-70 saß vorn in der Wanne, während der Kommandant seinen Platz im geräumigen Turm hatte, der ganz deutlich nach links versetzt war. Der Kommandant musste die Kanone allein bedienen, und das beeinträchtigte die Kampfkraft im

Technische Daten

Abmessungen	Länge: 4,29 m Breite: 2,32 m Höhe: 2,04 m
Gewicht	9,2 t
Triebwerk	2 × 6-Zylinder-Benzinmotor GAZ 202 aus dem Pkw-Bau mit einer Gesamtleistung von 140 PS
Geschwindigkeit	45 km/h
Bewaffnung	1 × Kanone L/46 Modell 38 im Kal. 45 mm, 1 × Maschinengewehr DT im Kal. 7,62 mm
Panzerung	10–60 mm
Reichweite	360 km
Besatzung	2 Mann

Hier überqueren leichte Panzer T-70 der sowjetischen Roten Armee ein gefrorenes Gelände irgendwo an der Ostfront. Die Luken der Panzer sind geöffnet, und es fahren Infanteristen auf den Fahrzeugen mit. Der T-70 war der letzte in der Sowjetunion während des Zweiten Weltkrieges in nennenswerter Stückzahl gefertigte leichte Panzer. Von dem dann folgenden Modell T-80 wurden nur noch 120 Fahrzeuge gebaut.

Gefecht sehr deutlich. Der T-70 wurde ab März 1942 gefertigt, und ab September wurde die Fertigung in den Fabriken Nummer 37 und Nummer 38 vollständig auf den T-70 umgestellt, nachdem die letzten T-60 fertiggestellt worden waren. Die Fertigung des T-70 lief im Oktober 1943 aus. Bis dahin hatte man die bemerkenswert hohe Stückzahl von 8226 Panzern gefertigt. Dazu gehörte auch der T-70A mit verbessertem Panzerschutz. Ende 1943 begannen die Sowjets mit der Fertigung des Nachfolgetyps T-80. Mittlerweile wurde aber der Kampfwert von leichten Panzern im Einsatz von der sowjetischen Militärführung und von zivilen Stellen deutlich infrage gestellt. Die Fertigung des T-80 wurde schon kurz danach eingestellt, nachdem nur 120 Exemplare fertiggestellt worden waren. Mittlerweile waren andere leichte Panzer wie zum Beispiel der amerikanische M3 Stuart im Rahmen des Leih- und Pachtabkommens verfügbar, und so wurde Ende 1943 die Fertigung von leichten Panzern in der Sowjetunion eingestellt. Die verfügbaren Fertigungsanlagen wurden sofort auf die Fertigung eines neuen Waffensystems, nämlich der Selbstfahrlafette, umgestellt.

Nachfolger Selbstfahrlafette

Die im Bestand verbliebenen Fahrgestelle des T-70 wurden dann für die Fertigung der Selbstfahrlafette SU-76 verwendet. Die SU-76 war mit der überaus

Obwohl der leichte Panzer T-70 eine Kombination der besten Erkenntnisse aus den jahrelangen sowjetischen Forschungs- und Entwicklungsarbeiten war, stand bereits zum Zeitpunkt der Produktionsaufnahme im März 1942 fest, dass sein taktischer Wert bei den Kampfeinsätzen zunehmend infrage gestellt wurde. Der T-70 war dann nur noch als Spähpanzer und Unterstützungspanzer für Infanterieeinsätze begrenzt erfolgreich.

wirksamen Kanone im Kaliber 76 mm bewaffnet, sie war hervorragend für die Unterstützung von Infanterieeinsätzen geeignet. Zwischen 1942 und Kriegsende wurden mehr als 14 000 dieser Selbstfahrlafetten hergestellt. Die SU-76 hatte einen oben offenen Turm und war bei ihren Besatzungen recht unbeliebt, weil sie nur wenig Panzerschutz bot und man außerdem bei schlechtem Wetter den Elementen ausgesetzt war. In Bezug auf Stückzahlen wurde die SU-76 in größerer Anzahl hergestellt als jedes andere bei der Roten Armee eingesetzte Panzerfahrzeug mit Ausnahme des legendären mittleren Panzers T-34. Eine weitere Selbstfahrlafette auf der Basis des Fahrgestells des leichten Panzers war die T-90, die ebenfalls einen offenen Turm hatte. Es war der erste Flakpanzer, der bei der Roten Armee eingesetzt wurde, und er war mit zwei schweren Maschinengewehren DShK im Kaliber 12,7 mm bewaffnet. Im Jahre 1945 folgte die ZSU-37 mit einem Flakgeschütz im Kaliber 37 mm; dieses Fahrzeug wurde bis 1948 gefertigt.

T-70 – der Letzte seiner Art

Der T-70 war im wahrsten Sinne des Wortes der letzte Panzer dieser Bauart in der sowjetischen Panzerfertigung. Von seinem Nachfolger T-80 wurden vor der Produktionseinstellung der leichten Panzer Ende 1943 nur noch 120 Stück gebaut. Der T-70 war auf der Grundlage der Konstruktionen von zahlreichen leichteren Panzertypen und einem Forschungsprogramm entstanden, dessen Anfang in den 1920er-Jahren lag. Leichte Panzer waren dafür vorgesehen, die Infanterie bei ihren Einsätzen zu unterstützen; gegen Feindpanzer sollten sie nicht vorgehen. Die frühen sowjetischen Modelle waren mit einer Kanone im Kaliber 37 mm bestückt, später wurde der T-70 mit seiner Kanone im Kaliber 45 mm besser bewaffnet. Im Verlauf des Zweiten Weltkrieges wurde dann immer deutlicher, dass leichte Panzer zunehmend häufig auf schwerere gegnerische Panzerfahrzeuge trafen, außerdem waren neue Panzerkonstruktionen in der Lage, sowohl Infanterieunterstützung als auch die Bekämpfung von Feindpanzern durchzuführen. Obwohl der T-70 bis Kriegsende im Einsatzbestand blieb, wurde er immer seltener für Kampfeinsätze verwendet. Dieses Foto zeigt schneebedeckte T-70 bei einer Kampfpause an der Ostfront, während Soldaten in Wintertarnanzügen an ihnen vorbei weiter vorrücken.

T-34 Modell 1943 (1942)

Der mittlere Panzer T-34 war eines der wenigen Waffensysteme, bei dem man mit Fug und Recht sagen kann, dass sie mit zum Sieg im Zweiten Weltkrieg beigetragen haben. Der T-34 erreichte ab 1941 die Schlachtfelder in größeren Stückzahlen, und er sorgte sehr schnell dafür, dass die Rote Armee gegen die deutschen Panzer die gleichen Chancen hatte.

Einer der bekanntesten Panzer des Zweiten Weltkrieges ist mit Sicherheit der T-34 der Roten Armee, der meist von aufgesessenen und neben ihm hergehenden Infanteristen begleitet wurde. Die Marschrichtung war klar – es ging nach Westen zur Grenze des Dritten Reiches und seiner Hauptstadt Berlin. Der erstmals im Jahre 1940 gefertigte mittlere Kampfpanzer T-34, der noch im selben Jahr bei der Roten Armee in Dienst gestellt wurde, hat auf jeden Fall erheblichen Einfluss auf den weiteren Verlauf des Krieges im Osten genommen. Ehe der T-34 in größeren Stückzahlen auf den Schlachtfeldern erschien, hatten die deutschen Panzer, speziell die Typen PzKpfw III und IV, ganz eindeutig die Überlegenheit. Das Erscheinen des T-34 erwies sich für die deutschen Panzersoldaten als regelrechter Schock. Sie trafen erstmals im November 1941 in der Nähe des russischen Dorfes Mzensk auf diese Panzer. Die Entwicklungsarbeiten und die

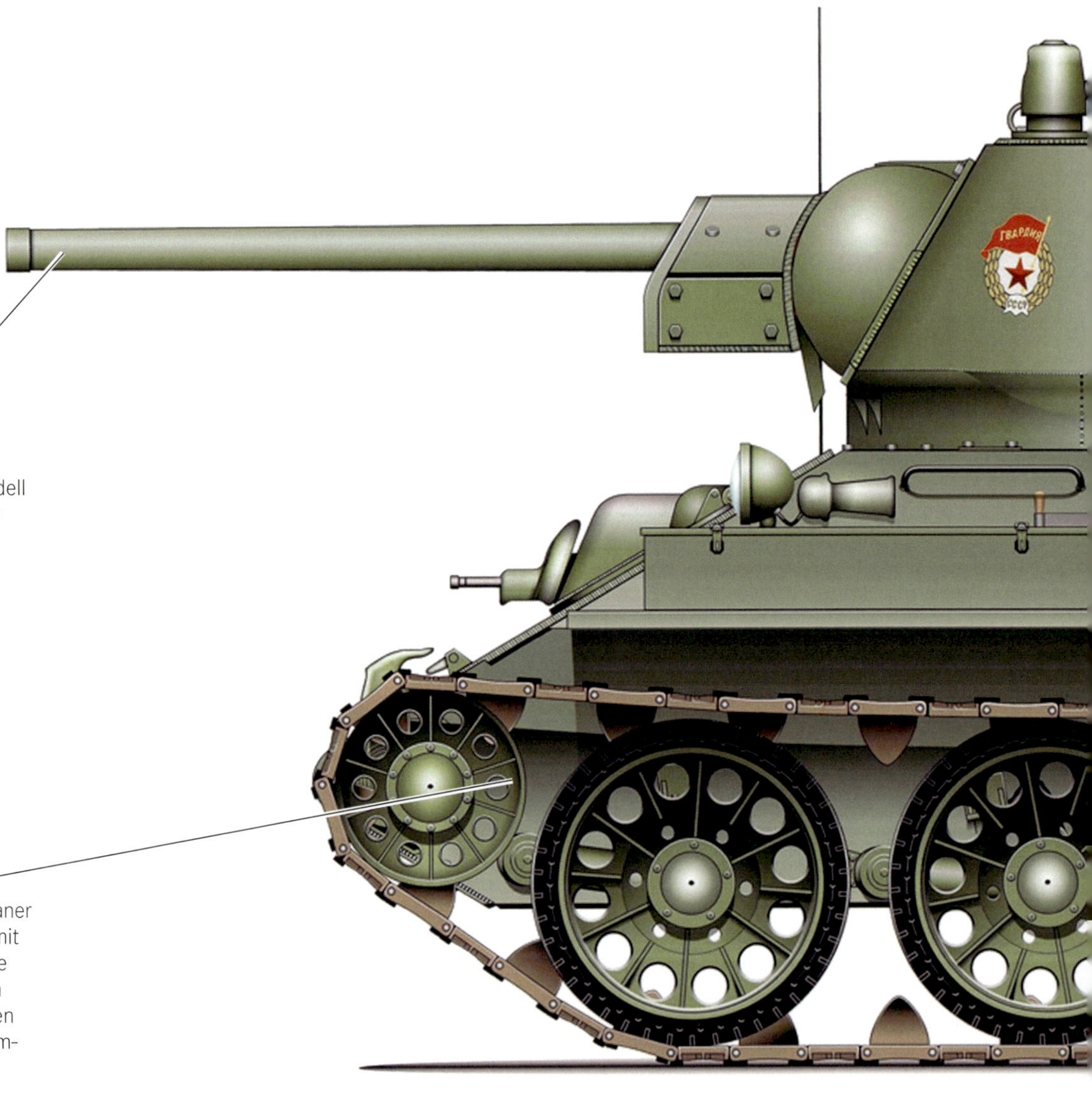

Bewaffnung
Die Hauptwaffe des T-34 Modell 1943 war die Kanone M1940 F-34 im Kaliber 76 mm.

Laufwerk/Federung
Das ursprünglich vom Amerikaner Walter Christie entwickelte, mit Schraubenfedern abgefederte Laufwerk des T-34 wurde von den vorangegangenen leichten Panzern der Serie BT übernommen.

Arbeiten an den Prototypen für diesen Panzer waren bereits seit Mitte der 1930er-Jahre erfolgt. Der T-34 wurde entwickelt, um die veralteten Modelle T-26 und die Panzer der Serie BT abzulösen. Sein Äußeres erinnerte deutlich an seine Vorgänger. Sein schnittiges Aussehen mit dem Turm vorn in der Wannenmitte sowie seine niedrige Silhouette mit der abgeschrägten Panzerung waren konstruktive Merkmale, die in den folgenden Jahrzehnten für die sowjetische Produktion typisch sein sollten.

Kriegerischer Durchbruch

Zwar stammten viele konstruktive Merkmale des T-34 von früheren sowjetischen Panzerkonstruktionen, aber mit seiner Kombination aus hoher Geschwindigkeit, Mobilität, Feuerkraft und Panzerung wurde Neuland betreten; man hatte mit ihm ein Waffensystem mit tödlicher Schlagkraft geschaffen. Sein V12-Dieselmotor V-2-34 mit einem Hubraum von 38,8 Litern und

Die große Bodenfreiheit und das bewährte Christie-Laufwerk des mittleren Kampfpanzers T-34 machten ihn zur idealen Waffe für den Bewegungskrieg über die weiten russischen Steppen, in dessen Verlauf die Rote Armee dann die Wehrmacht 1944 und 1945 bis nach Berlin verfolgte.

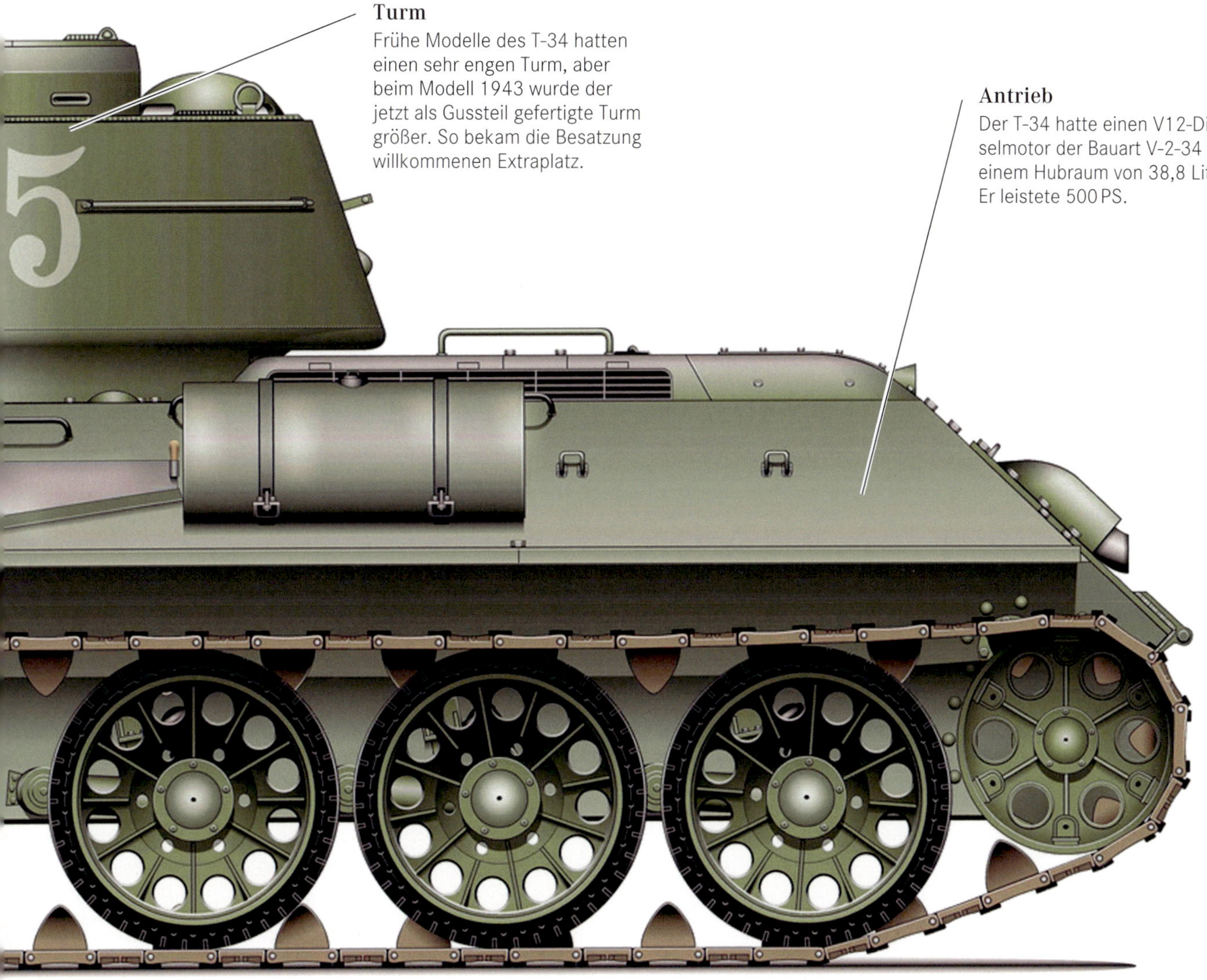

Turm
Frühe Modelle des T-34 hatten einen sehr engen Turm, aber beim Modell 1943 wurde der jetzt als Gussteil gefertigte Turm größer. So bekam die Besatzung willkommenen Extraplatz.

Antrieb
Der T-34 hatte einen V12-Dieselmotor der Bauart V-2-34 mit einem Hubraum von 38,8 Litern. Er leistete 500 PS.

Draufsicht auf einen T-34 Modell 1942 mit dem gegossenen Turm für zwei Mann Besatzung. Der Hauptunterschied zwischen dem Modell 1942 und dem Modell 1943 war der größere Turm der letztgenannten Ausführung. Wanne und Fahrgestell blieben bei allen Modellen gleich.

einer Leistung von 500 PS ermöglichte es dem 26,5 t schweren Panzer, eine Höchstgeschwindigkeit von 53 km/h zu erreichen. Man hatte das Laufwerk der Bauart Christie der früheren Serien beibehalten, denn man wusste, dass man damit eine hervorragende Geländegängigkeit erreichen konnte. Die Panzerung ging von 15 mm unterhalb der Wanne bis zu 60 mm an der Turmfront. Die Wirksamkeit der Wannenpanzerung wurde durch das Abschrägen verbessert, so konnte man das Durchschlagen von Geschossen verringern; manchmal wurden die feindlichen Geschosse sogar abgelenkt. Die aus vier Mann bestehende Besatzung umfasste den Kommandanten, den Fahrer, den Ladeschützen und den Richtschützen. T-34 aus früher Produktion waren mit der Kanone ZIS5 F 34 im Kaliber 76,2 mm bewaffnet, hier musste der Kommandant noch bei der Bedienung des Geschützes mithelfen. Funkgeräte waren bei den Sowjets knapp, sodass nur die Führungspanzer ein solches bekamen. Alle anderen Fahrzeuge mussten sich immer noch mit Flaggen verständigen. Im Inneren des T-34 ging es erschreckend eng zu, sodass die Einsatzzeit der Mannschaft beschränkt war. Der Fahrer zum Beispiel saß allein vorn in der Wanne, und bei allen Ausführungen des T-34 war seine Sicht aus dem Panzer heraus ziemlich eingeschränkt. Bis Anfang 1944 hatte man an der Konstruktion mehrere Verbesserungen vorgenommen, es entstand der T-34/85. Er hatte einen geräumigeren Turm für drei Mann Besatzung, sodass der Kommandant nicht mehr gezwungen war, die Kanone zu richten und abzufeuern. Die neu installierte Kanone ZIS-S-53 im Kaliber 85 mm verlieh dem sowjetischen Panzer eine größere Reichweite gegen die schweren deutschen Panzer PzKpfw V Panther und PzKpfw VI Tiger, die mit Kanonen im Kaliber 75 mm und 88 mm und hoher Mündungsgeschwindigkeit ausgestattet waren. Mit der Einführung der Kanone ZIS-S-53 wurden die Einsatztaktiken der Sowjets beeinflusst. Die Kommandanten der sowjetischen Panzer brauchten jetzt nicht mehr schnell in die Nähe der feindlichen deutschen Panzer zu fahren, um in die wirksame Reichweite ihrer eigenen Geschütze zu kommen. Der T-34/85 hatte aber immer noch keinen Turmkorb, auf dem Richtschütze und Ladeschütze während des Kampfes

Technische Daten

Abmessungen	Länge: 6,68 m Breite: 3,0 m Höhe: 2,45 m
Gewicht	26,5 t
Antrieb	1 × V12-Dieselmotor V-2-34 mit 38,8 l Hubraum und einer Leistung von 500 PS
Geschwindigkeit	53 km/h
Bewaffnung	1 × Kanone ZIS5 F 34 im Kal. 76,2 mm, 2 × Maschinengewehr DT im Kal. 7,62 mm
Panzerung	15–60 mm
Reichweite	400 km
Besatzung	4 Mann

Die Besatzungen der hier vor der Silhouette einer kargen Landschaft mit geöffneten Luken stehenden drei sowjetischen T-34 machen gerade eine Pause. Dann werden sie weiter an die Front vorrücken. Die erdrückenden Stückzahlen und die Leistungen des T-34 führten schließlich zur Niederlage der Wehrmacht an der Ostfront.

stehen und sich mit dem Turm drehen konnten; das beeinflusste die Feuergeschwindigkeit des Panzers negativ.

Enorme Stückzahlen

insgesamt wurden mehr als 57 000 mittlere Kampfpanzer T-34 in den sowjetischen Fabriken während des Zweiten Weltkrieges gebaut. Das ist eine ganz bemerkenswerte Leistung, wenn man bedenkt, dass die sowjetische Schwerindustrie nach dem deutschen Angriff im Rahmen der Operation Barbarossa am 22. Juni 1941 demontiert und verlegt werden musste. Viele Fabriken wurden dabei östlich des Urals in Sicherheit gebracht. Während des Krieges wurden über 22 500 Panzer der Version T-34/85 gefertigt. Durch verbesserte Produktionsverfahren wurde die Fertigungszeit halbiert und die Gesamtkosten pro Panzer deutlich reduziert. Es gibt Berichte darüber, dass während der entscheidenden Schlacht um die Stadt Stalingrad an der Wolga einige Panzer direkt aus der Fabrik in den Kampf gegen die Deutschen gefahren sind. Während die Sowjets ihre Einsatztaktiken nur langsam änderten und viele T-34 im Rahmen der Massenangriffe gegen die deutschen Panzertruppen und Panzerabwehrgeschütze verloren gingen, konnte die Rote Armee die Verluste im Kampf durch die schiere Anzahl von neuen Panzern wettmachen, etwas, was den Deutschen auch nicht annähernd gelang. Die mit starken, aber empfindlichen (und überaus durstigen) Motoren ausgestatteten deutschen Panzer Tiger und Panther wurden von vielen Pannen geplagt, ihre Fertigung war teuer und sie waren nie in ausreichenden Stückzahlen vorhanden, wie es eigentlich für einen dauerhaften Erfolg im Kampf nötig gewesen wäre. Zu den Varianten des T-34 gehörten Selbstfahrlafetten und Flammenwerferpanzer, Brückenlegepanzer, Jagdpanzer und Bergepanzer. Der T-34 blieb bis 1958 in der Fertigung, und es wurden insgesamt mehr als 84 000 Stück davon gefertigt. Einige kampfwertgesteigerte Panzer dieses Typs blieben bis in die 1960er-Jahre im Dienst, und auch heute sollen noch einige T-34 im Einsatz stehen.

Böse Überraschung

Als die sowjetischen mittleren Panzer T-34 an der Ostfront erschienen, war es mit der lang dauernden Beherrschung der Schlachtfelder durch die kampfkräftigen deutschen Panzer vorbei. Die Deutschen waren von dem Leistungsvermögen des T-34 mit seiner hohen Geschwindigkeit, hervorragenden Geländegängigkeit und seiner leistungsfähigen Kanone im Kaliber 76,2 mm überrascht. Diese Kanone wurde später sogar durch eine noch stärkere Kanone im Kaliber 85 mm ersetzt. Nachdem die deutschen Panzer der Panzergruppe II unter dem Befehl von General Heinz Guderian zum ersten Mal im Kampf auf den T-34 getroffen waren, vermerkte der General: *„Zahlreiche russische T-34 nahmen 1941 an den Kampfhandlungen bei Mzensk teil und verursachten schwere Verluste unter den deutschen Panzern. Bis dahin hatten wir bei den Panzereinsätzen die Überlegenheit, aber ab jetzt ist die Situation umgekehrt. Die Aussicht auf schnelle und entscheidende Siege schwindet dahin. Ich habe einen Bericht über diese Situation, die für uns vollkommen neu war, abgefasst … Ich habe in klaren Worten die deutliche Überlegenheit des T-34 gegenüber unserem PzKpfw IV beschrieben und bin zu der Entscheidung gekommen, dass unsere zukünftigen Panzerentwicklungen vom T-34 beeinflusst werden müssen.“*

Dt. Reich 1933–45

Panzer VI Tiger Ausf E (1942)

Der am meisten gefürchtete und respektierte Panzer im Zweiten Weltkrieg war der riesige Panzerkampfwagen VI Tiger. Er wurde zwei Jahre lang gefertigt, aber es wurden nur etwas mehr als 1300 Stück davon jemals fertiggestellt.

Schon als der PzKpfw IV Ende der 1930er-Jahre in der Fertigung war, gab es Pläne für die Entwicklung eines Nachfolgers. Das deutsche Rüstungsministerium gab Anfang 1941 eine technische Leistungsbeschreibung für einen 36,5 t schweren Panzer heraus, und bei Henschel in Kassel machte man sich an die Arbeit. Man entwickelte in relativ kurzer Zeit einen Prototyp. Dann wurden die Entwicklungsarbeiten für den 36,5 t schweren Panzer abrupt abgebrochen, denn es gab im Mai desselben Jahres eine neue technische Leistungsbeschreibung für einen noch größeren Panzer – ein wahres Monster mit 45,7 t Gewicht.

Bewaffnung
Die Bordkanone KwK 36 L/56 im Kaliber 88 mm mit hoher Mündungsgeschwindigkeit im Turm des Tigers stammte von der überaus erfolgreichen Flugabwehrkanone 88 ab, die in abgeänderter Form auch als hervorragende Panzerabwehrkanone eingesetzt wurde.

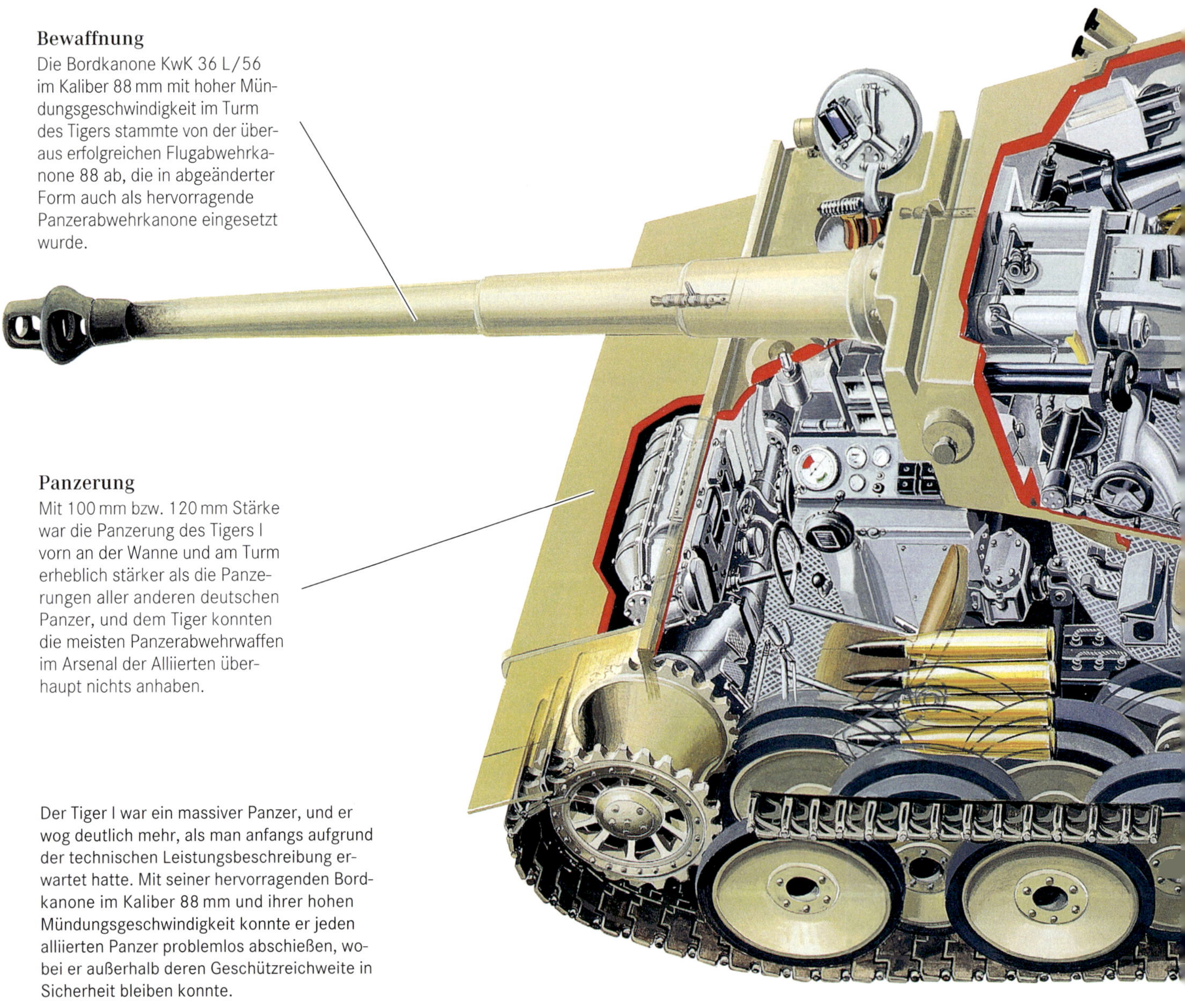

Panzerung
Mit 100 mm bzw. 120 mm Stärke war die Panzerung des Tigers I vorn an der Wanne und am Turm erheblich stärker als die Panzerungen aller anderen deutschen Panzer, und dem Tiger konnten die meisten Panzerabwehrwaffen im Arsenal der Alliierten überhaupt nichts anhaben.

Der Tiger I war ein massiver Panzer, und er wog deutlich mehr, als man anfangs aufgrund der technischen Leistungsbeschreibung erwartet hatte. Mit seiner hervorragenden Bordkanone im Kaliber 88 mm und ihrer hohen Mündungsgeschwindigkeit konnte er jeden alliierten Panzer problemlos abschießen, wobei er außerhalb deren Geschützreichweite in Sicherheit bleiben konnte.

Eine der herausragendsten Neuerungen bei der Konstruktion des neuen Panzers war die Forderung in der Leistungsbeschreibung, dass er mit der Panzerversion der berühmten Flak 8,8 bewaffnet werden musste. Dieses Geschütz hatte sich bereits einen hervorragenden Ruf als Panzerabwehrwaffe erworben, wenn es entgegen seiner ursprünglichen Aufgabe nicht gegen Flugzeuge, sondern gegen Panzerfahrzeuge eingesetzt wurde. Sowohl Henschel als auch Porsche entwickelten Prototypen, und beide Vertragspartner erhielten die Auflage, dass die Panzer für eine Vorführung an Hitlers Geburtstag am 20. April 1942 fertig sein mussten.

Die Ketten des PzKpfw VI Tiger konnten gewechselt werden. Das war davon abhängig, ob der Panzer auf der Straße oder im Gelände eingesetzt werden sollte. Durch breitere Ketten wurde der Bodendruck verringert, sodass der Panzer im Gelände wendiger war.

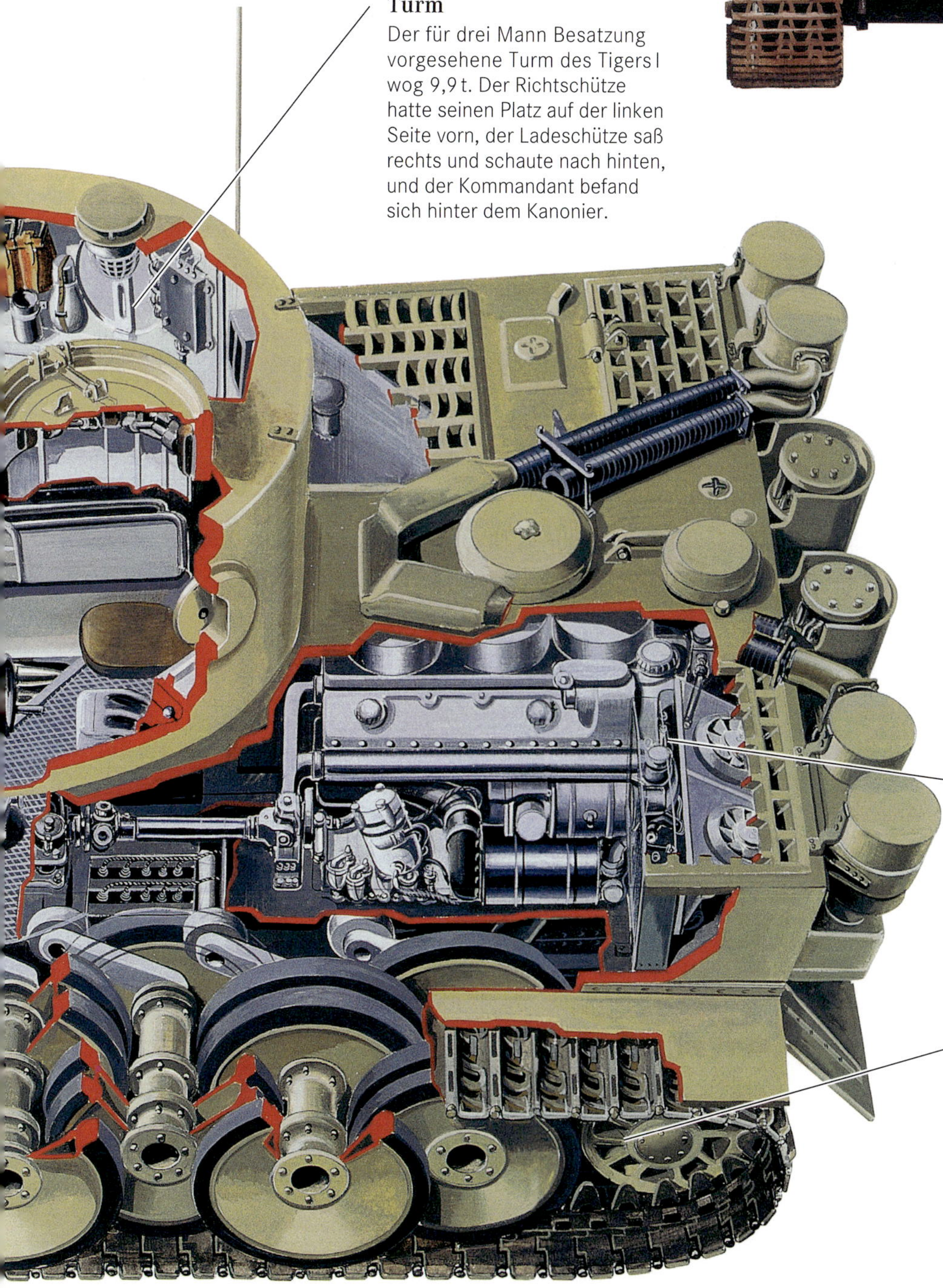

Turm
Der für drei Mann Besatzung vorgesehene Turm des Tigers I wog 9,9 t. Der Richtschütze hatte seinen Platz auf der linken Seite vorn, der Ladeschütze saß rechts und schaute nach hinten, und der Kommandant befand sich hinter dem Kanonier.

Antrieb
Nach der Fertigung der ersten 250 Tiger wurde der ursprünglich verwendete 12-Zylinder-Benzinmotor Maybach 210 P45 durch den V12-Motor Maybach HL 230 P45 ersetzt, der 700 PS leistete.

Laufwerk/Federung
Die Drehstabfederung des PzKpfw VI Tiger hatte auf jeder Seite acht Federelemente für das Schachtellaufwerk. Durch die Laufräder mit einem Durchmesser von 800 mm wurde das Gewicht des Panzers gleichmäßig verteilt. Allerdings musste das Laufwerk ständig gewartet werden.

Bei Henschel verwendete man den 36,5-Tonnen-Prototyp als Grundlage und entwickelte den VK 4501 (H). Porsche entwickelte einen neuen Prototyp und stellte den VK 4501 (P) vor. Beide Panzer wurden rechtzeitig zum Führergeburtstag fertig und vorgeführt, und im August wurde die Konstruktion von Henschel ausgewählt; sie erhielt die Bezeichnung PzKpfw VI Ausf E. Später kam dann der Name Tiger I dazu. Nachdem Henschel den ersten Produktionsauftrag erhalten hatte, wurden auch 90 Panzer gemäß der Porsche-Konstruktion bestellt, und zwar für den Fall, dass die Henschel-Panzer bei den Erprobungen Probleme machen würden. Diese Fahrzeuge wurden dann schließlich als Panzerjäger Tiger (P) Ferdinand fertiggestellt. Es war ein massiver Jagdpanzer, der nach Dr. Ferdinand Porsche, dem damaligen Chefkonstrukteur, benannt worden war.

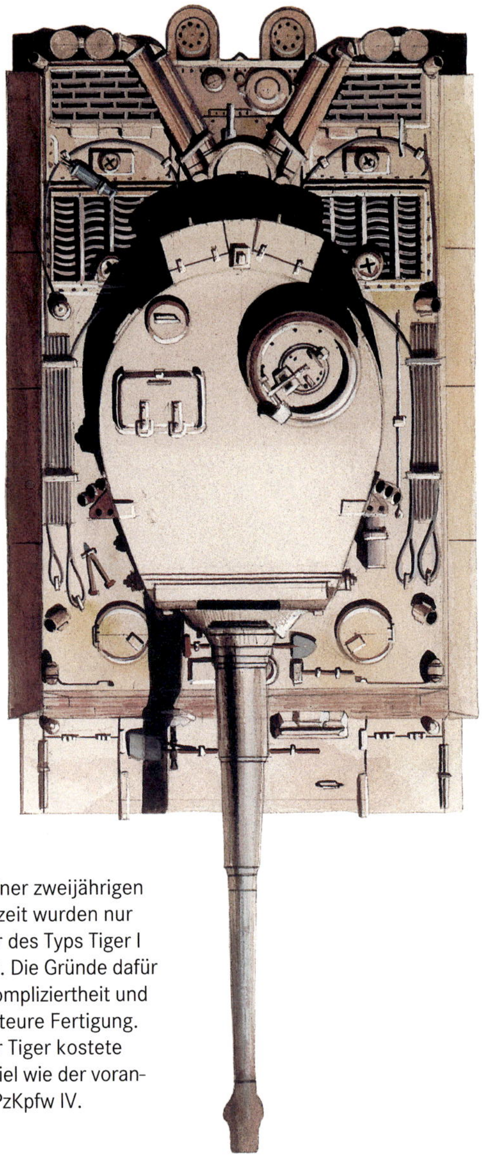

Während seiner zweijährigen Produktionszeit wurden nur 1350 Panzer des Typs Tiger I fertiggestellt. Die Gründe dafür waren die Kompliziertheit und die überaus teure Fertigung. Ein einzelner Tiger kostete doppelt so viel wie der vorangegangene PzKpfw IV.

Die Technik des Tigers

Die Fertigung des neuen Tiger-Panzers wurde im August 1942 aufgenommen. In den nächsten zwei Jahren wurden nur 1350 Exemplare davon gebaut. Bis die Produktion im August 1944 auslief, hatte sich der Tiger aber einen hervorragenden Ruf erworben. Der Panzer war jedoch zu kompliziert und musste nach so umfangreichen Bauanweisungen gefertigt werden, dass technische Probleme unausweichlich waren. Auch die Kosten seiner Fertigung waren extrem, er kostete doppelt so viel wie ein PzKpfw IV. Der Tiger I wog 56,9 t und wurde von einem 12-Zylinder-Benzinmotor Maybach HL 230 P45 mit einer Leistung von 700 PS angetrieben. Der für drei Mann Besatzung vorgesehene Turm wog allein schon 9,9 t; er war maßgeschneidert für die Aufnahme der massiven Kanone KwK 36 L/56 im Kaliber 88 mm. Aufgrund ihrer hervorragend präzisen Zieloptik war diese Waffe in der Hand von gut ausgebildeten Soldaten eine noch tödlichere Waffe. Im Turm saß der Richtschütze vorn links, der Kommandant saß hinter ihm, und der Ladeschütze saß auf einem Klappsitz an der rechten Seite und schaute dabei nach hinten. Fahrer und Funker saßen vorn in der Wanne, zwischen ihnen lag das Getriebe. Die Sekundärbewaffnung bestand aus zwei MG 34 im Kaliber 7,92 mm. Eines davon war koaxial im Turm montiert, das andere in einer Kugelblende vorn in der Wanne. Das mit Drehstabfederung versehene Laufwerk war auf jeder Seite in acht gleiche Elemente aufgeteilt. Allerdings gab es mit dem Schachtellaufwerk hin und wieder Probleme. Größere Steine konnten sich zwischen den Laufrädern verklemmen oder es konnten sich größere Mengen von Schlamm und Schmutz im Laufwerk absetzen, sodass die Räder im schlimmsten Fall blockierten. Auch bei starkem Frost gab es mit dem Laufwerk und den Ketten des Tigers

Technische Daten

Abmessungen	Länge: 8,45 m Breite: 3,7 m Höhe: 2,93 m
Gewicht	56,9 t
Triebwerk	1 × V12-Benzinmotor Maybach HL 230 P45 mit 700 PS Leistung
Geschwindigkeit	38 km/h
Bewaffnung	1 × KwK 36 L/56 im Kal. 88 mm, 2 × Maschinengewehr 34 im Kal. 7,92 mm
Panzerung	25–120 mm
Reichweite	140 km
Besatzung	5 Mann

Probleme. Wenn der Schlamm im Laufwerk gefror, dann war der Panzer nicht mehr fahrtüchtig. Für den Eisenbahntransport wurden spezielle Ketten montiert, die nur 515 mm breit waren, während für das Gelände 715 mm breite Ketten verwendet wurden.

Der PzKpfw VI Tiger wurde überhastet in Dienst gestellt, er litt daher unter dem Mangel an technischen Tests und Truppenerprobungen. Frühe Tiger waren besonders anfällig für Pannen, das galt vor allem für den Motor von Maybach und das komplizierte Schachtellaufwerk mit seiner Federung.

Kampfeinsatz

Der erste Kampfeinsatz des Tigers an der Ostfront erfolgte im September 1942 in der Nähe von Leningrad. Ab Ende 1942 wurde der Tiger auch in Nordafrika in der Nähe der Stadt Rabaa in Tunesien eingesetzt. Da der Einsatz an der Ostfront Vorrang hatte, kamen nur relativ wenige Tiger nach Nordafrika. Außerdem litten die deutschen Geleitzüge im Mittelmeer unter Angriffen von alliierten Flugzeugen, Kriegsschiffen und U-Booten. Aufgrund des Drängens von Hitler und den Kriegsereignissen wurde der Tiger etwas zu früh im Kampf eingesetzt. In der Anfangszeit seiner Einsätze plagten ihn mechanische Probleme, und es gibt Berichte darüber, dass der Panzer für seine Größe zu wenig Motorkraft hatte, sodass er relativ unbeweglich war. Der Tiger war oftmals einfach zu schwer für wirksame mobile Einsätze, und seine Bodenfreiheit war auch nicht immer ausreichend, um schwieriges Gelände zu überqueren. Für den Transport über längere Entfernungen wurde der Tiger auf Eisenbahnwaggons verladen, eine anstrengende und zeitraubende Aufgabe. Trotz aller Mängel und Schwierigkeiten im Feld war die Grundkonstruktion des Tigers hervorragend. Der Panzer versetzte die alliierten Soldaten bei ihren Begegnungen mit ihm in Panik, und er war eines der bekanntesten und am höchsten geachteten Waffensysteme des Zweiten Weltkrieges.

Sieg bei Villers-Bocage

Während des Zweiten Weltkrieges konnte der PzKpfw VI Tiger Berichten zufolge beim Kampf gegen alliierte Panzer eine Trefferquote von sechs zu eins erzielen. Seine überragende Feuerkraft und seine schwere Panzerung machten es dem Tiger möglich, feindliche Panzer aus sicherer Entfernung heraus zu bekämpfen, außerdem konnten ihm die Geschosse der meisten alliierten Panzerabwehrwaffen überhaupt nichts anhaben. Trotz einer Reihe von Mängeln war er im Kampf ein hervorragendes Waffensystem. Das konnte der SS-Hauptsturmführer Michael Wittmann am 13. Juli 1944 bei dem französischen Dorf Villers-Bocage deutlich demonstrieren. Innerhalb von Minuten zerstörte der einzelne Tiger von Wittmann, der zum schweren SS-Panzerbataillon 101 gehörte, insgesamt 13 Feindpanzer, zwei Panzerabwehrkanonen und bis zu 15 Mannschaftstransportfahrzeuge der britischen 22. Panzerbrigade. Die Berichte über den Kampfeinsatz bei Villers-Bocage sind etwas unterschiedlich, aber eine Tatsache bleibt bis heute unwidersprochen. Für den Tiger-Panzer gab es auf den Schlachtfeldern des Zweiten Weltkrieges keinen gleich starken Gegner. Wittmann, der unter anderem mit dem Ritterkreuz mit Eichenlaub und Schwertern dekoriert war, fiel zwei Monate nach diesem einzigartigen Kampfeinsatz. Er war einer von insgesamt zwölf Panzerkommandanten, die jeder mehr als 100 Abschüsse von Feindpanzern mit ihren Tigern erzielen konnten.

Diese bei einer Einheit der Waffen-SS eingesetzten Tiger I Ausf E rollen 1943 durch einen verschneiten Wald irgendwo an der Ostfront nach vorn.

M4A4 Sherman (1942)

Der mittlere amerikanische Panzer M4, üblicherweise als der Sherman bekannt, erreichte während des Zweiten Weltkrieges die Schlachtfelder in großen Stückzahlen und konnte dadurch die eigentlich technisch überlegenen deutschen Panzer in Nordafrika und Westeuropa überwältigen.

Der allgegenwärtige mittlere Kampfpanzer M4, der während des Zweiten Weltkrieges in größeren Stückzahlen als jeder andere Panzer (mit Ausnahme des sowjetischen T-34) gefertigt wurde, ließ das Zünglein an der Waage auf dem Weg zum Sieg zugunsten der Alliierten ausschlagen. Der Grund dafür waren ausreichende Leistungen und vor allen Dingen enorm große Stückzahlen. Von 1941 bis zum Ende des Krieges wurden ungefähr 53 000 Panzer des Typs Sherman von den amerikanischen Herstellern gefertigt. Die Produktion des Sherman endete in den 1950er-Jahren, und der Panzer blieb ungefähr ein halbes Jahrhundert lang im Einsatz bei Armeen auf der ganzen Welt. Schon als der M3 Grant/Lee noch

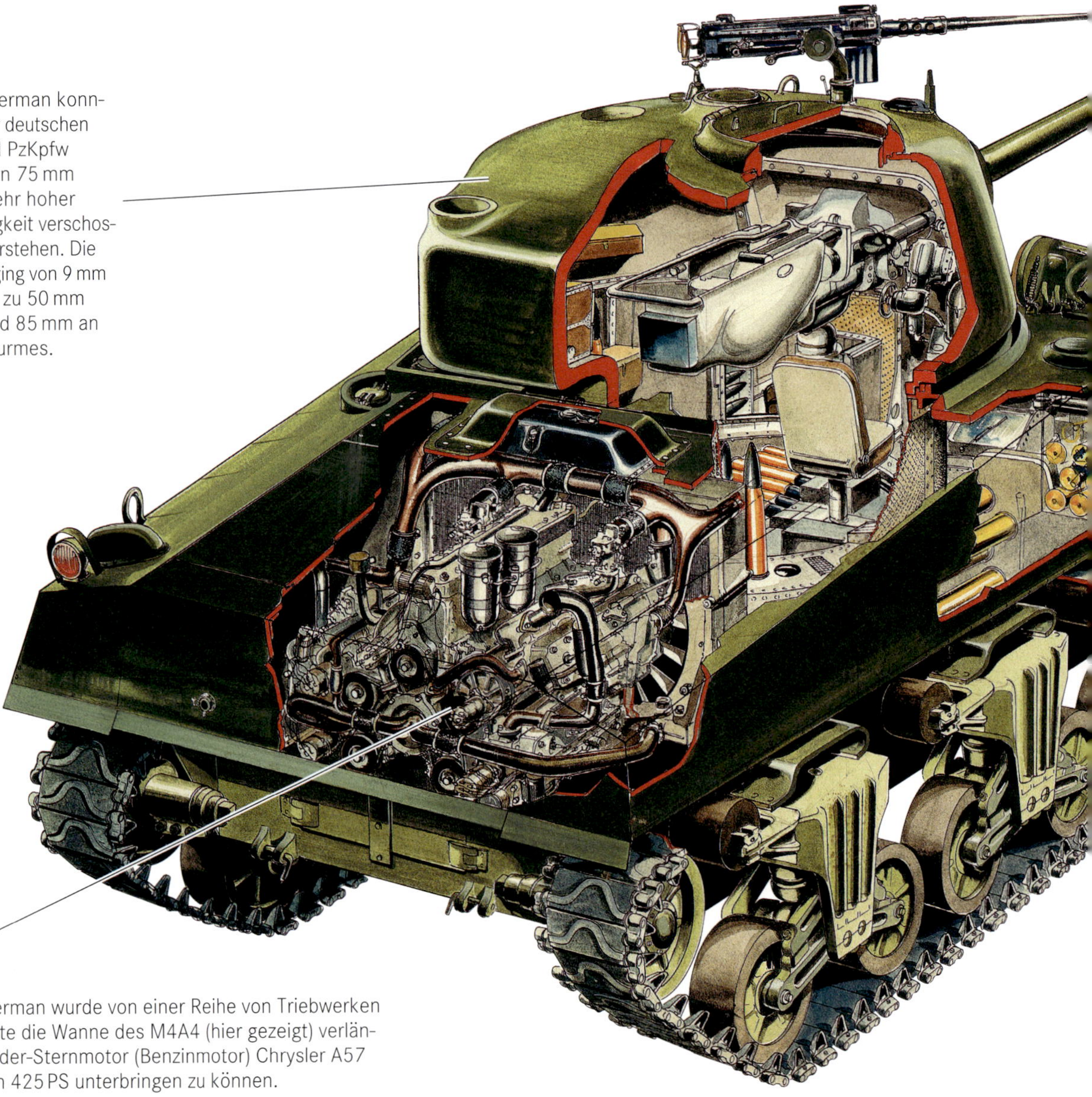

Panzerung

Die Panzerung des Sherman konnte den Geschossen der deutschen PzKpfw V Panther und PzKpfw VI Tiger in den Kalibern 75 mm und 88 mm, die mit sehr hoher Mündungsgeschwindigkeit verschossen wurden, nicht widerstehen. Die Stärke der Panzerung ging von 9 mm oben auf dem Turm bis zu 50 mm vorn an der Wanne und 85 mm an der Vorderseite des Turmes.

Antrieb

Der Kampfpanzer Sherman wurde von einer Reihe von Triebwerken angetrieben. Man hatte die Wanne des M4A4 (hier gezeigt) verlängert, um den 30-Zylinder-Sternmotor (Benzinmotor) Chrysler A57 mit einer Leistung von 425 PS unterbringen zu können.

von den amerikanischen Bändern lief und gegen die Achsenmächte eingesetzt wurde, waren sich die Konstrukteure sehr wohl über die Mängel des Panzers im Klaren, aber man war schon eilig dabei, einen Nachfolger auf den Weg zu bringen.

Massenfertigung

Die Geschichte des Sherman demonstriert die Fähigkeit der amerikanischen Industrie, Wehrmaterial in einem Umfang zu produzieren, dass nicht nur die amerikanischen Streitkräfte damit versorgt werden konnten, sondern dass man als „Arsenal der Demokratie“ im Rahmen des Lend-Lease-Abkommens auch große Stückzahlen an Großbritannien und andere Verbündete abgeben konnte. Der Sherman wurde innerhalb von Monaten konzipiert, konstruiert, gefertigt und eingesetzt. Als der Sherman bei den britischen Streitkräften erstmals im Herbst 1942 während der entscheidenden Schlacht von El Alamein in Nordafrika eingesetzt wurde, stellte sich sehr schnell heraus, dass die bisher eingebaute Kanone M3 L/40 im Kaliber 75 mm zwar gegen die vom deutschen Afrikakorps eingesetzten PzKpfw III und PzKpfw IV noch ausreichend war, gegen die nächste Generation von deutschen Panzern, nämlich den PzKpfw V Panther und vor allen Dingen den PzKpfw VI Tiger, war sie jedoch vollkommen unwirksam. Die Mündungsgeschwindigkeit dieser Kanone war ganz

Sekundärbewaffnung
Der M4 Sherman war mit einem schweren MG Browning im Kaliber 12,7 mm als Fla-MG bewaffnet. Außerdem hatte er zwei MGs Browning M1919A4 im Kaliber 7,62 mm, eines davon koaxial im Turm montiert, das andere vorn in der Wanne.

Bewaffnung
Ursprünglich war der mittlere Panzer M4 Sherman mit einer kurzen Kanone im Kaliber 75 mm bewaffnet, deren Mündungsgeschwindigkeit nicht ausreichte, um die Panzerung einiger deutscher Panzer zu durchschlagen. Später erhielt der Panzer eine Kanone im Kaliber 76 mm mit höherer Mündungsgeschwindigkeit, außerdem wurde auch die britische Schnellfeuerkanone (17-Pfünder) im Kaliber 76,2 mm verwendet.

Kampfbeladung
Der M4A4 Sherman konnte bis zu 90 Schuss Kanonenmunition im Kaliber 75 mm mitführen. Die Munition war nass gelagert, dadurch wurde das Risiko einer katastrophalen Explosion im Falle eines schweren Treffers verringert.

Beim amerikanischen mittleren Kampfpanzer M4, der üblicherweise als Sherman bezeichnet wird, wurde Panzerschutz zugunsten von Geschwindigkeit geopfert. Zwar war der Panzer nicht ausreichend gegen das Feuer der deutschen Kampfpanzer und Panzerabwehrwaffen geschützt, aber er war in großen Stückzahlen verfügbar und trug so beträchtlich zum alliierten Sieg im Zweiten Weltkrieg bei.

Der Panzer M4A4 Sherman wurde von dem Motor Chrysler A57 angetrieben. Der Abstand der Laufräder im Laufwerk war etwas vergrößert worden, um die Bodenhaftung zu verbessern. Die Wanne des M4A4 war 280 mm länger als diejenige der anderen Sherman-Varianten.

Für den mittleren Kampfpanzer M4 Sherman wurden dieselbe Wanne und dasselbe Laufwerk wie für den Vorgängertyp M3 verwendet. Allerdings war hier die Hauptwaffe jetzt in einem Drehturm und nicht in einer Kasemattlafettierung untergebracht. Das war eine deutliche Verbesserung, denn nun hatte die Kanone im Kaliber 75 mm einen Schwenkbereich von 360°.

Technische Daten

Abmessungen	Länge: 6,06 m Breite: 2,9 m Höhe: 2,84 m
Gewicht	31,62 t
Antrieb	1 × 30-Zylinder-Sternmotor (Benzin) Chrysler A57 mit 425 PS Leistung
Geschwindigkeit	47 km/h
Bewaffnung	1 × Kanone M3 L/40 im Kal. 75 mm, 2 × Maschinengewehr Browning M1919A4 im Kal. 7,62 mm, 1 × schweres Maschinengewehr Browning M2HB im Kal. 12,7 mm
Panzerung	9–85 mm
Reichweite	Straße: 160 km, Gelände: 100 km
Besatzung	5 Mann

einfach zu niedrig, um die dicke Panzerung dieser Fahrzeuge zu durchschlagen. Deswegen wurde eine neue Kanone im Kaliber 76 mm mit einer höheren Mündungsgeschwindigkeit in die amerikanischen Panzer eingebaut, während die Briten ihre eigene Schnellfeuerkanone im Kaliber 76,2 mm (17-Pfünder) in vielen Sherman-Panzern verwendeten, der dann den Spitznamen „Firefly“ bekam. Der Sherman war an seinem hohen Profil sehr einfach zu erkennen, denn er war fast 3 m hoch. Obwohl die Panzerung der Wanne abgeschrägt war, um gegnerische Geschosse abzuweisen, blieb der Panzer doch ein äußerst gut sichtbares Ziel für deutsche Panzer und die Kanoniere der Panzerabwehrkanonen, wenn er über offenes Gelände fuhr. Zusätzlich zu seiner zahlenmäßigen Überlegenheit hatte der Sherman mit seiner hohen Geschwindigkeit von 47 km/h noch einen weiteren Vorteil. Allerdings musste ein Teil dieser Geschwindigkeit durch mittlere Panzerung erkauft werden, die von neun bis 85 mm ging. Diese Panzerung reichte aber gegen die deutschen Kanonen im Kaliber 75 mm von Rheinmetall Borsig und 88 mm in den deutschen Panthern und Tigern überhaupt nicht aus. Beide Panzertypen konnten auf den Sherman tödliche Schüsse aus großer Entfernung abgeben, sie befanden sich dabei außerhalb der Reichweite der alliierten Kanone im Kaliber 75 mm.

Massierte Einsätze

Trotz seiner Nachteile im direkten Kampf Panzer gegen Panzer konnte der Sherman den Abnutzungskrieg gewinnen, weil die amerikanischen Fabriken Verluste sofort ausgleichen konnten, während die deutsche Produktion aufgrund der überaus großen Kompliziertheit der neuen Panzerkonstruktionen nicht Schritt halten konnte, zumal man immer noch davon ausging, dass Qualität schließlich die Quantität besiegen würde. Die in den Sherman kämpfenden Panzersoldaten entwickelten schließlich wirksame Taktiken, um die schwereren deutschen Panzer zu besiegen. So griff zum Beispiel ein aus vier Sherman bestehender Zug einen Tiger aus verschiedenen Richtungen an, wobei man die hohe Geschwindigkeit des Sherman ausnutzte, um in den Bereich des schwach gepanzerten und daher verwundbaren Hecks des Feindpanzers zu gelangen. Bei einem solchen Einsatz konnte es durchaus passieren, dass einer oder mehrere der Sherman-Panzer geopfert werden mussten, aber der Tiger konnte schließlich überwunden und vernichtet werden.

Zahlreiche Varianten

Im Verlauf des Krieges wurde der Sherman laufend verbessert. Zeitweilig wurden mehrere Varianten gleichzeitig produziert, aber aufeinanderfolgende Bezeichnungen so wie M4A1 bis M4A4 bedeuteten nicht unbedingt, dass der eine Typ den vorangegangenen überlegen war. Diese verschiedenen Varianten unterschieden sich hauptsächlich durch die verwendeten Motoren. Dazu gehörten der Wright Whirlwind, Continental R975, der 9-Zylinder-Dieselmotor von Caterpillar, der Dieselmotor 6-71 von General Motors, der Ford GAA III und der Chrysler A57. Die Wanne des M4A4 war um 280 mm verlängert worden, damit der Motor von Chrysler eingebaut werden konnte. Auch die Laufräder bekamen einen etwas größeren Abstand, um die Bodenhaftung zu verbessern. Zu den anderen Varianten des M4 gehörte eine komplett als Gussteil gefertigte Wanne anstelle der sonst verwendeten Kombination aus Gussteilen und verschweißten Elementen. Außerdem wurden die vertikalen Federungselemente beim M4A3 durch ein horizontales Federungssystem ersetzt. Insgesamt war der Sherman ein zuverlässiger mittlerer Panzer, der in großen Stückzahlen verfügbar war. Trotz seiner Mängel gehörte der M4 schließlich zu den Gewinnern des Krieges.

Vielseitige Verwendbarkeit

Kein anderes während des Zweiten Weltkrieges gefertigtes Fahrgestell eines Panzers (evtl. mit Ausnahme des britischen Churchill) wurde für so viele spezielle Aufgaben abgeändert wie der amerikanische mittlere Panzer M4 Sherman. In der Ausführung als Kampfpanzer hatte er fünf Mann Besatzung, nämlich Kommandant, Fahrer, Ladeschütze, Richtschütze und Beifahrer/Bug-MG-Schütze. Drei Besatzungsmitglieder befanden sich im Turm, während der Fahrer vorne links in der Wanne saß, rechts von ihm saß der Beifahrer. Zusammen mit Panzern für Spezialeinsätze kamen auch die speziell dafür ausgebildeten Mannschaften. Die Varianten des Sherman gingen vom DD mit Duplex-Antrieb, der vom Landungsboot an Land schwimmen konnte und dann auf den Strand rollte, um dort der Infanterie Feuerunterstützung zu leisten, bis zum Munitionstransportpanzer, Minenräumpanzer, Flammenwerferpanzer und Bergepanzer. Im Pazifikkrieg war der Sherman allen japanischen Panzerfahrzeugen überlegen. Auf dem unteren Foto rücken amerikanische Infanteristen an der Seite eines Sherman, den sie als Deckung nutzen, vorsichtig durch ein französisches Dorf vor. Beachten Sie den pflugartigen Sperrbrecher vorn an der Wanne des Sherman, mit dem man in der Normandie die dortigen typischen Hecken *(Bocage)* beseitigen konnte.

Dt. Reich 1933–45

Panzer V Panther Ausf D (1943)

Nachdem man anfänglich aufgetretene mechanische Probleme beseitigt hatte, wurde der Panzerkampfwagen V Panther mit seiner Kanone im Kaliber 75 mm mit hoher Mündungsgeschwindigkeit nach Meinung vieler Fachleute zum besten universell verwendbaren Panzer im Zweiten Weltkrieg.

Obwohl die Forschungs- und Entwicklungsarbeiten für einen mittleren Panzer, der schließlich den PzKpfw IV ablösen sollte, schon seit 1937 liefen, wurden die Arbeiten drastisch beschleunigt, nachdem der sowjetische T-34 Ende 1941 an der Ostfront aufgetaucht war. Mehrere deutsche Hersteller einschließlich Henschel, Porsche, Daimler-Benz und die Maschinenfabrik Augsburg-Nürnberg AG (MAN) stellten nacheinander ihre Prototypen vor. Die Konstruktionen von Henschel und Porsche wurden schließlich zu dem schweren Panzer PzKpfw VI Tiger weiterentwickelt, während Daimler-Benz und MAN sich für den Fertigungsauftrag für einen mittleren Panzer bewarben. Dafür hatte das deutsche Rüstungsministerium eine Leistungsbeschreibung für einen Panzer herausgegeben, der mit der langrohrigen Kanone KwK 42 L/70 im Kaliber 75 mm bewaffnet werden sollte. Verlangt wurde eine abgeschrägte

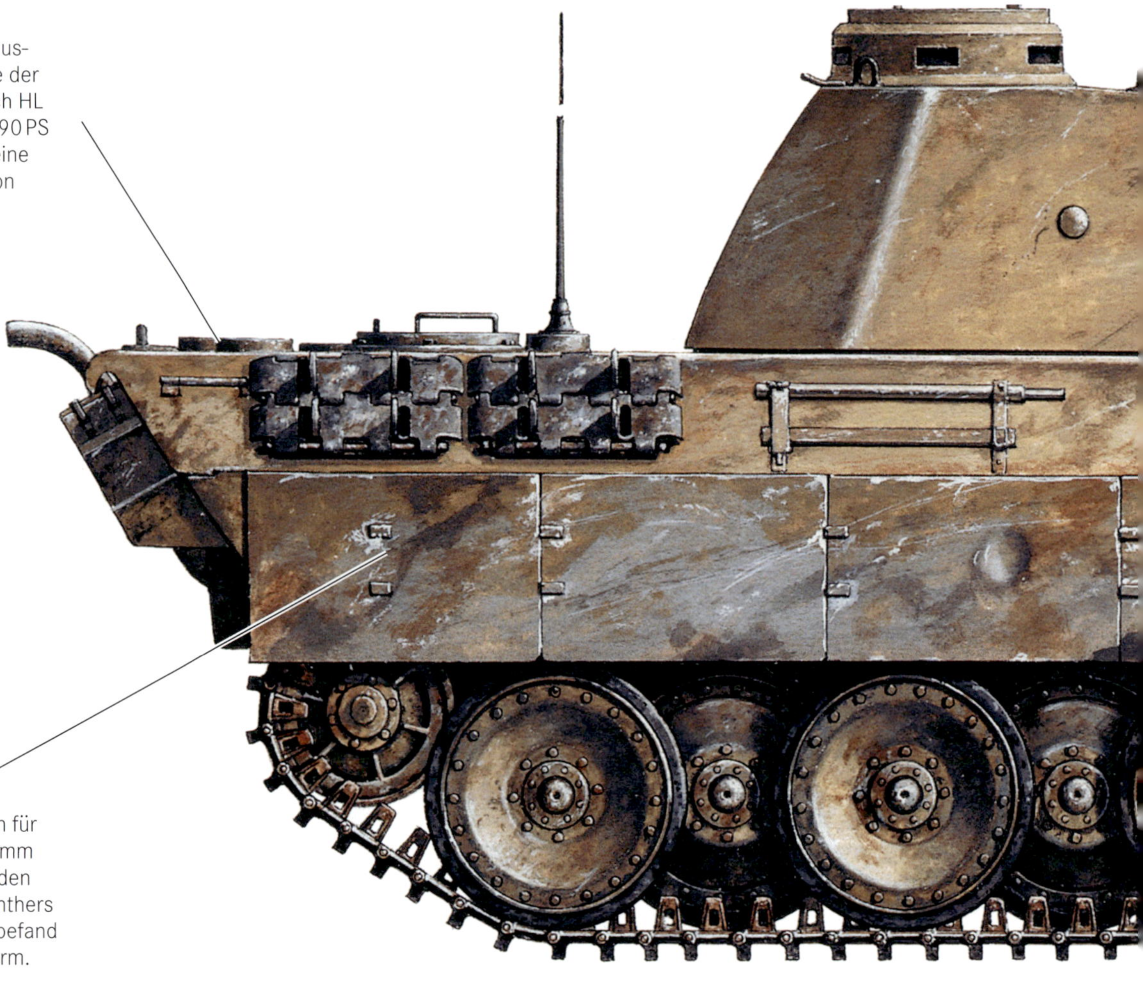

Antrieb
In den Panther der Serienausführung war üblicherweise der V12-Benzinmotor Maybach HL 230 P30 eingebaut, der 690 PS leistete und dem Panzer eine Höchstgeschwindigkeit von 46 km/h ermöglichte.

Kampfbeladung
Bis zu 48 Schuss Munition für die Kanone im Kaliber 75 mm wurden in Fächern an beiden Seiten der Wanne des Panthers gelagert. Normalerweise befand sich keine Munition im Turm.

Panzerung von ausreichender Stärke, die Räder des Laufwerks sollten größer und die Ketten breiter sein, damit der Panzer geländegängiger wurde, und es sollte ein bestimmtes Höchstgewicht eingehalten werden.

Entwicklungsfortschritte beim Panther

Die Konstruktion von MAN mit der Werksbezeichnung VK 3002 erhielt im Frühjahr 1942 nach längeren Überlegungen der Auftraggeber den Zuschlag. Nachdem dann im September der erste Prototyp des neuen PzKpfw V Panther fertiggestellt worden war, gab es einen begrenzten Fertigungsauftrag für 20 Vorserienpanzer. Danach entstand das endgültige Serienmodell mit der Bezeichnung Ausf D, das dann ab November gebaut wurde. Man hoffte damals, dass wenigstens ein paar dieser neuen Panzer Anfang 1943 gefechtsbereit sein würden, denn die Sache war sehr dringend, weil man unbedingt einen Panzer benötigte,

Die breiten Ketten und die Federungselemente des Schachtellaufwerks ermöglichten es dem PzKpfw V, alle verschiedenen Geländeformationen relativ einfach zu befahren.

Turm

Der mit drei Mann besetzte Turm war schon entwickelt worden, als der Panther erprobt wurde, danach flossen noch mehrere Verbesserungen in die Konstruktion ein. Dazu gehörten der Einbau einer im Gussverfahren gefertigten Kommandantenkuppel und eine Lafette für ein Fla-MG 34 bei späteren Modellen.

Bewaffnung

Die von Rheinmetall-Borsig gefertigte Kanone KwK 42 L/70 des PzKpfw V Panther erbrachte mit ihrem langen Rohr im Kaliber 75 mm eine hohe Mündungsgeschwindigkeit.

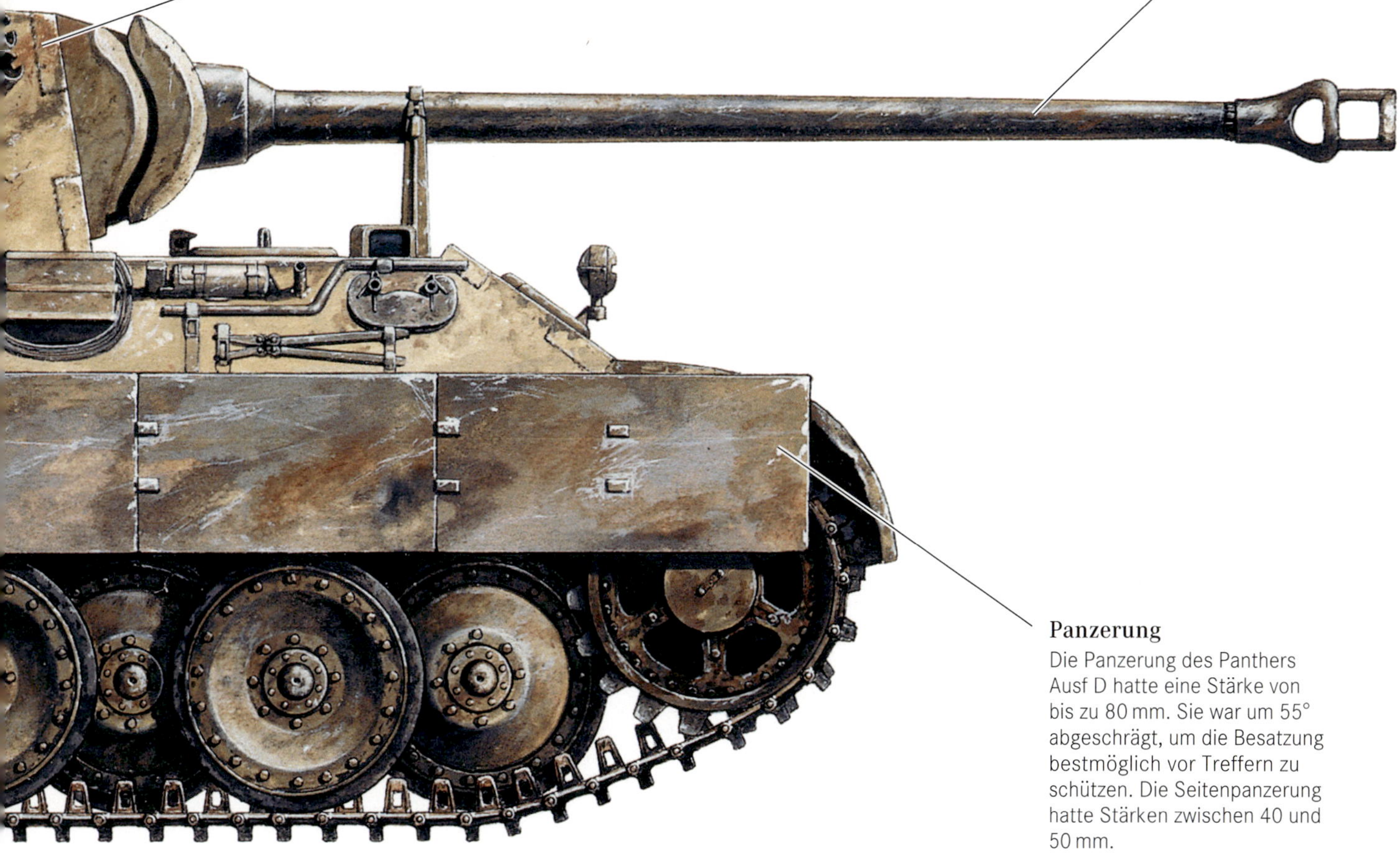

Panzerung

Die Panzerung des Panthers Ausf D hatte eine Stärke von bis zu 80 mm. Sie war um 55° abgeschrägt, um die Besatzung bestmöglich vor Treffern zu schützen. Die Seitenpanzerung hatte Stärken zwischen 40 und 50 mm.

der dem T-34 Paroli bieten konnte. Zwischen Januar und September 1943 wurden insgesamt 842 Panzer der Ausf D bei MAN, Daimler-Benz, Henschel und Niedersachsen gefertigt. Die kurze Zeit zwischen der Entwicklung des Prototyps bis zum Serienmodell sollte sich später beim Panther rächen, denn als die Ausf D im Juli 1943 bei einer Reihe von heftigen Gefechten in der Gegend von Kursk zum Einsatz kam, waren die Ergebnisse äußerst ernüchternd. Es gingen mehr Panther aufgrund von mechanischen Mängeln als durch Feindeinwirkung verloren, und der Panzergeneral Heinz Guderian bemerkte dazu kurz und knapp: *„Sie fingen einfach zu schnell Feuer, das Kraftstoffsystem und das Ölschmiersystem waren nur unzureichend geschützt, und die Besatzungen gingen verloren, weil sie nicht ausreichend genug ausgebildet waren.“*

Schnelle Reife

Die raue Wirklichkeit des Gefechtseinsatzes ließ die Mängel des Panthers deutlich zutage kommen. Dazu gehörten Getriebeschäden und Schäden am Antriebsstrang, leckende Benzinleitungen und undichte Ölleitungen im Kampfraum, die Feuer fingen, ein Motor, der leicht überhitzte, und außerdem gab es neben anderen Mängeln auch Probleme mit den Kurbelwellenlagern und den Pleueln. Das Vertrauen der Besatzungen in die Panther aus früher Fertigung war nicht besonders groß, aber im Verlauf der Zeit wurden die meisten Probleme beseitigt, und dann wurde der Panzer bei seinen Besatzungen immer beliebter. Im August 1943 ging ein verbesserter Panther mit der Bezeichnung Ausf A, eigentlich eine recht merkwürdige Reihenfolge der Bezeichnungen, in die Fertigung, und davon wurden fast 2200 Stück gebaut. Die Panzerung wurde von 80 mm bei der Ausf D auf 120 mm verstärkt, dadurch wurde der Panzer etwas schwerer. Die häufigste Variante des Panthers war die Ausführung G, bei der man das Auspuffsystem

Technische Daten

Abmessungen	Länge: 8,86 m Breite: 3,4 m Höhe: 2,95 m
Gewicht	47,4 t
Antrieb	1 x V12-Benzinmotor Maybach HL 230 P30 mit einer Leistung von 700 PS
Geschwindigkeit	48 km/h
Bewaffnung	1 x langrohrige Kanone KwK 42 L/70 im Kal. 75 mm, 2 x Maschinengewehr 34 im Kal. 7,92 mm
Panzerung	15–80 mm
Reichweite	240 km
Besatzung	5 Mann

Das lange Rohr der Kanone im Kaliber 75 mm mit ihrer hohen Mündungsgeschwindigkeit war für alle alliierten Panzerbesatzungen und Truppen, die an der Westfront im Sommer 1944 auf den deutschen Panther trafen, ein furchterregender Anblick. Nach der alliierten Landung in der Normandie war der Panther Ausf A in größeren Stückzahlen in Frankreich im Einsatz.

verbessert sowie die Panzerung oben an der Wanne weiter abgeschrägt hatte, und der Fahrer bekam ein drehbares Periskop mit einem größeren Blickfeld. Die Ausf G ging im Frühjahr 1944 in die Fertigung, und davon wurden fast 3000 Stück bis zum Kriegsende gebaut. Anfänglich wurde der Panzer vom Benzinmotor Maybach HL 210 P45 angetrieben, später kam der V12-Benzinmotor Maybach HL 230 P30 mit einer Leistung von 690 PS zum Einbau. Dadurch erreichte der Panzer eine Höchstgeschwindigkeit von 48 km/h und eine bemerkenswert große Reichweite von 240 km.

Begrenzte Fertigungszahlen

Trotz seiner unbestritten hervorragenden Qualitäten auf dem Schlachtfeld war der Panther teuer in der Herstellung, und die Kompliziertheit seiner Bauweise führte dazu, dass man relativ lange für seinen Produktionsprozess brauchte. Ursprünglich hatte man gehofft, dass man 600 neue Panther pro Monat bauen könnte. In Wirklichkeit erreichte die Produktion jedoch höchstens 330 Stück pro Monat. Gründe für diese niedrigere Stückzahl waren einmal der deutsche Hang zur Perfektion in der Technik und zum anderen die zunehmenden alliierten Luftangriffe. Bis zum Frühjahr 1945 hatte man nur ungefähr 6000 Panther gebaut. Einige wenige Panther wurden zu Jagdpanzern umgebaut, sie erhielten die Bezeichnung „Jagdpanther“. Andere wurden zu Befehlspanzern umgebaut, zu Beobachtungspanzern und zu Bergepanzern, keiner davon allerdings in größeren Stückzahlen. Der Panther war ein bemerkenswert guter Kampfpanzer, und sogar nach Kriegsende wurde er bei einer Reihe von Streitkräften in verschiedenen Ländern noch lange weiter eingesetzt. Der letzte Bericht über einen Kampfeinsatz von Panzern des Typs Panther stammt aus dem Sechstagekrieg von 1967; er wurde dabei von der syrischen Armee eingesetzt. Seine Verdienste im Kampf werden nur durch die Erkenntnis überschattet, dass es nicht die Qualität der Waffen, sondern die erdrückende Übermacht der alliierten Panzer auf dem Schlachtfeld war, die schließlich zum Sieg der Alliierten im Zweiten Weltkrieg führte.

In Erwartung einer Inspektion durch Stabsoffiziere steigen hier der Kommandant und der Fahrer eines PzKpfw V Panther aus ihren Panzerluken. Beachten Sie den Zimmerit-Anstrich, durch den das Anbringen von Magnethaftladungen an der Außenseite des Panzers verhindert werden sollte, die schwarzen Uniformen der deutschen Panzertruppe und das neben der Luke des Kommandanten angebrachte Fla-MG.

Lauernder Panther

Das führende „Ass“ bei den Panther-Kommandanten im Zweiten Weltkrieg war der SS-Oberscharführer Ernst Barkmann. Der bereits mehrfach ausgezeichnete Barkmann ließ an einem Tag Ende Juli 1944 seinen Panther in einem dichten Eichenwald in der Nähe des französischen Dorfes Le Lorey in Deckung gehen. Dann begann ein Kampfeinsatz, der dem Ruf des Panthers als kalte und wirksame Kriegsmaschine mehr als gerecht wurde. Als sich eine Kolonne von 15 amerikanischen Panzern des Typs M4 Sherman in Begleitung von weiteren Kraftfahrzeugen näherte, wartete Barkmann auf die günstigste Gelegenheit und eröffnete dann das Feuer. In schneller Folge schoss er die ersten beiden Sherman-Panzer in der Kolonne ab. Dann schoss er einen Tankwagen weiter hinten in der Kolonne in Brand. Als die anderen amerikanischen Panzer versuchten, um die brennenden Wracks herumzufahren und sich kampfbereit zu machen, zerstörte er weitere sieben Panzer und mehrere andere Kraftfahrzeuge. Sein Panther wurde dann zwar durch einen Luftangriff beschädigt, aber Barkmann konnte seinen Panzer dennoch nach Neufbourg in Sicherheit bringen. Für diesen Kampfeinsatz wurde er mit dem Ritterkreuz ausgezeichnet.

KV-85 Schwerer Panzer (1943)

Obwohl er nur in geringen Stückzahlen hergestellt wurde, war der 1943 in Dienst gestellte schwere Panzer KV-85 eine wichtige Übergangslösung, denn er führte von der alten KV-Serie der Roten Armee zu den schweren Panzern der Josef-Stalin-Serie, und die bildeten dann eine Speerspitze bei der Erringung des sowjetischen Sieges im Großen Vaterländischen Krieg.

Der schwere sowjetische Panzer der Serie KV wurde Ende der 1930er-Jahre entwickelt, um die langsamen und unzuverlässigen T-35 mit ihren vielen Türmen zu ersetzen, denn diese Fahrzeuge hatten sich als zunehmend veraltet erwiesen. Die Panzerserie wurde zu Ehren des sowjetischen Verteidigungsministers Klimenti Voroshilov (1881–1969) benannt. Sie stellte eine Abkehr von den früheren Konstruktionen mit mehreren Türmen dar und bereitete den Weg für die zukünftige sowjetische Panzerentwicklung und Fertigung. Der KV hatte eine Kanone im Kaliber 76,2 mm und wurde von der Roten Armee hauptsächlich als Sturmpanzer zum Durchbruch feindlicher Linien verwendet. Nach dem deutschen Überfall auf die Sowjetunion am 22. Juni 1941 wurde der KV-1 zahlreichen Änderungen und Nachrüstungen unterzogen. Dazu gehörten zusätzliche Panzerung und ein verbesserter Turm, der ursprünglich aus Panzerplatten zusammengeschweißt war; dann ging man zu der solideren Bauweise in Gusstechnik über. Als nun die deutschen Panzer an Größe und Kampfkraft zunahmen, wiesen Berichte von den Schlachtfeldern darauf

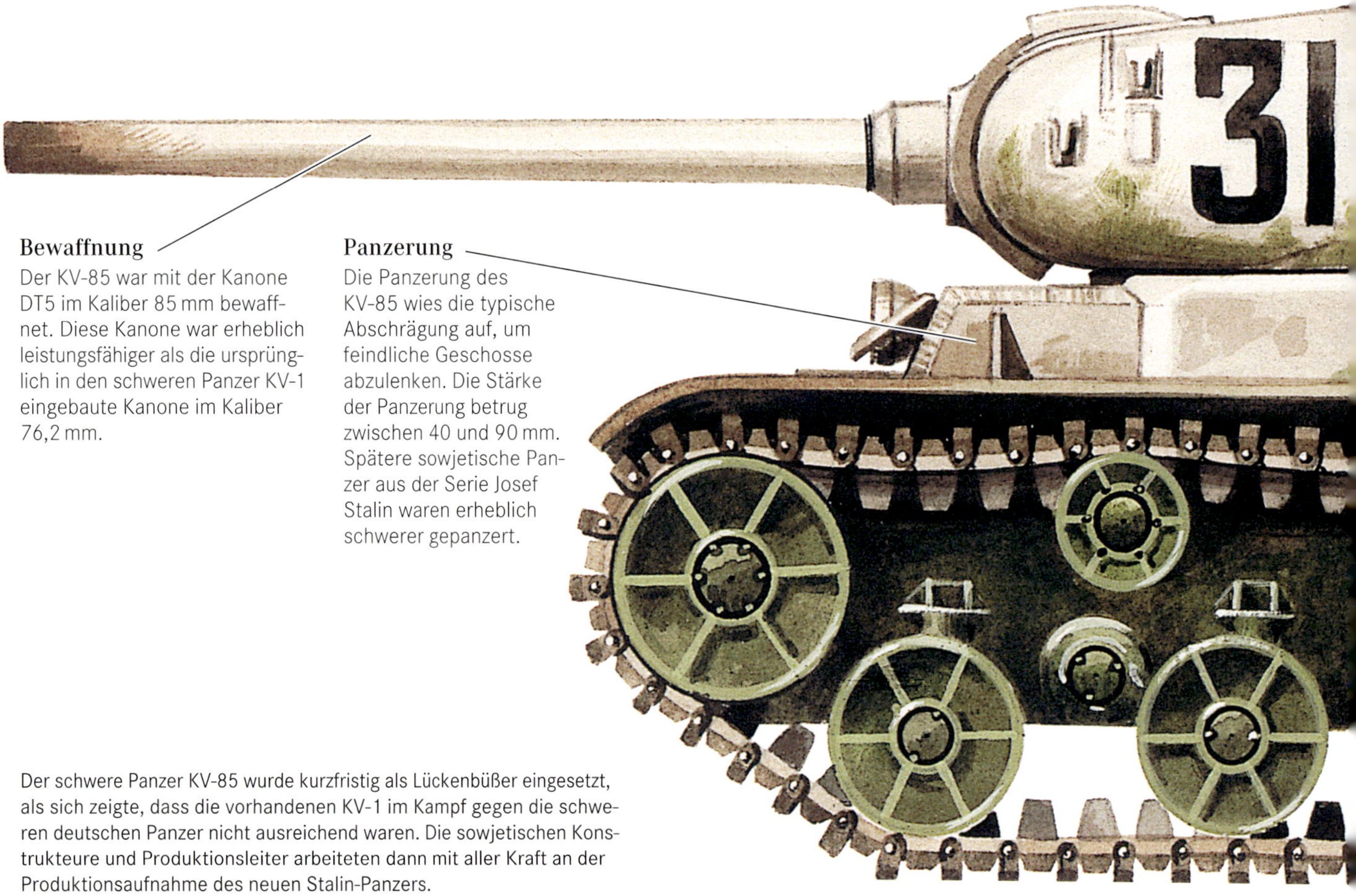

Bewaffnung
Der KV-85 war mit der Kanone DT5 im Kaliber 85 mm bewaffnet. Diese Kanone war erheblich leistungsfähiger als die ursprünglich in den schweren Panzer KV-1 eingebaute Kanone im Kaliber 76,2 mm.

Panzerung
Die Panzerung des KV-85 wies die typische Abschrägung auf, um feindliche Geschosse abzulenken. Die Stärke der Panzerung betrug zwischen 40 und 90 mm. Spätere sowjetische Panzer aus der Serie Josef Stalin waren erheblich schwerer gepanzert.

Der schwere Panzer KV-85 wurde kurzfristig als Lückenbüßer eingesetzt, als sich zeigte, dass die vorhandenen KV-1 im Kampf gegen die schweren deutschen Panzer nicht ausreichend waren. Die sowjetischen Konstrukteure und Produktionsleiter arbeiteten dann mit aller Kraft an der Produktionsaufnahme des neuen Stalin-Panzers.

hin, dass die Kanone im Kaliber 76,2 mm des KV-1 im Kampf Panzer gegen Panzer nicht ausreichend war. Deswegen unternahm man mehrere Versuche, den Panzer mit einer stärkeren Kanone auszurüsten. Ein Versuch mit einer Kanone im Kaliber 107 mm wurde aufgegeben, und der Einbau einer Kanone im Kaliber 152 mm in einem größeren Turm, dem KV-2, endete schließlich als Misserfolg.

Das Schließen der Lücke

In der Zwischenzeit hatten die sowjetischen Panzerkonstrukteure überaus eifrig an einer neuen Serie von schweren Panzern gearbeitet; es war die Serie Josef Stalin (IS). Bis zur Fertigstellung der

Der Turm und die Kanone des neuen Panzers IS-85 wurden auf das Fahrgestell des bereits vorhandenen schweren Panzers KV-1S gesetzt, um den als Übergangslösung vorgesehenen KV-85 zu schaffen. Dieser Panzer wurde dann in kleineren Stückzahlen im Herbst des Jahres 1944 zur Bekämpfung deutscher Panzer an der Ostfront eingesetzt.

Turm
Der Turm des KV-85 war in diesem Fall eine neue Komponente dieses Panzers, ursprünglich war er für den IS-85 konstruiert und gefertigt worden. Das war eine neue Generation von sowjetischen schweren Panzern in der Serie IS.

Antrieb
Der V12-Dieselmotor V-2K leistete ausreichend Kraft für den 43 t schweren KV-85. Die Höchstgeschwindigkeit des Panzers betrug 42 km/h.

Konstruktion für den neuen Stalin-Panzer und der Fertigungsaufnahme vergingen aber noch mehrere Monate. Es musste unbedingt in der Zwischenzeit etwas als Übergangslösung geschaffen werden, damit man mit den deutschen mittleren Kampfpanzern PzKpfw V Panther und schweren Kampfpanzern PzKpfw VI Tiger, die mittlerweile an der Ostfront im Einsatz standen, fertig werden konnte. Die praktischste Lösung des Problems zu dieser Zeit war der Einbau des Turms des neuen schweren Panzers IS-85 mit seiner Kanone DT5 im Kaliber 85 mm, die eigentlich ursprünglich als Flakgeschütz entwickelt worden war, auf das Fahrgestell des KV-1S, bei dem es sich um eine Variante des ursprünglichen KV-1 mit einem kleineren Turm und dünnerer Panzerung handelte. Dafür war dieser Panzer schneller und mobiler. Der Turm des KV-1S war außerdem der erste russische Panzer, der Sehschlitze für eine Rundumsicht von 360° hatte. So konnte der Kommandant die gesamte Umgebung des Panzers genau beobachten. Der so entstandene schwere Panzerhybride wurde ursprünglich als Objekt 239 und später als KV-85 bezeichnet. Die Hauptwaffe des KV-85 war ausreichend erprobt, denn sie wurde schon als gezogenes Flakgeschütz verwendet und später für den Einbau in den mittleren Kampfpanzer T-34/85 und den Jagdpanzer SU-85 abgeändert. Der KV-85 wurde im Herbst und Winter 1943/44 in kurzer Zeit gefertigt, und da es sich hier nur um eine kurzfristige Übergangslösung handelte, wurden nur 148 Stück davon gebaut. Einer der Hauptgründe für diese geringe Fertigungszahl des KV-85 war der hohe Bedarf an Kanonen des Typs DT5, die sehr vielseitig verwendbar waren. Die ersten KV-85 fuhren im September 1943

Technische Daten

Abmessungen	Länge: 8,6 m Breite: 3,25 m Höhe: 2,8 m
Gewicht	43 t
Triebwerk	1 × V12-Dieselmotor V-2K mit 600 PS Leistung
Geschwindigkeit	42 km/h
Bewaffnung	1 × Kanone DT5 im Kal. 85 mm, 2 × Maschinengewehr DT im Kal. 7,62 mm
Panzerung	40–90 mm
Reichweite	330 km
Besatzung	4–5 Mann

Während der kurzen Produktionszeit des KV-85 wurden nur 148 Panzer dieses Typs gebaut. Der KV-85 spielte eine wichtige Rolle bei der Überbrückung der Leistungslücke zwischen den schweren Panzern der Serie KV und den dann folgenden überragenden Panzern der Serie Josef Stalin.

ins Gefecht. Im folgenden Frühjahr wurde die Fertigung des schweren Kampfpanzers IS-2 aufgenommen, sodass der KV-85 überflüssig wurde. Deswegen wurde seine Produktion schon Anfang 1944 wieder eingestellt.

Technische Daten des Übergangspanzers

Wie sein Vorgänger KV-1 hatte auch der KV-85 eine aus vier Mann bestehende Besatzung, dazu gehörten der Kommandant, der Fahrer, der Bordmechaniker und der Kanonier. In einigen Fällen wurde aber sogar noch ein fünftes Besatzungsmitglied in den sowieso schon engen Kampfraum gesetzt. Wie bei den anderen sowjetischen Panzerkonstruktionen saß der Kommandant in dem engen 2-Mann-Turm und musste die Kanone bedienen, sodass er nur wenig Gelegenheit hatte, seinen Panzer im Kampf zu führen. Zur Sekundärbewaffnung gehörten zwei Maschinengewehre DT im Kaliber 7,62 mm, eines davon vorn in der Wanne und das andere koaxial zur Hauptwaffe im Turm montiert. Der KV-85 wurde von einem einzelnen V12-Dieselmotor mit einer Leistung von 600 PS angetrieben. Die Höchstgeschwindigkeit des Panzers auf der Straße lag bei respektablen 42 km/h.

Der KV-85 im Kampf

Die Berichte über Kampfeinsätze des KV-85 sind von gemischter Natur. Während der Panzer durchaus vergleichbare Feuerkraft wie die deutschen Panzerfahrzeuge hatte, war seine Panzerung den mit hoher Mündungsgeschwindigkeit verschossenen gegnerischen Granaten der Panzer und Panzerabwehrgeschütze nicht gewachsen. Bei einem Kampf in der Ukraine im November 1943 verlor das schwere 34. Garde-Panzerregiment sieben seiner insgesamt 20 Panzer KV-85 durch das Feuer von deutschen PzKpfw IV und Panzerjägern Marder. Am folgenden Tag wurde ein deutscher Angriff abgewehrt, dabei gab es keine Verluste unter den verbliebenen KV-85. Die eigentliche Bedeutung des KV-85 als „Überbrückungspanzer" lag nicht in seinen Einsätzen, sondern in seiner Eigenschaft als Vorläufer der kampfkräftigen Panzer der Josef-Stalin-Serie, die bald kommen sollten.

KV-85 gegen Panther und Tiger

Auf dem unteren Foto steht ein Panzer KV-85, der als Denkmal dient und an die Leistungen seiner Besatzungen während des Zweiten Weltkrieges erinnern soll. Viele Panzer KV-85 wurden in der Ukraine eingesetzt, dort kämpften sie erfolgreich gegen die deutschen Panzer. Am 28. Januar 1944 kämpften KV-85 und Jagdpanzer SU-122 bei der Kolchose Telman und konnten dort einem Bericht zufolge mehrere Tiger und andere Feindpanzer abschießen. Aus dem zeitgenössischen Bericht erfahren wir: „*… Unsere Kampfpanzer und Jagdpanzer eröffneten das Feuer und konnten die gegnerische Formation aufbrechen, wobei sechs Panzer (davon drei Tiger) und ein Zug Infanterie vernichtet wurden. Der KV-85 von Oberleutnant Kuleshov hatte dabei die Aufgabe, die deutsche Infanterie zu bekämpfen … Er erfüllte diese Aufgabe mit Geschützfeuer und den Ketten seines Panzers. Eine Panzergruppe unter dem Kommando des Kompaniechefs Garde-Oberleutnant Podust verteidigte Telman … Man konnte die deutschen Soldaten daran hindern, sich in andere Gebiete abzusetzen … Wir selber hatten fast keine Verluste, während der Feind erhebliche Verluste hinnehmen musste.*" Mehrere Tiger und andere Panzer bzw. Panzerfahrzeuge sowie sechs Panzerabwehrkanonen wurden in diesem Kampfeinsatz zerstört.

Churchill AVRE (1943)

Der Pionierpanzer Churchill AVRE *(Armoured Vehicle Royal Engineers)* wurde im Jahre 1943 entwickelt. Er sollte bei den Kampfpionieren für eine Reihe von Verwendungen eingesetzt werden. Dazu gehörte das Überwinden von natürlichen und künstlichen Hindernissen, um den Weg frei zu machen für die alliierten Truppen bei der Landung an den Stränden der Normandie und auf ihrem Weg ins Deutsche Reich.

Bei dem gescheiterten Landeunternehmen in der französischen Hafenstadt Dieppe im Jahre 1942, bei der es sich eigentlich um eine Vorübung für das zwei Jahre später erfolgende Landungsunternehmen in der Normandie gehandelt hatte, wurde klar, dass der Einsatz der schweren Waffen in Verbindung mit der Infanterie auf Sperrhindernisse treffen würde, für deren Überwindung es bis dato keine Lösung gab. In Dieppe hatte sich eine Anzahl der neuen Churchill-Panzer in dem weichen Sand der Strände festgefahren. Die Überwindung der hinter dem Strand liegenden Deichmauer gelang den Panzerfahrzeugen nur mit großen Schwierigkeiten. Die in Dieppe eingesetzten Pioniere hatten auch Probleme mit dem Räumen der Minenfelder und der Zerstörung der Panzersperren, während sie ständig unter Feindfeuer lagen. Eine

Bewaffnung
Die Hauptwaffe des Churchill AVRE war ein Petard-Mörser im Kaliber 290 mm. Eine starke Feder sorgte dafür, dass das 18,1 kg schwere Geschoss mehr als 73 m weit geworfen werden konnte.

Diese Variante des Churchill AVRE zum Verlegen von Knüppeldämmen war ein gut durchdachter Spezialpanzer, der für Panzerfahrzeuge und Kraftfahrzeuge einen schnell zu benutzenden Fahrweg legen konnte. Regenreiche Frühjahre und raues Herbstwetter in Westeuropa führten oft dazu, dass alliierte Offensiven verzögert wurden.

der bei diesem Landungsunternehmen in Dieppe gelernten Lektionen lag darin, dass den Pionieren eine der Hauptaufgaben zukommen würde, wenn der Großangriff bzw. die Invasion auf das von den Deutschen besetzte Europa erfolgen würde.

Ein Panzer für Pioniere

Die Lösung vieler in Dieppe entstandenen Probleme, deren Auftreten man dann auch in der Normandie fürchtete, lag zu einem großen Teil im Pionierpanzer Churchill AVRE. Das einfache Konzept des Churchill AVRE war, dass man damit Pioniere sicher zum Einsatzort bringen konnte, wobei sie gegen feindliches Feuer, insbesondere Handwaffenfeuer, geschützt waren. Am Zielort konnten sie dann ihren Auftrag erfüllen. Der AVRE war außerdem mit einem Petard-Mörser im Kaliber 290 mm bewaffnet, damit konnte er ein 18,1 kg schweres Geschoss über eine Entfernung von etwas mehr als 73 m abfeuern. Das Konzept des AVRE wurde dem Oberleutnant J. J. Denovan von den

Knüppeldamm
Diese Variante des Churchill AVRE zum Verlegen von Knüppeldämmen führte 100 Baumstämme mit einem Durchmesser von 152 mm und 4,26 m Länge mit sich. Die Baumstämme waren mit Drahtseilen zusammengebunden und wurden auf einem über dem Panzer befindlichen Rahmen gelagert. Nach dem Verlegen bildeten sie einen sofort benutzbaren Fahrweg über schwieriges Gelände.

Kampfraum
Der Kampfraum des Churchill AVRE wurde so umgebaut, dass er Platz für Pioniere und ihre Ausrüstung in Form von Werkzeug, Gerätschaften und Sprengkörpern bot, mit denen sie Sperren beseitigen, Brücken bauen und andere Aufgaben erledigen konnten.

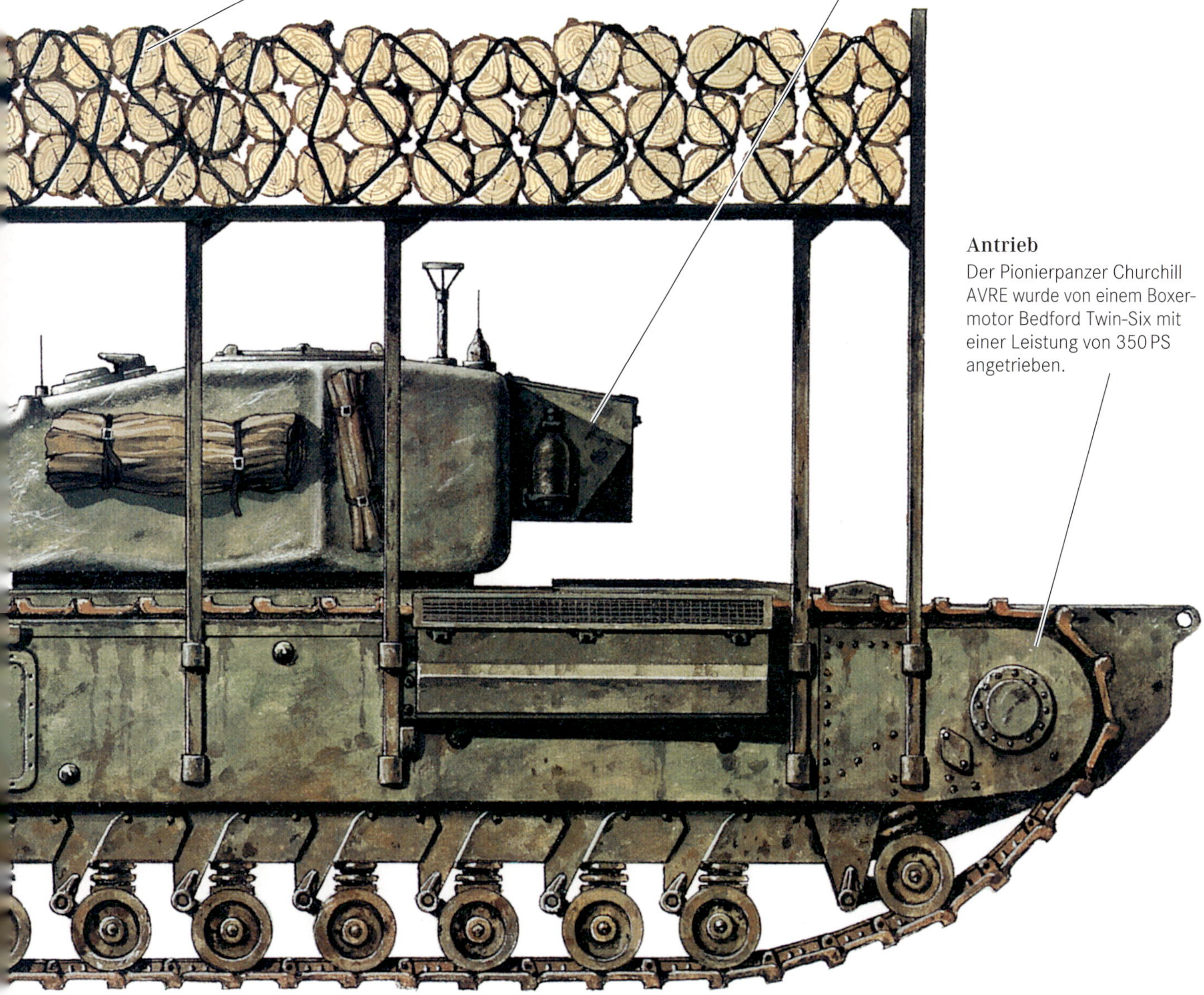

Antrieb
Der Pionierpanzer Churchill AVRE wurde von einem Boxermotor Bedford Twin-Six mit einer Leistung von 350 PS angetrieben.

Einige Pionierpanzer Churchill AVRE waren für das Mitführen von großen Baumstammbündeln vorn und hinten auf der Wanne eingerichtet. In dieser Ausführung konnte der Panzer Baumstämme oder Faschinenbündel an mehreren verschiedenen Stellen abwerfen.

Königlich-Kanadischen Pionieren (RCE) zugeschrieben. Er war damals der Sondergeräte-Abteilung des britischen Panzer-Entwicklungszentrums zugeordnet. Denovan stellte sich einen Panzer vor, der in seinem Kampfraum so viel Platz wie möglich hatte, um Pioniere und deren Gerät wie Sprengladungen, Werkzeuge und Ausrüstungen zu transportieren. Der vergleichsweise geräumige Innenraum des Churchill-Panzers, seine Panzerung und seine seitlichen Türen machten den Churchill-Panzer zu einem idealen Kandidaten. Ende 1942 war der Prototyp des AVRE in Bau, er wurde bei der kanadischen *1st Canadian Mechanical Equipment Company* gefertigt. Am 25. Februar 1943 wurde dieser Panzer vorgeführt, dabei stiegen Pioniere aus dem umgebauten Churchill aus und sprengten eine große Öffnung in eine Betonwand.

Technische Daten

Abmessungen	Länge: 7,44 m Breite: 2,44 m Höhe: 3,45 m mit den Baumstammbündeln über dem Panzerfahrzeug
Gewicht	40,72 t
Triebwerk	1 × Bedford Benzinmotor Twin-Six (Boxer) mit 350 PS Leistung
Geschwindigkeit	Straße: 20 km/h, Gelände: 12,8 km/h
Bewaffnung	1 × Petard-Mörser im Kal. 290 mm, 1 × Maschinengewehr BESA im Kal. 7,92 mm
Panzerung	16–102 mm
Reichweite	145 km
Besatzung	5 Mann

In der Zwischenzeit entwickelte man den gewaltigen Petard-Mörser zur Einsatzreife. Oberstleutnant Stewart Blacker hatte vorher schon einen Mörser konstruiert, der von der britischen Heimatschutztruppe *Home Guard* eingesetzt wurde. Der von ihm entwickelte Mörser für den Panzer wurde in die von der eigentlichen Kanone des Churchill stammenden Walzenblende eingebaut.

Vorbereitungen für die Invasion

Der Petard-Mörser und der umgebaute Churchill-Panzer für den Einsatz bei den Pionieren kamen zusammen zu einem entscheidenden Zeitpunkt im Zweiten Weltkrieg. Die Vorbereitungen für den sogenannten D-Day, also die Landung in der Normandie am 6. Juni 1944, waren in vollem Gange. Als dann die Pläne für den Churchill AVRE fertiggestellt waren, wurde offensichtlich, dass weitere Varianten dieses Fahrzeugs der angreifenden Truppe Unterstützung leisten könnten. Die Fertigung des Churchill AVRE begann Mitte 1943 und lief bis zum Ende des Krieges. Es wurden mindestens 700 Stück davon gefertigt; sie entstanden durch Umbauten von Kampfpanzern Churchill Mark III und IV. Ungefähr 180 AVRE wurden vor der Landung in der Normandie fertiggestellt, sie wurden der zur *79th Armoured Division* gehörenden *1st Assault Brigade* unterstellt, Divisionskommandeur war

Auf seinem raffiniert konstruierten Metallrahmen konnte der Churchill AVRE große Baumstammbündel oberhalb der Wanne mit sich führen. Die so gefundene Lösung ermöglichte es dem Panzer, Knüppeldämme zu legen. Für diese Aufgabe war ein Kettenfahrzeug natürlich am besten geeignet, denn es konnte relativ gefahrlos an den Einsatzort gelangen. Das Mitführen der Baumstammbündel, die mit Drahtseilen zusammengebunden waren, war technisch nur in der hier gezeigten Weise praktikabel.

Dieser Pionierpanzer Churchill AVRE beweist hier seine Fähigkeit zur Überwindung schwieriger Hindernisse im Feld. Beachten Sie die großen Faschinenbündel, die vorher an den Fuß des Hindernisses abgeworfen wurden, um die beträchtliche Höhe dieser Sperre zu reduzieren.

Erfolgreicher Einsatz

Während der Landung in der Normandie spielten die Pionierpanzer Churchill AVRE eine bedeutende Rolle bei der Beseitigung der deutschen Sperren auf den britischen Landeabschnitten *Gold, Juno* und *Sword*. Zusammen mit den jeweils drei britischen und kanadischen Divisionen, die auf diesen Stränden landeten, wurden zwei Kompanien der Pionierregimenter *5th* und *6th Assault Regiment*, RE, angelandet. Auf dem Landeabschnitt Gold Beach machten sich die *„Hobart's Funnies“* der 79. Panzerdivision an die Arbeit. Zuerst verlegten spezielle Pionierpanzer AVRE Bobbin lange Bahnen von Planen auf den aus weichem Sand und Tonerde bestehenden Strand, über den die Panzer und die Truppen vorrücken konnten. Dann warfen Pionierpanzer Faschinenbündel in die Granattrichter. Innerhalb einer Stunde nach dem Beginn der Landung hatten es die spezialisierten Pionierpanzer geschafft, vier Durchbrüche vom Strand ins Inland nach Le Hamel zu schaffen. Mit den Petard-Mörsern wurden zahlreiche befestigte deutsche Stellungen zerstört. Die am stärksten befestigte Stellung war das nahe gelegene Sanatorium. Die Wehrmachtssoldaten verteidigten das Gebäude bis in den Nachmittag hinein, dann war es durch das konzentrierte Feuer von mehreren Churchill AVRE mit ihren Petard-Mörsern im Kaliber 290 mm buchstäblich in Schutt und Asche gelegt worden.

General Sir Percy Hobart. Die *79th Armoured Division* war aufgestellt worden, um Kommandostrukturen für den Einsatz von Spezialpanzern zu entwickeln, von denen man erwartete, dass sie während des D-Day und danach kritische Aufgaben erledigen konnten. Diese Spezialpanzer bekamen den Spitznamen *„Hobart's Funnies“* (sinngemäß: *das lustige Spielzeug von Hobart*). Die Pionierpanzer AVRE erhielten eine ganze Reihe von Halterungen für verschiedene Spezialvorrichtungen. Dazu gehörten der AVRE Bobbin, der eine lange Plane auf einer großen Rolle mitführte. Nach dem Verlegen der Plane konnte sie von Fahrzeugen befahren werden, ohne dass diese sich in weichem Boden festfuhren. Der AVRE zum Verlegen von Knüppeldämmen konnte 100 Baumstämme mit einer Länge von 4,26 m und einem Durchmesser von 152 mm mitführen. Diese Stämme waren mit Drahtseilen zusammengebunden und wurden vor den Panzer abgeworfen, um einen Knüppeldamm zu schaffen. Es gab weitere Spezialausführungen des AVRE, die eine Reihe von Sprengsätzen mit sich führten, weitere Varianten konnten Faschinenbündel verlegen, mit denen Gräben ausgefüllt wurden, damit sie von Panzern und anderen Fahrzeugen überquert werden konnten, es gab Minenräumpanzer, Brückenlegepanzer und weitere Varianten. Auf dem Schlachtfeld erwies sich das Konzept des Churchill AVRE als so gut durchdacht, dass solche Spezialpanzer seit Jahrzehnten überall auf der Welt im Einsatz stehen, selbst nachdem der Churchill außer Dienst gestellt wurde. Er wurde auch bei der 25. Panzer-Sturm-Brigade während des Feldzugs in Italien eingesetzt.

T-34/85 (1944)

Die verbesserte Feuerkraft des mittleren Kampfpanzers T-34/85 war das Ergebnis einer Analyse der Leistungen des T-34 während der Panzerschlacht von Kursk. Es wurden drei Kanonen im Kaliber 85 mm erprobt, bis man sich für den Einbau der ZIS-S-53 entschied.

Nach dem Sieg bei der Panzerschlacht von Kursk im Juli 1943, durch den die Durchführung der deutschen Offensive „Operation Zitadelle" vereitelt werden konnte, begannen die Sowjets mit der Bewertung der Leistung ihres mittleren Kampfpanzers T-34 im Kampf gegen die deutschen Kampfpanzer PzKpfw V Panther und PzKpfw VI Tiger. Bis dahin war der T-34 mit einer Kanone im Kaliber 76,2 mm bewaffnet, während die deutschen Panzer die beiden mit hoher Mündungsgeschwindigkeit schießenden Kanonen im Kaliber 75 mm bzw. 88 mm führten. Auf beiden Seiten gab es bei den Panzern Verluste in hoher Zahl, aber man kam zu der Erkenntnis, dass die Hauptwaffe des T-34 nicht genügend Mündungsgeschwindigkeit

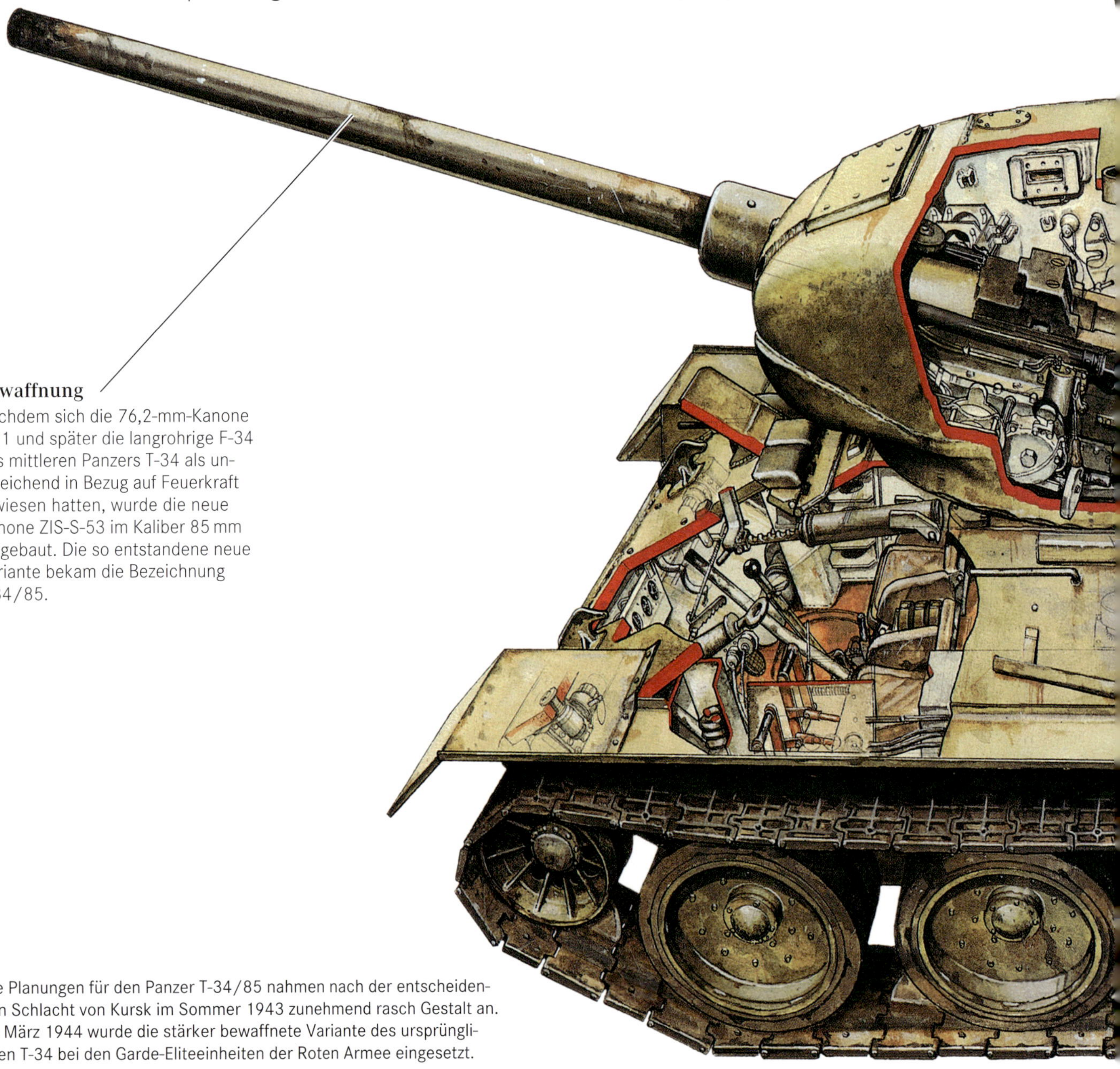

Bewaffnung
Nachdem sich die 76,2-mm-Kanone L-11 und später die langrohrige F-34 des mittleren Panzers T-34 als unzureichend in Bezug auf Feuerkraft erwiesen hatten, wurde die neue Kanone ZIS-S-53 im Kaliber 85 mm eingebaut. Die so entstandene neue Variante bekam die Bezeichnung T-34/85.

Die Planungen für den Panzer T-34/85 nahmen nach der entscheidenden Schlacht von Kursk im Sommer 1943 zunehmend rasch Gestalt an. Ab März 1944 wurde die stärker bewaffnete Variante des ursprünglichen T-34 bei den Garde-Eliteeinheiten der Roten Armee eingesetzt.

entwickelte, um auf übliche Kampfentfernungen hin die deutschen Panzerungen durchschlagen zu können. Deswegen waren die Sowjets gezwungen, Massenangriffe zu fahren, um möglichst schnell in die günstigste Schussweite gegen die deutschen Panzer zu kommen. Dieses Verfahren konnte man mit einer Massenschießerei im Wilden Westen vergleichen. Ursprünglich war man zu der Erkenntnis gekommen, dass der T-34 eine stärkere Panzerung brauchte, und so wurde eine kleine Stückzahl der Panzer mit zusätzlichen Panzerplatten versehen. Bei den dann folgenden Erprobungen zeigte sich aber, dass die zusätzliche Panzerung ungünstige Einflüsse auf Geschwindigkeit und Wendigkeit des Panzers hatte, sodass man das Experimentalmodell mit der Bezeichnung T-43 wieder aufgab.

Die Kraft des Vorschlags

Die Konstrukteure kamen dann zu der Erkenntnis, dass die Lösung des Problems zur Erhöhung der Kampfkraft des T-34 im Einbau einer neuen Kanone lag. Sowjetische Unterlagen aus dieser Zeit zeigen, dass bei einer Konferenz am 25. August 1943 der Chefkonstrukteur der Artillerie-Fabrik Nr. 92 namens V. G. Grabin den Vorschlag machte, den T-34 mit einer leistungsfähigeren Kanone im Kaliber 85 mm zu bewaffnen. Es wurden dann drei verschiedene Konstruktionen erprobt, ehe mit Unterstützung von General F. F. Petrov die Kanone ZIS-S-53 ausgewählt wurde. Diese Kanone wurde auch in den schweren Panzern KV-85 und IS-2 verwendet, außerdem auch im Jagdpanzer SU-85. Der als einteiliges Teil gefertigte Turm wurde vergrößert, um ein drittes

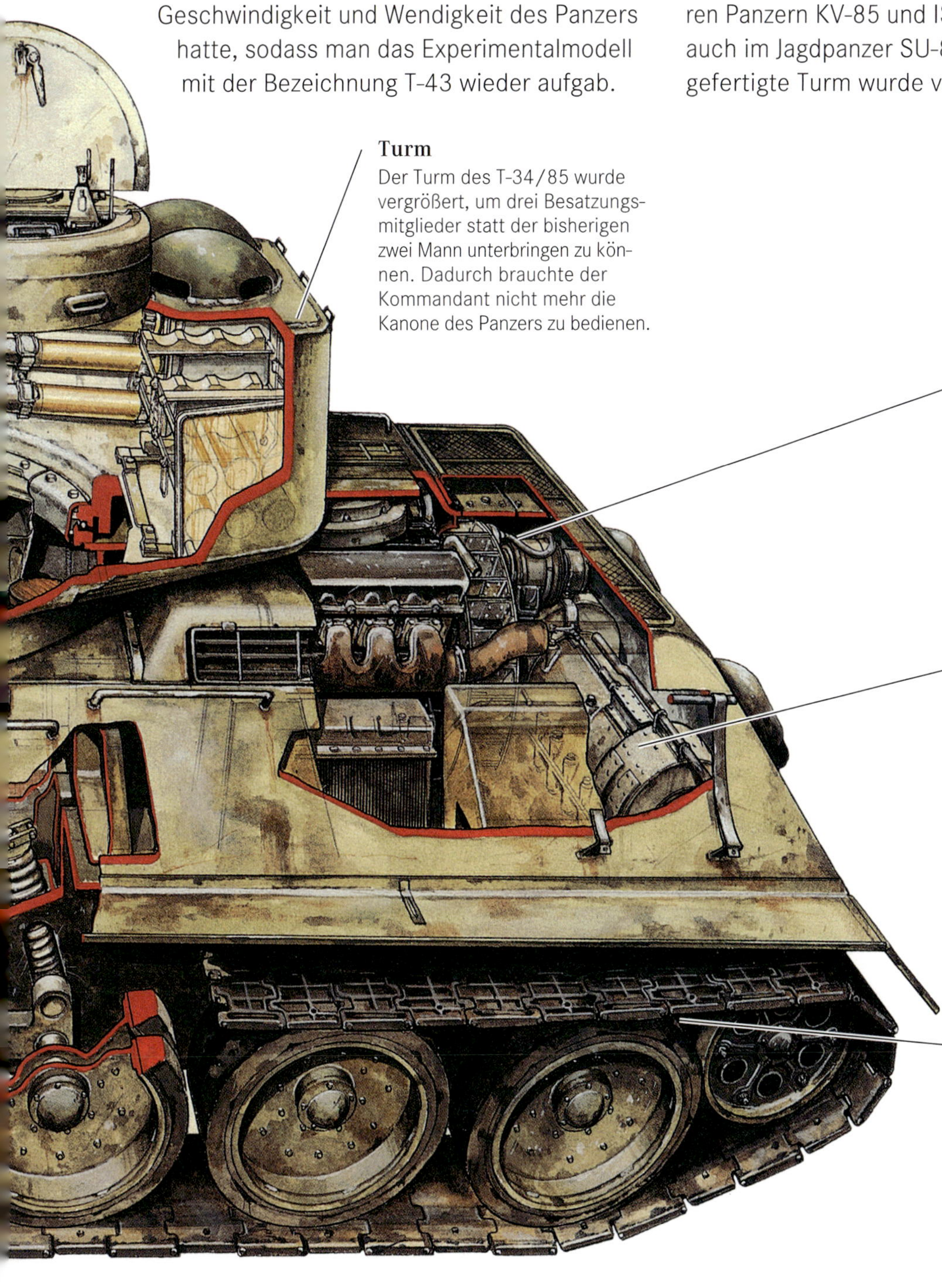

Turm
Der Turm des T-34/85 wurde vergrößert, um drei Besatzungsmitglieder statt der bisherigen zwei Mann unterbringen zu können. Dadurch brauchte der Kommandant nicht mehr die Kanone des Panzers zu bedienen.

Antrieb
Das Triebwerk des T-34/85 entsprach weitgehend demjenigen des vorangegangenen T-34. Es war der zuverlässige wassergekühlte V12-Dieselmotor V-2-34 mit einer Leistung von 500 PS.

Kraftstofftanks
Das Fassungsvermögen der Kraftstofftanks des T-34/85 wurde im Vergleich zum ursprünglichen T-34 reduziert, weil man die Tanks neu konstruiert hatte und sie etwas mehr wogen. Obwohl das negative Auswirkungen auf die Reichweite des T-34/85 hatte, wurde das durch die stärkere Feuerkraft des Panzers wettgemacht.

Laufwerk/Federung
In das Laufwerk der Bauart Christie des T-34/85 wurden stärkere Federn eingebaut, um das höhere Gewicht des Turmes auszugleichen. Die Konstruktion des Laufwerkes stammte ursprünglich von dem amerikanischen Ingenieur Walter Christie.

Das lange Rohr der mit hoher Mündungsgeschwindigkeit schießenden Kanone ZIS-S-53 im Kaliber 85 mm trug wesentlich zu dem schnittig und stromlinienförmig aussehenden Profil des mittleren Kampfpanzers T-34/85 bei, wobei außerdem der Turm weit vorn über die Wanne ragte. Diese Konstruktionsart war dann in den folgenden Jahrzehnten typisch für sowjetische Panzerentwicklungen.

Besatzungsmitglied unterbringen zu können. Dadurch stieg die Anzahl der Besatzungsmitglieder auf fünf, und der Kommandant musste jetzt nicht mehr die Kanone im Kampf bedienen. Durch diese neue Konfiguration wurde die Kampfkraft des T-34/85 wesentlich gesteigert. Der Kommandant saß hinten im Turm auf der linken Seite, der Richtschütze befand sich vor ihm, und der Ladeschütze stand auf der rechten Seite. Der Fahrer und der als MG-Schütze fungierende Beifahrer saßen vorn in der Wanne. Die

Technische Daten

Abmessungen	Länge: 6 m Breite: 2,92 m Höhe: 2,39 m
Gewicht	32 t
Antrieb	1 × wassergekühlter V12-Dieselmotor V-2-34 mit einer Leistung von 500 PS
Geschwindigkeit	55 km/h
Bewaffnung	1 × Kanone ZIS-S-53 im Kal. 85 mm, 2 × Maschinengewehr DT im Kal. 7,62 mm
Panzerung	20–55 mm
Reichweite	300 km
Besatzung	5 Mann

Überarbeitung der Konstruktion des Turmes wurde innerhalb von Wochen im Produktionswerk Nr. 112 in Gorki durchgeführt. Zu den anderen Änderungen des T-34/85 im Vergleich zum ursprünglichen T-34 gehörte eine Kommandantenkuppel oben auf dem Turm mit fünf Sehschlitzen. Für den Ladeschützen wurde oben auf dem Turm eine zusätzliche Luke eingebaut, die außerdem mit Entlüftungsöffnungen versehen war, um die Pulverdämpfe aus dem Turm herauszuleiten. Im Turm war außerdem ein Maschinengewehr DT im Kaliber 7,62 mm installiert. Das zweite Maschinengewehr blieb weiterhin vorn in der Wanne. An den Seiten des Turmes befanden sich außerdem Öffnungen, durch die mit Pistolen nach außen geschossen werden konnte. Da man Platzprobleme hatte, wurde die Größe der Kraftstofftanks etwas reduziert, sodass der T-34/85 etwas weniger Reichweite hatte als der ursprüngliche T-34. Aufgrund des schwereren Turmes musste man außerdem eine stärkere Federung in das Laufwerk der Bauart Christie einbauen, um das zusätzliche Gewicht auszugleichen.

Fertigungsaufnahme

Die Auswirkungen des Krieges führten zu einer sehr raschen Produktionsaufnahme des T-34/85. Am 15. Dezember 1943 befahl das sowjetische staatliche Verteidigungskomitee die Aufnahme der Fertigung des T-34/85, zumal die Konstruktion der Wanne sich bereits bewährt hatte. Es waren drei verschiedene Ausführungen der Wanne in der Fertigung, die sich nur ganz geringfügig unterschieden. Der Turm selber war zu dieser Zeit noch nicht ganz fertiggestellt, und die Konstrukteure mussten sich beeilen, um mit der restlichen Produktion Schritt halten zu können. Im Januar 1944 begann das Produktionswerk Nr. 112 dann tatsächlich mit der Fertigung des neuen Panzers, und die ersten T-34/85 wurden an die Elite-Panzereinheiten der Garde im März 1944 abgegeben. Im Frühjahr erhielten zwei weitere Fabriken in Omsk und Nizhnij Tagil den Auftrag, ebenfalls den T-34/85 zu fertigen. Die meisten der neuen Panzer wurden dann tatsächlich in Nizhnij Tagil gebaut. Im Verlauf der Kriegsfertigung wurden der Turm und andere Komponenten des Panzers überarbeitet und verbessert. Zeitweilig fertigten alle drei Fabriken etwas unterschiedliche Türme.

Verbesserungen auf dem Schlachtfeld

Der T-34/85 sorgte dafür, dass die sowjetischen Panzertruppen im Kampf eine höhere Überlebensfähigkeit bekamen. Die größere Reichweite der neuen Kanone und ihre Mündungsgeschwindigkeit von 780 m/s verbesserten die Durchschlagsleistung auf deutsche Panzerung beim Verschießen von panzerbrechender Munition. Die im Kampf gemachten Erfahrungen zeigten aber auch, dass man unbedingt einen zusätzlichen Schutz gegen deutsche Panzerabwehrwaffen wie zum Beispiel die von der Schulter abgefeuerte Panzerfaust brauchte. Man schweißte dann zusätzliche dünne Platten oder Maschendraht an Bereiche von Turm und Wanne, die anfällig für das „Einfangen“ von Granaten oder Hohlladungen waren. Diese Maßnahmen waren tatsächlich erfolgreich und konnten Treffer abwehren, die andernfalls Schäden zugefügt hätten. Insgesamt wurden ungefähr 22 500 Panzer des Typs T-34/85 während des Krieges gefertigt, und die Produktion lief noch bis in die 1950er-Jahre. Zu den Varianten gehörten der OT-34/85, der einen Flammenwerfer anstelle des Bug-MGs hatte. Der Flammenwerfer konnte seinen Feuerstrahl bis 100 m weit verschießen.

Lauernder T-34/85

Auf dem Foto hier rechts sehen wir sowjetische Panzerbesatzungen bei einer Pause, während ihre Kolonne von mittleren Panzern T-34/85 in einem Waldstück haltgemacht hat. Am 12. August 1944 griff ein einzelner T-34/85 unter dem Kommando von Leutnant Aleksandr P. Oskin von der 53. Garde-Panzerbrigade mit seiner Kanone im Kaliber 85 mm den neuesten deutschen schweren Panzer an, nämlich den Tiger II. Oskin hatte drei Tiger auf einer Piste fahren sehen, und aus seiner versteckten Stellung heraus konnte er Feuer auf ihre Flanken eröffnen. Bei einer Entfernung von 200 m befahl Oskin seinem Kanonier Abubakir Merkhaidorov, auf den zweiten Panzer in der Gruppe zu feuern. Die Granate durchschlug dessen Turm, dann wurden noch zwei weitere Treffer erzielt. Die vierte Granate setzte den Tiger in Brand. Als der erste von den drei Tigern seinen Turm drehte, feuerte Oskin weitere vier Schuss ab. Drei davon verursachten nur wenig Schaden, aber der vierte Treffer setzte den Tiger ebenfalls in Brand. Der dritte Tiger begann sich zurückzuziehen, weil er aufgrund von Rauch und Feuer von den beiden anderen brennenden deutschen Panzern kaum noch etwas sehen konnte, aber Oskin manövrierte seinen Panzer hinter ihn. Ein einzelner Schuss zerstörte den feindlichen Panzer. Oskin hatte damit demonstriert, was der T-34/85 im Kampf leisten konnte, und er wurde dafür als Held der Sowjetunion ausgezeichnet.

Sherman Crab Minenräumpanzer (1944)

Der mittlere Panzer M4, normalerweise als Sherman bezeichnet, wurde als Grundlage für mehr Spezialvarianten verwendet als jeder andere Panzer. Der Minenräumpanzer Sherman Crab verwendete eine Art Dreschflegel, um Landminen zur Detonation zu bringen und damit einen von Minen geräumten Weg für die folgenden Truppen zu schaffen.

Da ihre Truppen mit den ausgedehnten deutschen Minenfeldern in Nordafrika große Probleme hatten, machten sich britische Erfinder und Ingenieure sowie ihre Kollegen aus dem Commonwealth an die Arbeit, um ein Gerät zum Räumen dieser tödlichen Hindernisse zu entwickeln und damit den nachfolgenden Truppen und Fahrzeugen ein sicheres Vorrücken zu ermöglichen. Allerdings hatten sie für ihre Arbeiten nur eingeschränkte Mittel zur Verfügung.

Während der Schlacht von El Alamein im Oktober 1942 bereiteten die auf Befehl des deutschen Generalfeldmarschalls Erwin Rommel, dem Kommandeur des Afrikakorps, angelegten Minenfelder ziemlich große Schwierigkeiten, der britische Vormarsch wurde dadurch beträchtlich behindert. Rommel hatte diese mit Minen verseuchten Gebiete als den „Teufelsgarten“ bezeichnet. Anfängliche Bemühungen, einen funktionsfähigen Panzer mit einer Räumvorrichtung in Form eines

Der Sherman Crab war das Ergebnis von umfangreichen Forschungsarbeiten von britischen Ingenieuren und Konstrukteuren, die aber nur mit begrenzten Mitteln ausgestattet waren. Der Crab wurde so rechtzeitig entwickelt, dass ihn die britischen Sturmtruppen bei der Landung in der Normandie am D-Day einsetzen konnten.

Bewaffnung
Der Sherman Crab war mit der normalen Kanone im Kaliber 75 mm bewaffnet und wurde deswegen auch manchmal zur Unterstützung der Infanterie eingesetzt; es kam auch zu Einsätzen gegen feindliche Panzer. Wenn die Räumeinrichtung lief, wurde der Turm auf die Stellung 6:00 Uhr (Kanone nach hinten) gedreht.

Hydraulikvorrichtung
Der rechte Ausleger der Räumvorrichtung am Sherman Crab wurde hydraulisch betätigt, er konnte nach Bedarf auf- und abgeschwenkt werden. Bei der Variante II war eine Sonde mit einem Gegengewicht angebracht, die für das Abtasten der Geländekonturen eingesetzt wurde.

Ketten
Die Trommel der Räumvorrichtung des Crab war mit insgesamt 43 schweren Ketten bestückt. Ersatzketten wurden in einem Behälter an der Wanne des Panzers mitgeführt. Außerdem war die Vorrichtung mit Schneiden versehen, mit denen Stacheldrahtverhaue geräumt werden konnten.

rotierenden Dreschflegels, an den Ketten angebracht waren, die auf den Boden vor dem Fahrzeug schlugen, zu schaffen, erwiesen sich nach dem Bau einiger Prototypen als recht vielversprechend. Aber, wie gesagt, die Mittel waren begrenzt.

Entwicklungsgeschichte

Im Frühjahr 1942 hatte ein südafrikanischer Offizier, Hauptmann Abraham du Toit, mit der Dreschflegel-Technologie experimentiert. Er erläuterte seine Ideen dem Major Norman Berry, stellvertretender Leiter des Wehrmaterialdepots beim Hauptquartier des britischen XIII. Korps. Der unterstützte die weiteren Forschungsarbeiten, und im Oktober 1942 wurde du Toit zum Major befördert und nach Großbritannien versetzt, um dort seine Arbeiten weiterzuführen. Gleichzeitig durchgeführte Experimente mit dem Panzer Matilda (siehe dort) führten zu der Version Matilda Scorpion. In El Alamein wurden 25 Matilda Scorpion zur Minenräumung eingesetzt, aber die Ergebnisse waren enttäuschend. In der Zwischenzeit arbeitete du Toit weiter an anderen Spezialpanzerkonstruktionen unter der Verwendung

Unter Verwendung einer mit 43 Ketten bestückten Walze oder Trommel konnte der Sherman Crab Landminen auf seinem Fahrweg zur Detonation bringen. Der geräumte und nun minenfreie Weg durch das Minenfeld wurde mit bunter Kreide, Rauchzeichen oder Leuchtpfählen markiert, die in regelmäßigen Abständen in den Boden geschossen wurden.

Antrieb

Der V8-Benzinmotor Ford GAA des Sherman Crab wurde dahingehend modifiziert, dass er eine zusätzliche Welle zum Antrieb der Minenräumvorrichtung bekam. Der Antrieb dieser Vorrichtung durch den Motor des Panzers war eine bessere Lösung als die Verwendung eines außen liegenden Motors, der anfällig für Beschädigungen war.

der Dreschflegel-Technologie. Britische Ingenieure experimentierten mit dem Panzer Valentine und schufen den Valentine Scorpion, während der M4 Sherman ebenfalls mit einer Dreschflegelvorrichtung versehen wurde. Die auf der Grundlage des Sherman entstandenen Versionen erhielten die Bezeichnungen Crab, Lobster und Scorpion Mk IV und Mk V. Die Konstruktion Sherman Crab erwies sich als außerordentlich gelungen. Eine deutliche Verbesserung im Vergleich zu den anderen Konstruktionen war die Arbeitsweise der Dreschvorrichtung des Crab, denn sie wurde vom Motor des Panzers und nicht von einem außen liegenden Motor angetrieben, der leicht beschädigt werden konnte. Hauptsächliche Schäden waren verstopfte Luftfilter aufgrund der enormen Menge von Staub und Erde, die durch die Dreschflegeleinrichtung aufgewirbelt wurden. General Sir Percy Hobart, der Kommandeur der *79th Armoured Division*, beobachtete den Sherman Crab während einer Erprobung und drang darauf, dass er so schnell wie möglich serienmäßig gefertigt werden konnte. Unter dem Kommando von Hobart entstanden eine Reihe von Spezial-Panzerfahrzeugen, die den Alliierten bei ihren Offensiven in Westeuropa und in Italien für verschiedene Aufgaben zur Verfügung standen. Diese Spezialfahrzeuge trugen den Spitznamen *„Hobart's Funnies" (Hobarts lustige Spielzeuge)*. Hobart wusste genau, dass ein zuverlässiger Minenräumpanzer mit Dreschflegeltechnologie für den raschen Vormarsch der alliierten Truppen enorm wichtig sein würde, nachdem sie am 6. Juni 1944, dem berühmten D-Day, auf den Stränden der Normandie gelandet waren.

Technische Daten

Abmessungen	Länge: 6,35 m Breite: 2,81 m Höhe: 3,96 m
Gewicht	32,28 t
Antrieb	1 × V8-Benzinmotor Ford GAA mit 500 PS Leistung
Geschwindigkeit	46 km/h
Bewaffnung	1 × Kanone im Kal. 75 mm, 1 × Maschinengewehr Browning im Kal. 7,62 mm (bei einigen Panzern ausgebaut)
Panzerung	15–76 mm
Reichweite	162 km
Besatzung	5 Mann

Ausführung des Crab

Der Motor des Sherman wurde dahingehend abgeändert, dass eine zweite Antriebswelle für den Antrieb der großen Flegeltrommel eingebaut werden konnte. Diese große Trommel war mit 43 Ketten versehen. Anfänglich wurde die Trommel durch zwei Ausleger ab- und hochgeschwenkt, die vorn über die Wanne hinausragten. Durch eine Hydraulikvorrichtung am rechten Ausleger konnte die Walze bedient werden; sie rotierte

Minenräumpanzer Sherman Crab wurden in Gruppen von bis zu fünf Panzern eingesetzt, die in Linie vorgingen, um einen breiten minenfreien Weg durch ein vermutetes Minenfeld zu schaffen. Während die Minenräumpanzer bei der Arbeit waren, leisteten ihnen andere Panzer oftmals Feuerschutz für den Fall, dass der Gegner angriff.

Die Räumvorrichtung dieses Sherman Crab wirft während umfangreicher Erprobungen im April 1944 eine große Staubwolke auf. Die britischen Konstrukteure und Ingenieure verwendeten den amerikanischen M4 als Grundlage für den wirksamsten alliierten Minenräumpanzer des Zweiten Weltkrieges.

mit einer Umdrehungszahl von 142 Umdrehungen/min. Die Höhe der Walze über dem Boden konnte entsprechend den vermuteten Minen in der Erde vor dem Räumpanzer eingestellt werden. Die Walze war außerdem mit Schneiden versehen, mit denen man Stacheldrahthindernisse beseitigen konnte, die andernfalls die Ketten blockieren oder sogar zerstören konnten.

Minenräumpanzer Crab im Krieg

Während der Landung in der Normandie am 6. Juni 1944 gehörten die Minenräumpanzer Sherman Crab der *Westminster Dragoons*, *22nd Dragoons* und *1st Lothians and Border Yeomanry* zur ersten Welle der britischen und kanadischen Truppen, die auf den Landeabschnitten Gold, Juno und Sword landeten. Dort räumten sie Minen und gingen gegen deutsche Maschinengewehrnester und Bunker vor. Die Minenräumpanzer Crab wurden während des gesamten Zweiten Weltkrieges eingesetzt, und amerikanische Beobachter waren von ihren Leistungen sehr beeindruckt, sodass auch die Amerikaner schließlich einige dieser Fahrzeuge auf ihren Schlachtfeldern einsetzten. Im Winter 1945 wurde dem *51st Royal Tank Regiment* eine Kompanie von 15 Minenräumpanzern Sherman Crab Mk II zugeteilt, die an der italienischen Front eingesetzt wurden. Da die Sherman Crab oftmals an der Speerspitze der alliierten Vormärsche eingesetzt wurden, konnte es vorkommen, dass sie von ihrer eigentlichen Aufgabe des Minenräumens zum direkten Kampf gegen den Feind übergehen mussten. Vom D-Day bis zum Kriegsende verlor die Einheit *1st Lothians and Border Yeomanry* 36 Sherman Crab im Kampf.

Immer langsam voran

Die Variante Mk II des Crab wurde dann mit einer Sonde mit einem Gegengewicht versehen, mit deren Hilfe die Arbeitshöhe der Walze automatisch angepasst wurde, damit auch tief eingegrabene Minen zur Detonation gebracht werden konnten. Dieser auch als „Contouring Crab“ bekannte Spezialpanzer benötigte ein Spezialgetriebe, das die Geschwindigkeit der Flegeltrommel beim Fahren des Panzers über unebenes Gelände regelte. Das war besonders wichtig, wenn der Panzer einen Hang hinauffuhr. Zum Schutz der Besatzung vor den detonierenden Minen wurde vorne auf der Wanne ein Schutzschild montiert. Wenn die Flegeltrommel lief, wurde der Turm auf die Stellung 6:00 Uhr gedreht (Kanone nach hinten). Das Fahrzeug lief bei der Arbeit sehr langsam, es wurde nur eine Geschwindigkeit von 2,01 km/h erreicht. Das Bug-MG wurde ausgebaut, weil der Bug-MG-Schütze durch die sich drehende Flegeltrommel sowieso kaum etwas sehen konnte. In einem Behälter auf der Wanne wurden Ersatzketten mitgeführt. Der Anbau der Flegeltrommel erhöhte das Gewicht des Crab auf ca. 32 t, der normale M4 Sherman dagegen wog 31 t. Zu den ersten Panzern, die am D-Day auf den Stränden der Normandie landeten, gehörten Sherman Crab. Obwohl sie bei drehender Trommel gegnerischem Feuer ziemlich hilflos ausgeliefert waren, konnten sie durchaus mit ihren Kanonen im Kaliber 75 mm auch für andere Kampfeinsätze verwendet werden.

Sherman VC Firefly (1944)

Da es dringend nötig war, eine Kanone mit höherer Feuerkraft zu verwenden, ersetzten die britischen Konstrukteure die Hauptwaffe des M4 Sherman durch die schwerere Schnellfeuerkanone im Kaliber 76,2 mm, den sogenannten 17-Pfünder. Das so entstandene Panzerfahrzeug sollte eine kurzfristige Lösung des Problems darstellen, um die deutschen Kampfpanzer Tiger und Panther wirksam bekämpfen zu können.

Aufgrund der in Nordafrika und Italien gelernten ernüchternden Lektionen wurden die britischen Panzerkonstrukteure davon überzeugt, dass eine schwerere Bordwaffe die wichtigste Voraussetzung für zukünftige Erfolge im Kampf gegen deutsche Panzer und Panzerabwehrwaffen sein würde. Obwohl schon eine neue Generation von britischen Panzern zumindest auf dem Reißbrett stand, würde es noch viele Monate dauern, ehe der Cromwell und der Challenger fertig sein würden. Außerdem musste man immer mit Rückschlägen und Verzögerungen rechnen, das war bei Waffenentwicklungen während des Krieges durchaus normal. Der in den USA gebaute mittlere Panzer M4 Sherman war in großen Stückzahlen verfügbar, allerdings waren dessen Bordwaffen im Kaliber 75 mm und später 76 mm im Kampf gegen die deutschen PzKpfw V Panther und PzKpfw VI Tiger nicht ausreichend, denn deren Kanonen in den Kalibern 75 mm und 88 mm mit ihren hohen Mündungsgeschwindigkeiten konnten alliierte Panzer auch auf größere Entfernungen

Bewaffnung
Die 17-Pfünder-Schnellfeuerkanone, eine Panzerabwehrkanone im Kaliber 76,2 mm, war die stärkste Waffe ihrer Art, die von den Briten während des Zweiten Weltkrieges gefertigt wurde. Sie wurde abgeändert, um in den Turm des M4 Sherman zu passen. Mit dieser Bewaffnung hatte der Panzer im Kampf gegen deutsche Tiger und Panther dann eine deutlich bessere Chance.

Panzerung
Der einzige Unterschied bei der Panzerung zwischen dem Sherman VC Firefly und der Grundversion M4 Sherman war die um 13 mm stärkere Panzerung der Walzenblende am Turm.

Der Sherman VC Firefly (Glühwürmchen) war eine solide Lösung, um den Mangel an Feuerkraft, an dem die alliierten Panzer im Kampf gegen deutsche Panzer litten, auszugleichen. Seine 17-Pfünder-Panzerabwehrkanone konnte auch die schwerste gegnerische Panzerung bis auf 1000 m Entfernung durchschlagen.

hin zerstören. Theoretisch befanden sie sich dabei meist noch außerhalb der Reichweite der alliierten Kanonen. Schon seit Ende 1942 gab es in Großbritannien inoffizielle Bemühungen, den Sherman mit der 17-Pfünder-Schnellfeuerkanone, einer Panzerabwehrwaffe im Kaliber 76,2 mm, zu bewaffnen. Dabei traten aber Schwierigkeiten auf, die man für unüberwindbar hielt. Der kleine und vor allen Dingen kurze Turm des Sherman konnte aufgrund des langen Rücklaufs des 17-Pfünders eigentlich nicht verwendet werden. Eine Lösung bestand darin, das gesamte Rücklaufsystem der Kanone zu entfernen, dann aber hätte der Panzer die gesamte Wucht des Rücklaufs aufnehmen müssen und wäre nach kurzer Zeit auseinandergefallen.

Ingenieurleistung

Ein von W. G. K. Kilboum, Konstrukteur des Rüstungsunternehmens Vickers, geleitetes Ingenieursteam machte sich an die Arbeit, um am M4 die notwendigen Änderungen vorzunehmen, damit der

Zum Tag der alliierten Landung in der Normandie am 6. Juni 1944 (D-Day) standen beinahe 350 Sherman VC Firefly bei den britischen Streitkräften im Einsatz. Nachdem der Feldzug in der Normandie beendet war, stieg deren Anzahl auf 400 Panzer an.

Funkgerät
Um die große 17-Pfünder-Schnellfeuerkanone unterzubringen, musste der Turm des M4 Sherman abgeändert werden. Zu den Änderungen gehörte auch die Verlegung des Funkgerätes in einen Behälter hinten am Turm.

Antrieb
Die Verwendung des Triebwerks für den Firefly war abhängig von der Grundversion des M4 Sherman, aus der diese Variante gefertigt wurde. Die auf der Grundlage des M4A4 gefertigten Umbauten wurden von dem 30-Zylinder-Reihensternmotor (Benzinmotor) Chrysler A57 angetrieben.

17-Pfünder eingebaut werden konnte. Zuerst wurden die Hydraulikzylinder des Rücklaufsystems verkürzt und an die Seiten der Kanone gelegt, sodass die Breite des Drehturms des Sherman voll ausgenutzt werden konnte. Dann drehten die Ingenieure den Verschluss der Kanone um 90°, damit sie von links und nicht mehr von oben geladen werden konnte. Die Rohrwiege der Kanone wurde ebenfalls verkürzt, damit sie in den Turm des Sherman passte. Durch eine zweite Luke im Turm konnte der Kanonier den Panzer bei Bedarf schnell verlassen. Das Funkgerät wurde aus dem Turm ausgebaut und in einem Staukasten hinten am Turm untergebracht. Außerdem wurde für die schwerere Kanone eine neue Walzenblende entwickelt. Das Kanonenrohr selber wurde ebenfalls abgeändert; es erhielt an der Unterseite eine längere Verstärkung, um das gesamte Waffensystem stabiler zu machen. Außerdem wurde das bei den anderen Versionen des M4 vorhandene Bug-MG ausgebaut, um mehr Platz für die Lagerung der Munition für den 17-Pfünder zu schaffen. Die Anzahl der Besatzungsmitglieder wurde von fünf auf vier verringert – Kommandant, Fahrer, Kanonier/Ladeschütze und Funker. Die an der Kanone vorgenommenen Umbauten waren so umfangreich, dass die für den Sherman VC Firefly vorgesehenen Waffen speziell für diesen Zweck gefertigt werden mussten. Obwohl die Kanone des Sherman VC Firefly deutlich leistungsfähiger war, behielt der Panzer den Panzerschutz des normalen Sherman mit Ausnahme der neuen Walzenblende, denn diese war 13 mm dicker. Als Antrieb für den Sherman VC Firefly wurde der im M4A4 Sherman eingebaute 30-Zylinder-Reihensternmotor A57 (Benzinmotor) verwendet. Zu den anderen Triebwerken dieses Panzertyps gehörten der Sternmotor Continental R975 und der V8-Benzinmotor Ford GAA.

Der Sherman VC Firefly konnte von dem eng mit ihm verwandten mittleren Panzer M4 einfach unterschieden werden. Das Rohr seiner Kanone war erheblich länger als die frühere 75-mm-Kanone, die in den Turm des normalen Sherman montiert war.

Technische Daten

Abmessungen	Länge: 7,85 m Breite: 2,67 m Höhe: 2,74 m
Gewicht	33 t
Antrieb	1 × Chrysler 30-Zylinder-Reihensternmotor (Benzinmotor) A57 mit 470 PS Leistung
Geschwindigkeit	40 km/h
Bewaffnung	1 × 17-Pfünder-Schnellfeuerkanone im Kal. 76,2 mm, 1 × Maschinengewehr Browning im Kal. 7,62 mm
Panzerung	15–100 mm
Reichweite	Straße: 201 km, Gelände: 145 km
Besatzung	4 Mann

Vorrang bei der Fertigung

Im Verlauf der Vorbereitungen für die Landungen in der Normandie (D-Day) wurde die Verfügbarkeit des neuen Sherman VC Firefly enthusiastisch begrüßt. Im Februar 1944 bestellte die britische Armee zunächst einmal 2100 Panzer dieses Typs. Bis zum D-Day waren 342 Firefly an die unter dem Oberbefehl von

General Sir Bernard Montgomery stehende *21st Army Group* ausgeliefert worden. Für den Umbau zu der Version Firefly wurden mehrere Grundvarianten des Sherman verwendet, je nachdem, welche Typen die Briten gerade zur Verfügung hatten. Nachdem der Firefly in größeren Stückzahlen verfügbar war, erhielten die britischen Panzereinheiten eine Mischung aus den stärker bewaffneten Firefly und dem normalen Sherman mit der 75-mm-Kanone. Bei Kriegsende wurde die Fertigung zurückgefahren, nachdem neue Panzer mit stärkeren Kanonen in Dienst gestellt wurden. Schließlich hatte man zwischen 2000 und 2300 Firefly gefertigt; eine kleine Stückzahl davon wurde an die amerikanischen Streitkräfte abgegeben. Die offizielle Bezeichnung als VC, 1C oder 1C Hybrid wies darauf hin, dass dieser Sherman mit der 17-Pfünder-Kanone bewaffnet war. Der 17-Pfünder, die stärkste britische Panzerabwehrkanone, die während des Zweiten Weltkrieges gefertigt wurde, konnte die Frontpanzerung der deutschen Panzer Panther oder Tiger durchschlagen. Die verschossene panzerbrechende Munition durchschlug fast 200 mm Panzerung auf Entfernungen von bis zu 1000 Metern. Interessanterweise hielt man den Firefly nicht sonderlich geeignet für die Bekämpfung von MG-Nestern, Truppenkonzentrationen oder anderen Weichzielen, das konnte der normale Sherman mit seiner 75-mm-Kanone und Sprenggeschossen besser. Auf jeden Fall war man an der Westfront aber froh, dass man jetzt in Bezug auf Feuerkraft mit den deutschen Panzern einigermaßen gleichgestellt war.

Die Fertigung des Sherman VC Firefly wurde im Herbst 1943 aufgenommen, und er stand den britischen Streitkräften während des Feldzuges in der Normandie zur Verfügung. Durch seine 17-Pfünder-Schnellfeuerkanone war er für den Kampf gegen deutsche Panzer deutlich besser bewaffnet.

Können Glühwürmchen stechen?

Nachdem der Sherman VC Firefly im Frühjahr 1944 bei der britischen *21st Army Group* unter dem Oberbefehl von General Sir Bernard Montgomery in Dienst gestellt wurde, bekamen die deutschen Soldaten sehr schnell Respekt vor dem neuen alliierten Panzer mit seiner 17-Pfünder-Schnellfeuerkanone. Der Firefly bewies dann schon sehr bald im Kampf, was er konnte. Bei mehreren dokumentierten Einsätzen konnte sich der Firefly sogar gegen die schweren deutschen Tiger-Panzer und die mittleren Panzer Panther behaupten, besonders dann, wenn er aus verdeckten Stellungen heraus feuern konnte. Bei einem solchen Einsatz am 8. August 1944 in der Nähe des französischen Dorfes Saint-Aignan-de-Cramesnil zerstörten Firefly-Panzer der *Northamptonshire Yeomanry* drei Tiger innerhalb von Minuten, von denen einer angeblich von einem der deutschen Tiger-Asse, dem SS-Hauptsturmführer (Hauptmann) Michael Wittmann, kommandiert wurde.

Cromwell Mk VIII (1944)

Der Cromwell Mk VIII war eigentlich die Weiterführung der für Großbritannien typischen Baureihe der Kreuzerpanzer, aber hier hatte man endlich die Forderungen nach einer leistungsfähigeren Kanone und besserem Panzerschutz erfüllt, und so war der Cromwell Mk VIII ein großer Fortschritt bei der Bekämpfung der deutschen Panzer.

Die Taktiker in der britischen Streitkräfteführung konnten sich nur sehr zögerlich von ihrem Konzept des Kreuzerpanzers verabschieden. Dieses Konzept basierte auf leicht gepanzerten und leicht bewaffneten, aber sehr schnellen Panzern, die dafür vorgesehen waren, die gegnerischen Linien zu durchbrechen und tief in die feindlichen Linien einzudringen. Im Verlauf des Zweiten Weltkrieges zeigte sich aber, dass die Überlebensfähigkeit solcher Panzer auf dem Schlachtfeld stark infrage stand. Die deutschen Panzer waren schwerer bewaffnet und gepanzert als die britischen Kreuzerpanzer, die bei Ausbruch des Krieges zur Verfügung standen. Die Erfahrungen in der nordafrikanischen Wüste zeigten die Schwächen der frühen Kreuzerpanzer, bei denen sowohl Panzerung als auch Bewaffnung für höhere Geschwindigkeit geopfert worden waren. Bis 1942 stand ein Ersatz für den unzureichenden Crusader-Panzer in der Entwicklung, um diese Mängel zu beheben. Dies führte zu zwei Prototypen mit den Bezeichnungen A27L, aus dem dann der Centaur entstand, und A27M, der zu dem erfolgreichen Cromwell Mk VIII weiterentwickelt wurde.

Der Cromwell Mk VIII war im Vergleich zu den vorher entstandenen britischen Konstruktionen von Kreuzerpanzern eine deutliche Verbesserung in Bezug auf Feuerkraft und Panzerschutz. Der Panzer wurde im Verlauf des Feldzuges in der Normandie im Jahre 1944 bei den britischen Panzereinheiten in Dienst gestellt.

Antrieb
Mit seinem V12-Benzinmotor Rolls-Royce Meteor erreichte der Cromwell trotz des zusätzlichen Gewichtes der Kanone und der verbesserten Panzerung eine ziemlich hohe Geschwindigkeit.

Verschiedene Antriebe

Der Hauptunterschied zwischen dem Centaur und dem Cromwell lag in ihren Motoren. Für den Centaur hatte man den Benzinmotor Nuffield Liberty Mark V beibehalten, während der Cromwell den stärkeren V12-Benzinmotor Rolls-Royce Meteor bekam. Mit dem Motor von Rolls-Royce konnte der Panzer trotz seines größeren Gewichtes aufgrund der verstärkten Panzerung und vor allen Dingen der Kanone eine annehmbare Höchstgeschwindigkeit erreichen, und damit sollte er auf dem Schlachtfeld im Kampf gegen deutsche Panzer eine bessere Chance erhalten. In anderen konstruktiven Bereichen waren Cromwell und Centaur relativ gleich. Der Cromwell Mk III zum Beispiel war nichts anderes als ein Centaur I mit dem Rolls-Royce-Motor. Die ersten drei Varianten des Cromwell waren jeweils mit einer 6-Pfünder-Schnellfeuerkanone (Kaliber 57 mm) bewaffnet. Der Cromwell I führte zwei Maschinengewehre BESA im Kaliber 7,92 mm mit, während der Cromwell II breitere Ketten zur Erhöhung der Stabilität hatte; bei ihm hatte man ein Maschinengewehr wieder ausgebaut.

Panzerung

Mit seiner bis zu 76 mm starken Panzerung bot der Cromwell seiner Besatzung auf dem Schlachtfeld eine bessere Überlebenschance. Alle Fugen und Nieten wurden im Verlauf des letzten Fertigungsgangs noch einmal extra verschweißt, um eine zusätzliche Verstärkung zu erreichen.

Der Kreuzerpanzer Cromwell Mk VIII war im Vergleich zu den vorangegangenen britischen Panzerkonstruktionen ein deutlicher Fortschritt in Bezug auf Kampfkraft und Überlebensfähigkeit der Besatzung. Seine verbesserten Leistungen basierten auf den Lektionen, die man im Kampf gegen deutsche Panzer gelernt hatte.

Bewaffnung

Die Schnellfeuerkanone im Kaliber 75 mm verlieh dem Cromwell Mk VIII die zusätzliche Feuerkraft, die es ihm beim Kampf Panzer gegen Panzer ermöglichte, auch gegen die neue Generation der deutschen Panzerfahrzeuge eine Chance zu haben.

Sekundärbewaffnung

Die meisten Cromwell waren mit zwei Maschinengewehren BESA im Kaliber 7,92 mm bewaffnet. Ein MG befand sich in einer Kugellafette vorn in der Wanne, das andere war koaxial im Turm montiert.

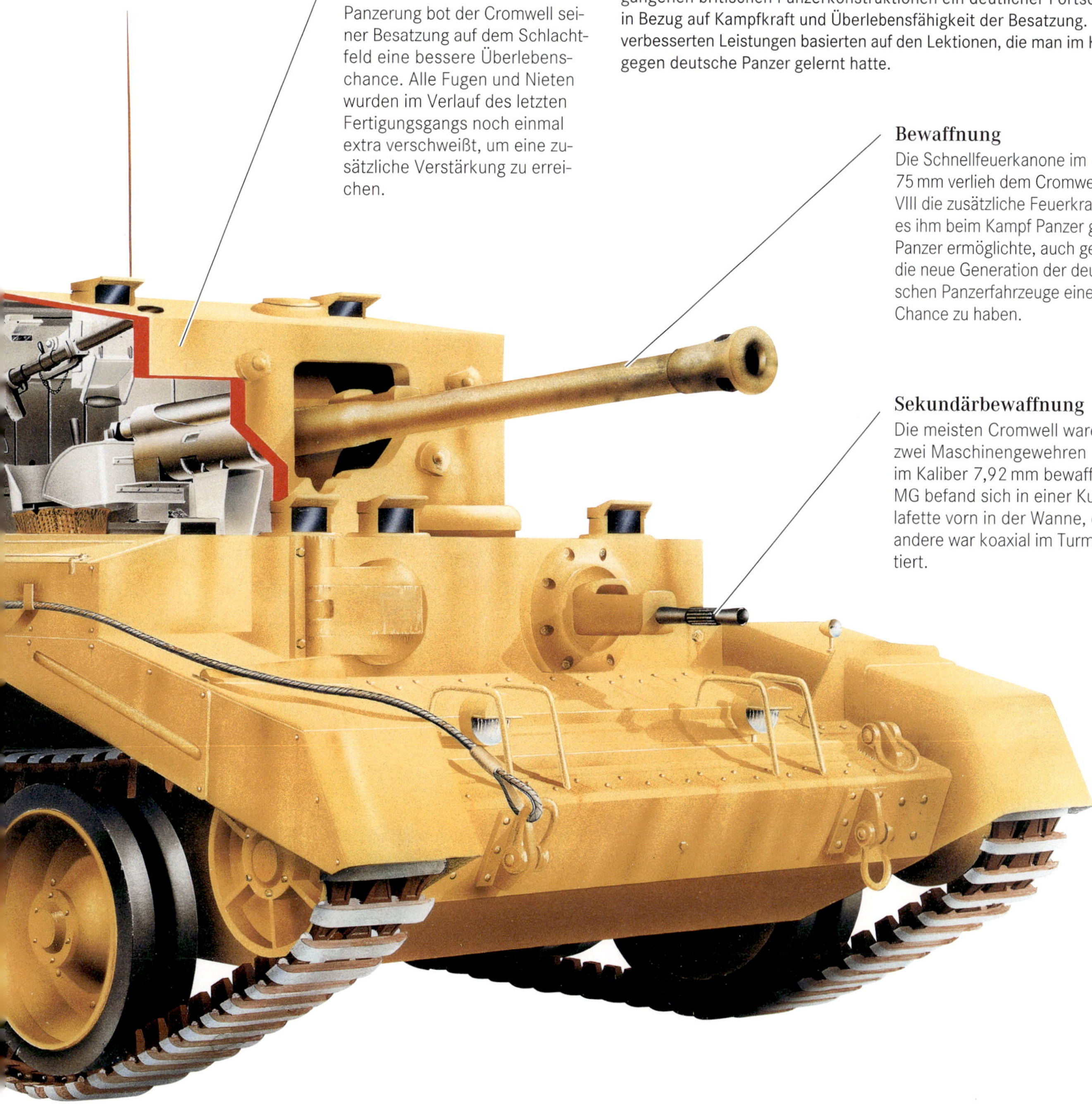

Bessere Feuerkraft

Ab 1943 waren sich die Briten im Klaren darüber, welches Leistungsvermögen die deutschen Kampfwagenkanonen im Kaliber 75 mm und 88 mm mit ihren hohen Mündungsgeschwindigkeiten, die in die neue Generation von deutschen Kampfpanzern eingebaut waren, tatsächlich hatten. Es war offensichtlich, dass der 6-Pfünder weder in Bezug auf Reichweite noch auf Mündungsgeschwindigkeit gegen die feindlichen Panzer bestehen konnte. Deswegen sah man in der neuen Schnellfeuerkanone im Kaliber 75 mm eine logische Alternative. Innerhalb kurzer Zeit wurde die Produktion des neuen Cromwell Mk IV mit der stärkeren Kanone aufgenommen. Die ersten dieser Panzer wurden im Oktober 1943 an Panzereinheiten in Großbritannien abgegeben. Die Konstrukteure des Cromwell hielten offensichtlich nichts von den Vorteilen der abgeschrägten Panzerung, und den Turm dieses Panzers kann man leicht erkennen, denn er sieht wie ein Kasten aus. Allerdings war die Silhouette des Cromwell nicht so auffällig wie diejenige des amerikanischen M4 Sherman, der damals in großen Stückzahlen eingesetzt wurde. Diese Tatsache führte übrigens dazu, dass die Fertigung und die Indienststellung des neuen britischen Panzers etwas schleppend verliefen. Im Jahre 1942 wurden im Rahmen einer Übung der Cromwell, der Centaur und der M4 Sherman verglichen. Dabei stellte sich heraus, dass der amerikanische Panzer in Bezug auf Zuverlässigkeit und Bewaffnung überlegen war. Diese Übung führte zur Aufgabe des Projektes Centaur, außerdem wurden jetzt am Cromwell eine Reihe von Verbesserungen vorgenommen, und dann wurde er für die Serienfertigung und die Indienststellung in dieser letzten Form vorbereitet. Frühe Cromwell waren bei den britischen Einheiten als Übungsfahrzeuge sehr wertvoll; sie halfen dabei, die Panzerbesatzungen mit den Eigenheiten des neuen Kreuzerpanzers vor der Teilnahme an den Feldzügen in Westeuropa vertraut zu machen. Zusammen mit seiner Kanone im Kaliber 75 mm hatte der Cromwell Mk VIII eine mit einer maximalen Stärke von 76 mm in wichtigen Bereichen verstärkte Panzerung, und mit seinem Meteor-Motor erreichte er eine Höchstgeschwindigkeit von 61 km/h.

Der Cromwell Mk VIII konnte auf dem Schlachtfeld leicht von anderen Panzern unterschieden werden, hauptsächlich aufgrund seines eckigen Turms und der geraden Linien der Wanne. Obwohl seine Silhouette deutlich niedriger war als die des amerikanischen M4 Sherman, hatte der Cromwell keine abgeschrägte Panzerung als zusätzlichen Panzerschutz.

Technische Daten

Abmessungen	Länge: 6,35 m Breite: 2,9 m Höhe: 2,49 m
Gewicht	29 t
Antrieb	1 × V12-Benzinmotor Rolls-Royce Meteor mit 600 PS Leistung
Geschwindigkeit	61 km/h
Bewaffnung	1 × Schnellfeuerkanone im Kal. 75 mm, 2 × Maschinengewehr BESA im Kal. 7,92 mm
Panzerung	8–76 mm
Reichweite	Straße: 278 km, Gelände: 129 km
Besatzung	5 Mann

Beschreibung des Cromwell

Der Kampfraum des Cromwell war funktionell gestaltet. Der Fahrer saß vorn auf der rechten Seite der Wanne, er war vom Bug-MG-Schützen durch ein Stahlschott getrennt. Kommandant, Richtschütze und Ladeschütze saßen im für drei Mann vorgesehenen Turm, der Motor befand sich hinten in der Wanne.

Der Cromwell Mk VIII war mit einer Schnellfeuerkanone im Kaliber 75 mm bewaffnet, deren Feuerkraft ausreichte, um gegen deutsche Panzer bestehen zu können. Der mit mechanischem Antrieb versehene Turm des Cromwell konnte auch von Hand gedreht werden.

Im Februar 1944 wurde die endgültige technische Leistungsbeschreibung für den Cromwell herausgegeben. Dazu gehörte das Anbringen einer zusätzlichen Panzerung mit 6 mm Stärke unter dem Bereich des Kampfraums, in dem sich Besatzungsmitglieder befanden, außerdem wurden alle Nieten vorn auf der Wanne und alle Fugen zwischen den Panzerplatten des Turms zusätzlich verschweißt, um die Struktur widerstandsfähiger und außerdem den Panzer wasserdicht zu machen. Obwohl mehr als 4300 Cromwell im Verlauf des Krieges gebaut wurden, war der vorherrschende Panzer bei den britischen Panzereinheiten nach wie vor der amerikanische M4 Sherman. Der Cromwell wurde im Verlauf der Kämpfe in der Normandie erstmals eingesetzt und war bei seinen Besatzungen beliebt. Die Weiterentwicklung dieses Panzers führte zum Comet, bei dem es sich ohne Zweifel um den besten britischen Panzer während des Zweiten Weltkrieges handelte. Zu den Varianten des Cromwell gehörten auch der Mk VIII mit einer Haubitze im Kaliber 95 mm, ein Bergepanzer, ein Artillerie-Beobachtungspanzer und ein Befehlspanzer.

Cromwell im Kampf

Der Cromwell Mk VIII kam im Juni 1944 erstmals zum Kampfeinsatz, hauptsächlich damit ausgerüstet waren die Einheiten der britischen 7th Armoured Division, die berühmten Wüstenratten. Zu einer in voller Kampfstärke aufgestellten Panzereinheit eines Cromwell-Regiments gehörten zusätzlich der Mk IV mit der 75-mm-Kanone, der Mk VIII mit einer Haubitze im Kaliber 95 mm und der Sherman VC Firefly (siehe dort), eine stärker bewaffnete britische Variante des mittleren amerikanischen Panzers M4 Sherman. Obwohl der Cromwell Mk VIII auch mit seiner stärkeren Kanone immer noch den deutschen PzKpfw VI Tiger und PzKpfw V Panther unterlegen war, war er doch eine deutliche Verbesserung im Vergleich zu den vorangegangenen britischen Kreuzerpanzer-Modellen. In der Heckenlandschaft *(bocage)* der Normandie konnte der Cromwell seine hohe Geschwindigkeit als Vorteil nutzen. Danach wurde er hauptsächlich zur Unterstützung der schnellen Vorstöße der Infanterie durch Frankreich und in das Deutsche Reich hinein verwendet. Auf dem unteren Foto zeigt der Cromwell durch das Aufwirbeln von großen Staubwolken, wie schnell er fahren kann.

Dt. Reich 1933–45

Tiger II „Königstiger" (1944)

Schon während die Produktion des ursprünglichen Tigers I aufgenommen wurde, arbeiteten die Firmen Henschel und Porsche an der Entwicklung eines noch kampfkräftigeren schweren Panzers. Als Henschel im Oktober 1943 den Zuschlag bekam, wurde das Ergebnis der Entwicklungsarbeiten als Tiger II oder „Königstiger" bezeichnet.

Antrieb

Der hier verwendete V12-Benzinmotor Maybach HL 230 P30 wurde auch schon in den gegen Kriegsende gefertigten mittleren Kampfpanzern Panther verwendet. Beim Einsatz im Feld war dieser Maybach-Motor die Ursache vieler Pannen.

Kampfbeladung

Die Kampfbeladung des Tigers II bestand aus mindestens 80 Schuss panzerbrechender Munition und Sprenggranaten im Kaliber 88 mm. Die panzerbrechende Munition wurde zur Bekämpfung von Hartzielen wie Feindpanzern verwendet, während die Sprenggranaten beim Verschießen gegen Weichziele wie zum Beispiel Truppenkonzentrationen verheerende Wirkung hatten.

Sekundärbewaffnung

Mit zwei Maschinengewehren MG 34 im Kaliber 7,92 mm konnte sich der Tiger II gegen Infanterieangriffe wehren. Eines der MGs war koaxial im Turm montiert, das andere befand sich in einer Kugelblende vorn rechts in der Wanne.

Der schwerste serienmäßig in Deutschland während des Zweiten Weltkrieges gefertigte Panzer war der Tiger II, der auch als Königstiger bezeichnet wurde. Mit einem Gewicht von 63,5 t war er schwerer als jeder andere schwere Panzer, der damals in nennenswerter Stückzahl im Einsatz stand. Mit seiner Bordkanone KwK 43 L/71 im Kaliber 88 mm mit hoher Mündungsgeschwindigkeit hatte er die beste Waffe, die Deutschland damals im Arsenal hatte, als die Serienfertigung des Panzers Mitte 1944 anlief. Das Auftreten des Tigers II auf den Schlachtfeldern in Europa rief bei den alliierten Soldaten, die diesem gepanzerten Giganten begegnet waren oder zumindest glaubten, dass sie es waren, erhebliches Entsetzen hervor. Der Tiger II war aber niemals in größeren Stückzahlen verfügbar. Das hatte einmal mit der Beharrlichkeit zu tun, mit der man in Deutschland Qualität und nicht Quantität bevorzugte, außerdem hatten die ständigen alliierten Luftangriffe mittlerweile die Kapazitäten der deutschen Industrie erheblich beeinträchtigt. Im gesamten Verlauf des Zweiten Weltkrieges wurden weniger als 500 Tiger II fertiggestellt und eingesetzt, wobei die kurze Fertigungsperiode nur von Ende 1943 bis zum Frühjahr 1945 lief.

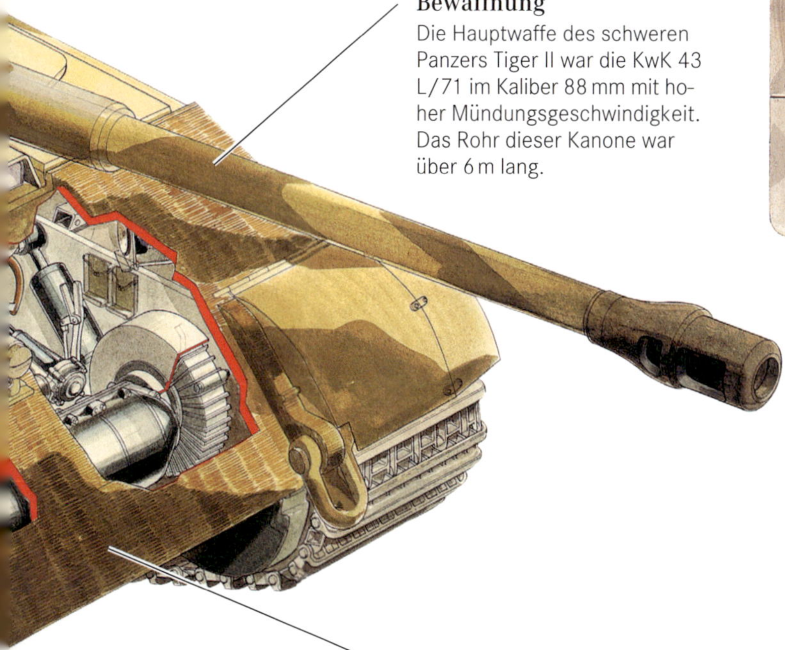

Bewaffnung
Die Hauptwaffe des schweren Panzers Tiger II war die KwK 43 L/71 im Kaliber 88 mm mit hoher Mündungsgeschwindigkeit. Das Rohr dieser Kanone war über 6 m lang.

Panzerung
Die Frontpanzerung des Tigers II war 150 mm dick und um 50° abgeschrägt, der Turm war vorn mit einer Panzerung von 180 mm Stärke versehen. Die Seitenpanzerung hatte eine Stärke von 80 mm und war um 25° abgeschrägt.

Der schwere Kampfpanzer Tiger II war das Ergebnis einer Ausschreibung zwischen den beiden deutschen Rüstungsunternehmen Henschel und Porsche. Die beiden verschiedenen Türme für diesen Panzer wurden bei Krupp konstruiert und gefertigt.

Obwohl der Tiger II im Kampf ein Furcht einflößender Gegner war, mussten eine ganze Reihe dieser massiven Panzer im Feld aufgegeben oder von ihren Besatzungen zerstört werden, damit sie nicht in Feindeshand fielen. Die Gründe dafür waren Treibstoffknappheit und mechanische Defekte.

Initiative von Henschel

Der Tiger II hatte eine aus fünf Mann bestehende Besatzung, wobei der Kommandant und der Richtschütze sich im Turm auf der linken Seite der Kanone befanden. Der Ladeschütze befand sich rechts. Der Fahrer und der Bug-MG-Schütze/Funker saßen vorn links bzw. rechts in der Wanne. Der V12-Benzinmotor Maybach HL230 P30 war hinten in die Wanne eingebaut. Die Aufteilung des Kampfraumes im Tiger II entsprach der Serienversion des mittleren Panzers PzKpfw V Panther. Charakteristisch für die Konstruktionsweise des Panzers war die abgeschrägte Panzerung, die ebenfalls vom Panther übernommen wurde. Die von Henschel konstruierte Wanne war verschweißt, es wurden zwei verschiedene Türme dafür verwendet. Obwohl Henschel der Hauptvertragsnehmer für die Fertigung war, hatte auch der berühmte deutsche Rüstungskonzern Krupp an der Konstruktion und Produktion teilgenommen. Die erste Ausführung des Turms, die fälschlicherweise auch als Porsche-Turm bezeichnet wird, war abgerundet und hatte im Bereich des Übergangs vom Turm zur Wanne - eigentlich bei allen Panzern ein kritischer Punkt - einige Schwachstellen, an denen gegnerische Granaten großen Schaden anrichten konnten. Auf der linken Seite des Turms befand sich außerdem eine auffällige Wölbung, in der man die Kommandantenkuppel untergebracht hatte. Nur die ersten 50 Tiger II aus der Serienfertigung wurden mit diesem Turm ausgerüstet. Die nachfolgenden Panzer bekamen dann den sogenannten Henschel-Turm, der flacher und winkliger war; hier hatte man den herausstehenden Buckel und die anderen Schwachstellen beseitigt. Die Panzerung war ganz beträchtlich, sie ging von 40 bis 180 mm. Das Laufwerk des Panzers bestand aus jeweils neun ineinander verschachtelten Rädern. Allerdings konnten sich sehr leicht Steine, Schlamm und andere Verschmutzungen im Feld in diesem Laufwerk verfangen, sodass es regelmäßig überprüft und gereinigt werden musste. Bei kalten Temperaturen konnte es auch passieren, dass die Räder aneinander festfroren, dann musste man sie auftauen oder das anhaftende Eis abschlagen. Mit einer Mündungsgeschwindigkeit (Vo) von bis zu 1000 m/s konnte der Panther mit seiner Kanone alliierte Panzer auf Entfernungen von bis zu 2,4 km zerstören. Auf diese große Entfernung hin konnten die meisten alliierten Panzer mit ihren Kanonen nicht mehr wirksam reagieren. Die Sekundärbewaffnung bestand aus zwei MGs 34 im Kaliber 7,92 mm. Eines davon war vorn in der Wanne als Bug-MG montiert, das andere als Koaxial-MG im Turm.

Technische Daten

Abmessungen	Länge: 7,25 m Breite: 3,72 m Höhe: 3,27 m
Gewicht	63,5 t
Antrieb	1 × V12-Benzinmotor Maybach HL 230 P30 mit einer Leistung von 700 PS
Geschwindigkeit	38 km/h
Bewaffnung	1 × KwK 43 L/71 im Kal. 88 mm, 2 × Maschinengewehr MG 34 im Kal. 7,92 mm
Panzerung	40–180 mm
Reichweite	Straße: 170 km, Gelände: 120 km
Besatzung	5 Mann

Mammut mit mechanischen Defekten

Obwohl viele technische Merkmale des Tigers II ihrer Zeit voraus waren, wurde der Panzer von mechanischen Defekten geplagt. Viele dieser Probleme hatten ihre Ursache in dem unzuverlässigen Antriebsstrang. Durch das enorme Gewicht des Panzers wurde der Maybach-Motor überbeansprucht und versagte oft seinen Dienst. Auch die Federung des Laufwerks war bei verschiedenen Wetterbedingungen anfällig. Das Gewicht des Tigers II vergrößerte die Probleme bei Geländefahrten, besonders wenn der Untergrund sumpfig war; auch das Überqueren von Flussläufen war problematisch. Über längere Entfernungen hin wurde der Panzer mit der Eisenbahn transportiert. Auch die Fertigungskosten des Tigers II waren enorm, sie waren um ein Mehrfaches höher als bei anderen deutschen Panzern. Für die Fertigung jedes Tigers II waren mehr als 300 000 Arbeitsstunden erforderlich. Der Benzinverbrauch war extrem und schränkte die Reichweite des Tigers II ein. Das galt besonders während der entscheidenden Schlachten im Verlauf der Ardennenoffensive Ende 1944.

Der Tiger II kam im Frühjahr 1944 auf die Schlachtfelder an der Ostfront, und später spielte er bei Hitlers Ardennenoffensive im Westen eine entscheidende Rolle. Allerdings konnte er aufgrund von Treibstoffknappheit und mechanischen Problemen nie seine volle Leistungsfähigkeit im Feld ausspielen.

Auf dem Schlachtfeld

Trotz seiner Mängel war der Tiger II in den Händen einer erfahrenen Besatzung der Beherrscher des Schlachtfeldes. Er wurde ursprünglich im Frühjahr 1944 an der Ostfront eingesetzt und später in der Normandie, der Ardennenoffensive und der Verteidigung von Berlin. Aufgrund der fortgeschrittenen Technologie des Tigers II war er das Vorbild für die Panzerentwicklungen in der Nachkriegszeit, und er übte beträchtlichen Einfluss auf die zukünftige Rolle von Panzerfahrzeugen im Kampf aus.

Geschichten vom Tiger

Das deutsche Panzer-Ass mit den höchsten Abschusszahlen im Zweiten Weltkrieg war der Feldwebel Kurt Knispel. Er konnte 168 Feindpanzer zerstören, ehe er im Alter von nur 23 Jahren als Kommandant eines Tigers II an der Ostfront fiel. Auch der SS-Hauptscharführer Karl Körner, der den Krieg überlebte und im Jahre 1997 im Alter von 77 Jahren starb, erinnert sich daran, wie er eine größere Anzahl sowjetischer Stalin-Panzer angriff. *„Auf der Straße zwischen Bollersdorf und Strausberg standen weitere elf Stalin-Panzer, und am Rande des Dorfes warteten weitere 120 bis 150 Feindpanzer, die darauf warteten, betankt und aufmunitioniert zu werden."*

Körner erinnert sich daran, dass er den ersten und den letzten der elf Stalin-Panzer auf der Straße abschoss. *„Bei diesem Einsatz gingen dann insgesamt 39 zerstörte feindliche Panzer auf mein persönliches Konto."* Auf dem unteren Foto sieht man das drohend hervorragende Kanonenrohr des schweren Panzers Tiger II.

Dt. Reich 1933–45

Jagdpanzer VI Jagdtiger (1944)

Obwohl der Jagdtiger das am schwersten gepanzerte und bewaffnete Panzerfahrzeug im Zweiten Weltkrieg war, war sein Kampfwert auf dem Schlachtfeld aufgrund seines enormen Gewichtes, seines immensen Benzinverbrauchs und seines unzureichenden Triebwerks nur begrenzt.

Ab 1943 bis zum Kriegsende verfolgte das deutsche Rüstungsministerium die etwas merkwürdige Politik, dass zusammen mit der Einführung einer neuen Panzerkonstruktion gleichzeitig auch eine Variante als Jagdpanzer eingeführt werden sollte, der aber mit seiner Kanone nur einen begrenzten Schwenkbereich hatte. Ende 1943, als der schwere Panzer Tiger II serienreif war, wurde der Jagdpanzer VI Jagdtiger entwickelt. Im Oktober 1943 wurde ein Vorserienmodell des Jagdtigers aus Weichstahl fertiggestellt, die eigentliche Fertigung begann im Juli 1944. Bis zum Kriegsende hatte man aber nur ungefähr 70 Stück fertiggestellt und eingesetzt. Alle diese Panzer wurden im Nibelungen-Werk in Sankt Valentin in Deutschland gebaut. Für die begrenzte Fertigungszahl gab es eine ganze Reihe von Gründen, einschließlich der alliierten Bombenangriffe, die den Fertigungsprozess ständig verzögerten, die hohen Kosten und die enorm vielen

Bewaffnung
Als Hauptwaffe für den Jagdtiger wurde die Panzerabwehrkanone Pak 44 L/55 im Kaliber 128 mm ausgewählt. Es war die schwerste Waffe ihrer Art, die im Zweiten Weltkrieg eingesetzt wurde.

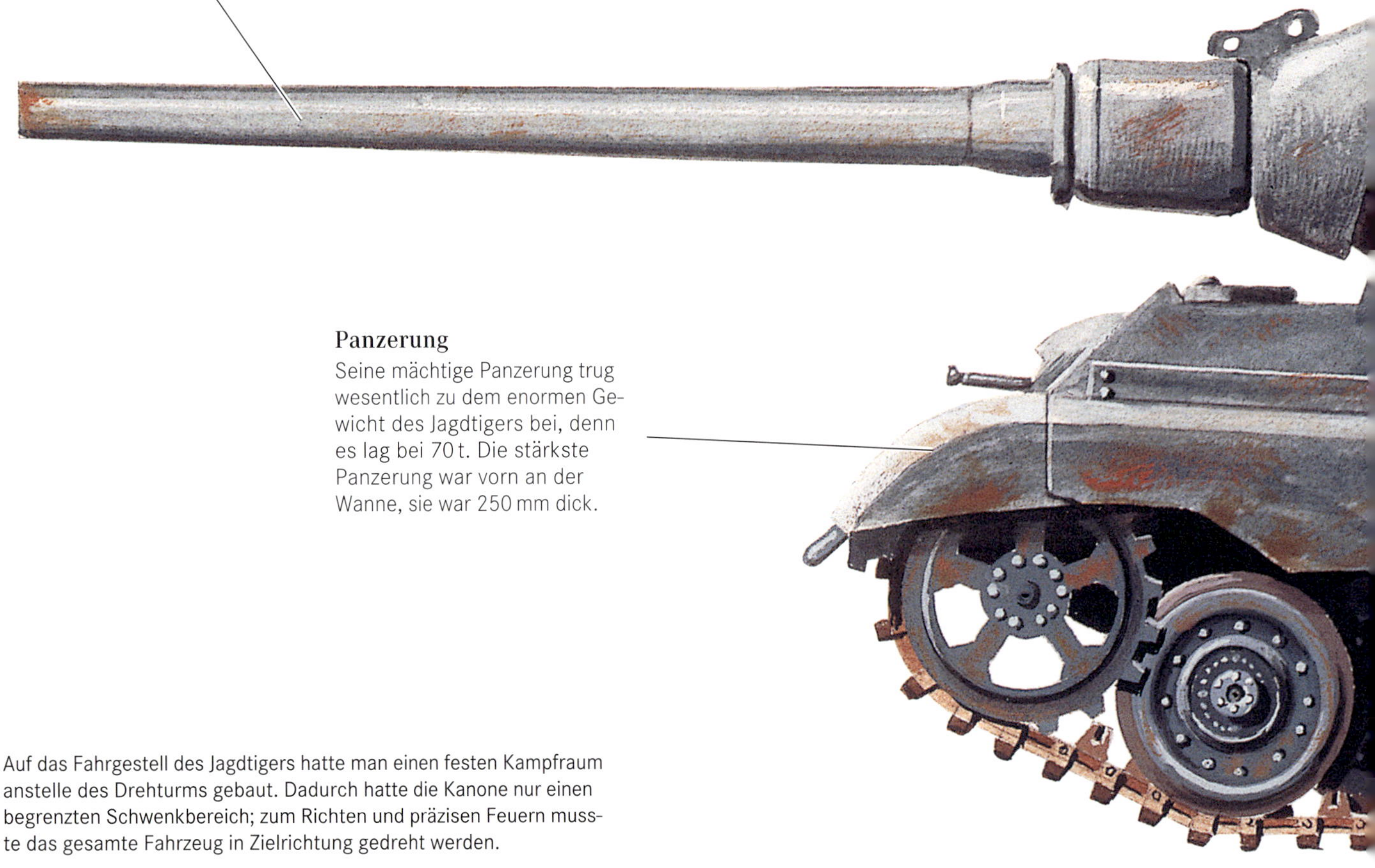

Panzerung
Seine mächtige Panzerung trug wesentlich zu dem enormen Gewicht des Jagdtigers bei, denn es lag bei 70 t. Die stärkste Panzerung war vorn an der Wanne, sie war 250 mm dick.

Auf das Fahrgestell des Jagdtigers hatte man einen festen Kampfraum anstelle des Drehturms gebaut. Dadurch hatte die Kanone nur einen begrenzten Schwenkbereich; zum Richten und präzisen Feuern musste das gesamte Fahrzeug in Zielrichtung gedreht werden.

Arbeitsstunden für die Fertigung. Außerdem musste die Wanne des Tigers II um 260 mm verlängert werden, um die massive Panzerabwehrkanone Pak 44 L/55 im Kaliber 128 mm unterbringen zu können, und auch die Kanone selbst war nur in begrenzten Stückzahlen zu beschaffen.

Fertigung des Jagdtigers

Obwohl der Jagdtiger äußerlich dem Tiger II ähnelte, war auf seine Wanne kein Drehturm aufgebaut, sondern ein fester Kampfraum, der dem Jagdpanzer ein höheres Profil verlieh. Die Kanone hatte mit 10° nach links und rechts nur einen sehr begrenzten Schwenkbereich, und so musste jeweils das gesamte Fahrzeug in Zielrichtung gedreht werden, um wirksame Schüsse abgeben zu können. Der Jagdtiger wurde mit zwei Laufwerken und ihren entsprechenden Federungssystemen gefertigt. Das von Porsche

Seine hohe Silhouette machte den Jagdtiger auf dem Schlachtfeld zu einem auffälligen Ziel. Außerdem war er anfällig für Angriffe von Panzerjagdkommandos und aus mehreren Richtungen gleichzeitig durchgeführte Infanterieangriffe. Da die alliierten Jagdbomber die Lufthoheit hatten, wurde der Jagdtiger selbst zum Gejagten.

Aufbau
Der Drehturm des Tigers II wurde entfernt und dafür ein hoher Aufbau installiert. Die Wanne des schweren Panzers wurde entsprechend verlängert, um ein weiteres Besatzungsmitglied und die schwere Kanone unterbringen zu können.

Antrieb
Der V12-Benzinmotor Maybach HL 230 P30 wurde auch im mittleren Panzer Panther und im schweren Panzer Tiger II verwendet. Für den Jagdtiger hatte dieser Motor viel zu wenig Leistung, denn hier handelte es sich um das schwerste Panzerfahrzeug, das im Zweiten Weltkrieg eingesetzt wurde.

Die massive Wanne des Jagdtigers erinnerte in ihrer Form mit den abgeschrägten Flächen und den zum Schutz des Laufwerks angebrachten Panzerschürzen an den PzKpfw V Panther. Die Wanne war bei der Ausführung des Fahrzeugs als Jagdpanzer um 260 mm verlängert worden.

entwickelte Laufwerk hatte acht Laufräder, während die Konstruktion von Henschel neun Laufräder verwendete. Mit dem Laufwerk von Porsche wurden aber nur elf Panzer gebaut. Der Panzerschutz des Jagdpanzers war erheblich stärker als bei allen anderen Fahrzeugen, die damals im Einsatz standen. Vorn an der Wanne betrug die Stärke 250 mm. Der im Jagdtiger verwendete V12-Benzinmotor Maybach HL 230 P30 trieb auch den Tiger II und den PzKpfw V Panther sowie den Jagdpanther an. Obwohl dieser Motor im Tiger II schon überfordert war, wurde die Situation noch viel schlimmer, denn der Jagdtiger war mit 70,6 t Gewicht noch schwerer. Das Ergebnis davon

Technische Daten

Abmessungen	Länge: 10,65 m Breite: 3,63 m Höhe: 2,95 m
Gewicht	70,6 t
Triebwerk	1 × V12-Benzinmotor Maybach HL 230 P30 mit 700 PS Leistung
Geschwindigkeit	38 km/h
Bewaffnung	1 × Panzerabwehrkanone Pak 44 L/55 im Kal. 128 mm, 2 × Maschinengewehr MG 34 im Kal. 7,92 mm
Panzerung	25–250 mm
Reichweite	Straße: 120 km, Gelände: 80 km
Besatzung	6 Mann

war, dass mehr dieser Panzer durch Pannen und mechanische Defekte als durch Feindeinwirkung ausfielen. Eine Kompanie von zehn Jagdtigern verlor einen Panzer im Kampf, einen durch eigene Waffenwirkung, und acht mussten von ihren Besatzungen aufgegeben oder gesprengt werden, weil sie schwerwiegende technische Defekte hatten.

Bewaffnung

Die Panzerabwehrkanone Pak 44 L/55 im Kaliber 128 mm war die schwerste Panzerkanone, die während des Zweiten Weltkrieges eingesetzt wurde. Aufgrund der Größe dieser Kanone konnte der Jagdtiger nur ungefähr 38 bis 40 Schuss panzerbrechende Munition oder Sprenggranaten mitführen. Die Pak 44 wurde außerdem für das missglückte Projekt des Riesenpanzers Maus verwendet. Die Kanone war so leistungsfähig, dass ein deutscher Panzerkommandant berichtete, wie eine Granate durch vier Wände eines Hauses schlug und dann immer noch genug Energie hatte, um einen amerikanischen Panzer hinter dem Haus zu zerstören. Allerdings war die Kanone extrem schwer und musste während der Fahrt verzurrt werden, um zu verhindern, dass sich die gesamte Richtvorrichtung losarbeitete und damit unpräzise wurde. Manchmal war aber die Pak 44 nicht in ausreichenden Stückzahlen verfügbar, sodass die Pak 43/3 im Kaliber 88 mm eingebaut werden musste. Einige Jagdtiger wurden auch mit der Pak 80 im Kaliber 128 mm bewaffnet. Anfänglich war ein einzelnes MG 34 im Kaliber 7,92 mm eingebaut, mit dem sich der Panzer gegen Infanterieangriffe wehren konnte. Später bekamen sie ein zweites MG 34 zur Verteidigung gegen Luftangriffe. Obwohl das eigentlich gegen Infanterie wirksam war, war es vorn in der Wanne montiert und hatte nur einen begrenzten

Hier untersuchen Ende 1944 amerikanische Soldaten einen erbeuteten Jagdtiger irgendwo in Nordwesteuropa. Beachten Sie die offenen Panzertüren an der Rückseite des Aufbaus, den antimagnetischen Zimmerit-Anstrich auf der Wanne und die Ersatzkettenglieder, die am Aufbau befestigt sind.

Schwenkbereich. So wurde der Jagdtiger anfällig für Angriffe von Panzerjagdkommandos. Verschärft wurde dieses Problem noch durch die Tatsache, dass der Jagdtiger sehr langsam war. So konnte es durchaus passieren, dass er von gegnerischen Truppen überrannt wurde, die aus mehreren verschiedenen Richtungen angriffen. Aufgrund seiner geringen Geschwindigkeit konnte er auch am Tag nicht bewegt werden, denn die Alliierten hatten mittlerweile die Lufthoheit, und er wäre sofort von gegnerischen Jagdbombern angegriffen worden.

Mobilität kontra Stationäreinsatz

Theoretisch sollte der Jagdtiger ein mobiler Jagdpanzer sein, der keine gleichwertigen Gegner hatte. In der Praxis zeigte sich aber, dass er mehr zu einer Art stationärem Bunker oder Geschützplattform für seine schwere Waffe degenerierte. Es waren nur so viele Jagdtiger vorhanden, dass man damit zwei schwere Panzerjägerbataillone (512 und 653) ausrüsten konnte. Die meisten dieser Panzer wurden von den eigenen Besatzungen gesprengt oder aufgegeben, nur ungefähr 20 % gingen aufgrund von Feindeinwirkung verloren. Jagdtiger wurden in Ungarn und bei der Verteidigung von Berlin im Osten eingesetzt, außerdem im Westen während der Ardennenoffensive und den deutschen Abwehrgefechten an der Reichsgrenze im Frühjahr 1945.

Jagdtiger im Kampf

Obwohl die Nibelungenwerke in Sankt Valentin in Deutschland nur ungefähr 70 Exemplare des Jagdpanzers VI Jagdtiger fertiggestellt hatten, konnten diese riesigen Panzer noch im Kampf eingesetzt werden. Die Ergebnisse waren gemischt. Mechanische Defekte führten zu zahlreichen Verlusten dieser Panzer, und einige unerfahrene Besatzungen waren ebenfalls an den katastrophalen Ausgängen der Kampfeinsätze schuld. Das deutsche Panzerass Otto Carius, der damals einen Tiger kommandierte, erinnert sich daran, wie der Kommandant eines Jagdtigers dem Feind die Flanke seines Panzers und nicht die Frontseite zeigte. Das Ergebnis waren mehrere Treffer, die alle sechs Besatzungsmitglieder töteten. Bei einem Gefecht im Januar 1945 jedoch gelang es einer Kompanie von Jagdtigern, elf mittlere Panzer M4 Sherman, 30 Lkws und andere Fahrzeuge zu zerstören.

M24 Chaffee (1944)

Der als Panzerfahrzeug für Aufklärung und Späheinsätze sowie Infanterieunterstützung entwickelte leichte Panzer M24 Chaffee war im Vergleich zu seinem Vorgänger, dem M3 Stuart, eine ganz deutliche Verbesserung. Er war mit einer Kanone im Kaliber 75 mm und drei Maschinengewehren bewaffnet.

Die ersten leichten Panzer des Typs 24 Chaffee kamen im November 1944 zur US-Army in Europa, kurz bevor die Wehrmacht ihre Ardennenoffensive begann. Während der Ardennenoffensive setzten zwei Kavalleriezüge insgesamt 34 neue Panzer zur Aufklärung und zur Unterstützung von Infanterieeinsätzen ein. Obwohl der Chaffee ein leichter Panzer war, war er mit seiner Kanone im Kaliber 75 mm in Bezug auf Feuerkraft eine deutliche Verbesserung gegenüber der Kanone im Kaliber 37 mm des Vorgängers Stuart. Allerdings war auch der M24 aufgrund seiner leichten Panzerung für die deutschen Panzer, die Panzerabwehrkanonen

Der leichte Panzer M24 Chaffee kam Ende November 1944 auf den europäischen Kriegsschauplatz. Es waren aber zu wenige davon, um auf die alliierten Operationen bis zur deutschen Kapitulation noch Einfluss nehmen zu können.

Bewaffnung
Die Bordkanone im Kaliber 75 mm war aus einer modifizierten Waffe entstanden, die in den mittleren Bombern B-25 Mitchell eingesetzt wurde. Sie lieferte endlich die Feuerkraft, die den amerikanischen leichten Panzern so lange gefehlt hatte.

Panzerung
Die Panzerung des M24 war schwach, an der Bugplatte war sie nur 38 mm stark. Deswegen war der schnelle und gut bewaffnete Panzer eine ziemlich leichte Beute für die deutschen Panzerabwehrwaffen.

(Pak) und vor allen Dingen für die von der Schulter abgeschossene Panzerfaust, die von den deutschen Truppen eingesetzt wurde, ein leichtes Ziel. Der Panzer wurde nach dem amerikanischen General Adna R. Chaffee benannt, der sich in den Jahren zwischen den beiden Weltkriegen entschieden für den Aufbau der Panzerstreitkräfte in der amerikanischen Armee eingesetzt hatte. Der M24 wurde entwickelt, weil man angesichts der immer wirksamer werdenden deutschen Waffen einen stärker bewaffneten leichten Panzer brauchte. Im Frühjahr 1943 nahm Cadillac die Herausforderung an und konstruierte bis zum Ende des Jahres den Prototyp T24, der dann zur Erprobung bereitstand.

Technik des Chaffee

Die Arbeiten konzentrierten sich nun auf die Anpassung einer vorhandenen Kanone im Kaliber 75 mm zur Bewaffnung des neu konstruierten T24. Schließlich entschied man sich für eine auf der Grundlage einer französischen Kanone aus der Zeit um die Jahrhundertwende entwickelte Waffe. Die hatte man entsprechend angepasst, um sie im mittleren Bomber B-25 Mitchell zur Bekämpfung von Schiffen einsetzen zu können. Die Waffe wurde dann für den Einbau in dem neuen Panzer entsprechend überarbeitet und

Im Vergleich zu seinem Vorgänger, dem leichten Panzer M3A3 Stuart, hatte der M24 Chaffee ein modernes und recht stromlinienförmiges Aussehen. Der Panzer war schnell und gut bewaffnet, aber diese beiden positiven Aspekte gingen auf Kosten seines Panzerschutzes.

Sekundärbewaffnung
Für einen leichten Panzer war der M24 mit einer schweren Sekundärbewaffnung ausgestattet. Auf dem Turm war ein schweres MG Browning im Kaliber 12,7 mm installiert, ein weiteres MG im Kaliber 7,62 mm war koaxial zur Hauptwaffe im Turm eingebaut, und es war ein Bug-MG vorhanden.

Antrieb
Die beiden V8-Benzinmotoren Cadillac Modell 44T24 im Wannenheck des M24 erzeugten reichlich Leistung für einen leichten Panzer; so konnte er seine Aufgaben als Spähpanzer erfüllen und vorrückender Infanterie mühelos folgen.

Als Nachfolger der Stuart-Serie von leichten Panzern hatte der M24 Chaffee eine schwerere Waffe, modern konstruierte Wanne und Turm und breitere Ketten für eine bessere Geländegängigkeit in schwierigem Gelände. Sein wirkliches Leistungsvermögen konnte der Panzer während des Koreakriegs von 1950 bis 1953 zeigen.

Technische Daten

Abmessungen	Länge: 5,49 m Breite: 2,95 m Höhe: 2,46 m
Gewicht	18,4 t
Antrieb	2 × V8-Benzinmotor Cadillac 44T24 mit insgesamt 220 PS Leistung
Geschwindigkeit	56 km/h
Bewaffnung	1 × Kanone M6 im Kal. 75 mm, 1 × schweres Maschinengewehr Browning Kal. 12,7 mm, 2 × Maschinengewehr Browning Kal. 7,62 mm
Panzerung	9,5–38 mm
Reichweite	161 km
Besatzung	5 Mann

erhielt die Bezeichnung M6. Die Sekundärbewaffnung bestand aus einem schweren Maschinengewehr Browning im Kaliber 12,7 mm auf einer Sockellafette auf dem Turm und zwei MGs Browning Kaliber 7,62 mm, eines davon koaxial zur Kanone eingebaut, das andere als Bug-MG vorn in der Wanne. Der von Cadillac entwickelte Panzer wurde dann mit der offiziellen Bezeichnung M24 eingeführt, und mit dem Bau wurde im April 1944 begonnen. Als die Fertigung dann im August 1945 wieder auslief, hatte man mehr als 4700 dieser Panzer gebaut. Für einen leichten Panzer war der Kampfraum des Chaffee relativ geräumig. Die Besatzung bestand aus fünf Mann; dazu gehörten Kommandant, Richtschütze und Ladeschütze, die alle drei im Turm untergebracht waren, sowie Fahrer und Beifahrer/Funker vorn in der Wanne. Angetrieben wurde der M24 von zwei V8-Benzinmotoren Cadillac Modell 44T24, mit denen der 18,4 t schwere Panzer auf der Straße eine Höchstgeschwindigkeit von 56 km/h erreichen konnte. Die Drehstabfederung sorgte dafür, dass der M24 eine gute Geländegängigkeit aufwies. Die leichte Panzerung hatte Stärken von nur 9,5 bis 38 mm. Im Vergleich zu der letzten Variante des Stuart war der Chaffee eine vollkommene Neukonstruktion. Zwar hatte der Panzer noch denselben Antriebsstrang, aber sein gut geformtes Äußeres ließen den M24 zum Vorläufer einer neuen Ära von Panzerfahrzeugen werden, die in den Vereinigten Staaten entwickelt wurden. Tatsächlich kann man den M24 als den ersten Panzer in einer ganzen Waffenfamilie betrachten, bei denen dasselbe Fahrgestell für zahlreiche Zwecke verwendet wurde. Dazu gehörten Selbstfahrlafetten, Flakpanzer und Befehlspanzer.

Vielseitige Einsätze

Zwar war die höhere Feuerkraft der Kanone im Kaliber 75 mm durchaus willkommen, aber es zeigte sich auch, dass der M24 für deutsche Panzer der Typen Panther oder Tiger überhaupt kein Gegner war. Als Spähpanzer und als mobile Artillerie war er durchaus erfolgreich; er konnte Weichziele wie MG-Nester und Truppenkonzentrationen wirksam bekämpfen. Das Problem für die Amerikaner bestand darin, dass er bis Kriegsende nie in ausreichenden Stückzahlen zur Verfügung stand. Der hauptsächlich bei den amerikanischen Panzereinheiten verwendete leichte Panzer war weiterhin der Stuart. Eine kleine Anzahl von M24 wurden an die britische Armee geliefert. Die größte Zahl von Kampfeinsätzen für den M24 Chaffee kam während des Koreakrieges von 1950 bis1953. In den Anfangstagen des Konfliktes war der Chaffee in ausreichenden Stückzahlen vorhanden, und er leistete bei der Aufklärung und der Unterstützung der Infanterie Hervorragendes. Aber auch hier war er hin und wieder gezwungen, gegen feindliche Panzer vorzugehen, und dann war er dem überragenden T-34 aus sowjetischer Fertigung, der von den nordkoreanischen Streitkräften eingesetzt wurde, deutlich unterlegen. Die französische Armee setzte den M24 während der Kampfhandlungen in Indochina ein, und eine Anzahl davon waren während des Debakels um die Festung Dien Bien Phu im Einsatz. Als es 1971 zum Krieg zwischen Indien und Pakistan kam, setzte die pakistanische Armee ebenfalls M24 ein. Der Chaffee erwies sich als vielseitig verwendbarer leichter Panzer, er war mit Abstand der beste Panzer dieser Art, der von den Alliierten während des Zweiten Weltkrieges entwickelt wurde. Die Konstruktion erwies sich als so langlebig, dass selbst bis heute eine Anzahl von kleineren Ländern M24 in modernisierter Ausführung einsetzen.

Späte Bewährung

Der M24 war der erste Vertreter einer neuen Generation von amerikanischen leichten Panzern. Allerdings hatte er während des Zweiten Weltkrieges nicht mehr viele Möglichkeiten, seine Qualitäten zu zeigen. Das lag aber mehr am Mangel an Stückzahlen als an fehlender Leistung, denn nur einige Dutzend Chaffee erreichten die Front vor Kriegsende. Wirklich bewähren konnte sich der M24 dann auf der anderen Seite des Globus. Während des Koreakrieges von 1950 bis 1953 konnte der Chaffee wertvolle mobile Artillerieunterstützung bei der Verteidigung des Perimeters von Pusan leisten. Auch im gemeinsamen Einsatz mit schweren Panzern konnte er seine Rolle als Spähpanzer gut erfüllen, während die schweren Panzer die in der Sowjetunion gebauten und bei den Kommunisten eingesetzten T-34 bekämpften. Das wahrscheinlich in Indochina entstandene untere Foto zeigt die Besatzung eines französischen M24 Chaffee bei einer Pause und der Besprechung mit anderen französischen Soldaten.

Der MBT T-72 ist geradezu zu einem Symbol für den schwindenden militärischen Einfluss der früheren Sowjetunion auf der ganzen Welt geworden. Der ursprünglich für den Exportmarkt vorgesehene Panzer steht nun schon seit fast einem halben Jahrhundert bei den Streitkräften einer ganzen Reihe von Nationen im Einsatz.

Moderne Panzer

Die Panzer der Neuzeit zeigen deutlich, welche erstaunlichen Fortschritte die Technologie gemacht hat. Seit dem Zweiten Weltkrieg hat sich der Panzer zu einem eindrucksvollen Waffensystem an der vordersten Einsatzfront weiterentwickelt. Er ist mittlerweile mit modernster Technik in Bezug auf Feuerkraft ausgestattet, er verfügt über Laser-Entfernungsmesser, digitalisierte Zielrechner und Wärmebildgeräte, GPS und präzise anzeigende Instrumente. Ironischerweise müssen aber die Besatzungen dieser hoch entwickelten Kampffahrzeuge immer öfter in den Kampf gegen den Terrorismus ziehen, und dann werden sie von eigentlich primitiven Waffen ernsthaft bedroht.

IS-3 (1945)

Der letzte schwere sowjetische Panzer, der vor dem Ende des Zweiten Weltkrieges in die Fertigung ging, war der IS-3. Er kam allerdings zu spät, um noch Einfluss auf den Ausgang des Krieges zu haben, jedoch wurde er zu einem Symbol der militärischen Macht der Roten Armee.

Die Liste der Kampfeinsätze des sowjetischen schweren Panzers IS-3 liegt etwas im Dunkeln. Obwohl es Berichte darüber gibt, dass er im Jahre 1945 in der Mandschurei gegen die Japaner eingesetzt worden sein soll, ist man sich im Westen eigentlich darüber einig, dass er zu spät kam, um noch an militärischen Operationen während des Zweiten Weltkrieges teilzunehmen. Zwar ist der IS-3 offensichtlich nicht mehr rechtzeitig für die Kriegsteilnahme gekommen, aber seine Vorgänger aus der Josef-Stalin-Serie von schweren Panzern hatten entscheidenden Anteil am Ausgang des Großen Vaterländischen Krieges. Für ihren Sieg bei der mehr als einen Monat dauernden Panzerschlacht bei Kursk musste die Rote Armee einen erschreckend hohen Preis bezahlen. Mehr als 6000 sowjetische Panzer gingen in Kursk verloren,

Antrieb
Der schwere Panzer IS-3 wurde von einem 12-Zylinder-Dieselmotor Typ V2 mit einer Leistung von 600 PS angetrieben.

und es wurde eine Sonderkommission eingesetzt, die den Auftrag hatte, die Ursache für diese entsetzlichen Verluste zu suchen. Als Ergebnis der Untersuchungen dieser Kommission wurde festgelegt, dass man einen neuen schweren Panzer brauchte. Dessen Leistungen sollten mindestens so gut sein wie die des legendären mittleren Panzers T-34. Die älteren schweren Panzer KV-1 hatten bereits Platz gemacht für den KV-85 mit seiner schweren Kanone im Kaliber 85 mm. Eine Reihe von Nachrüstungen am KV-85 einschließlich der Verbesserung der Kraftübertragung und der Neukonstruktion der Wanne und der Federung führten schließlich zum neuen schweren Panzer IS-1, der eine niedrigere Silhouette hatte und weniger wog als der KV-85.

Bewaffnung

Zusammen mit den konstruktiven Verbesserungen kam man zu der Einsicht, dass der IS-1 mit einer noch stärkeren Bewaffnung ausgerüstet werden konnte. Man baute dann in Experimentalmodelle sowohl eine Kanone im Kaliber 100 mm und dann im Kaliber 122 mm ein, wobei die erstgenannte Waffe die bessere Durchschlagskraft aufwies. Allerdings war die Kanone im Kaliber 122 mm in größerer Stückzahl verfügbar, und die daraus verschossenen Sprenggranaten waren bei der Bekämpfung von Weichzielen überaus wirksam, während man die panzerbrechende Munition für mindestens ausreichend hielt. Deswegen ging im Jahre 1944 der erste IS-2 mit der langrohrigen

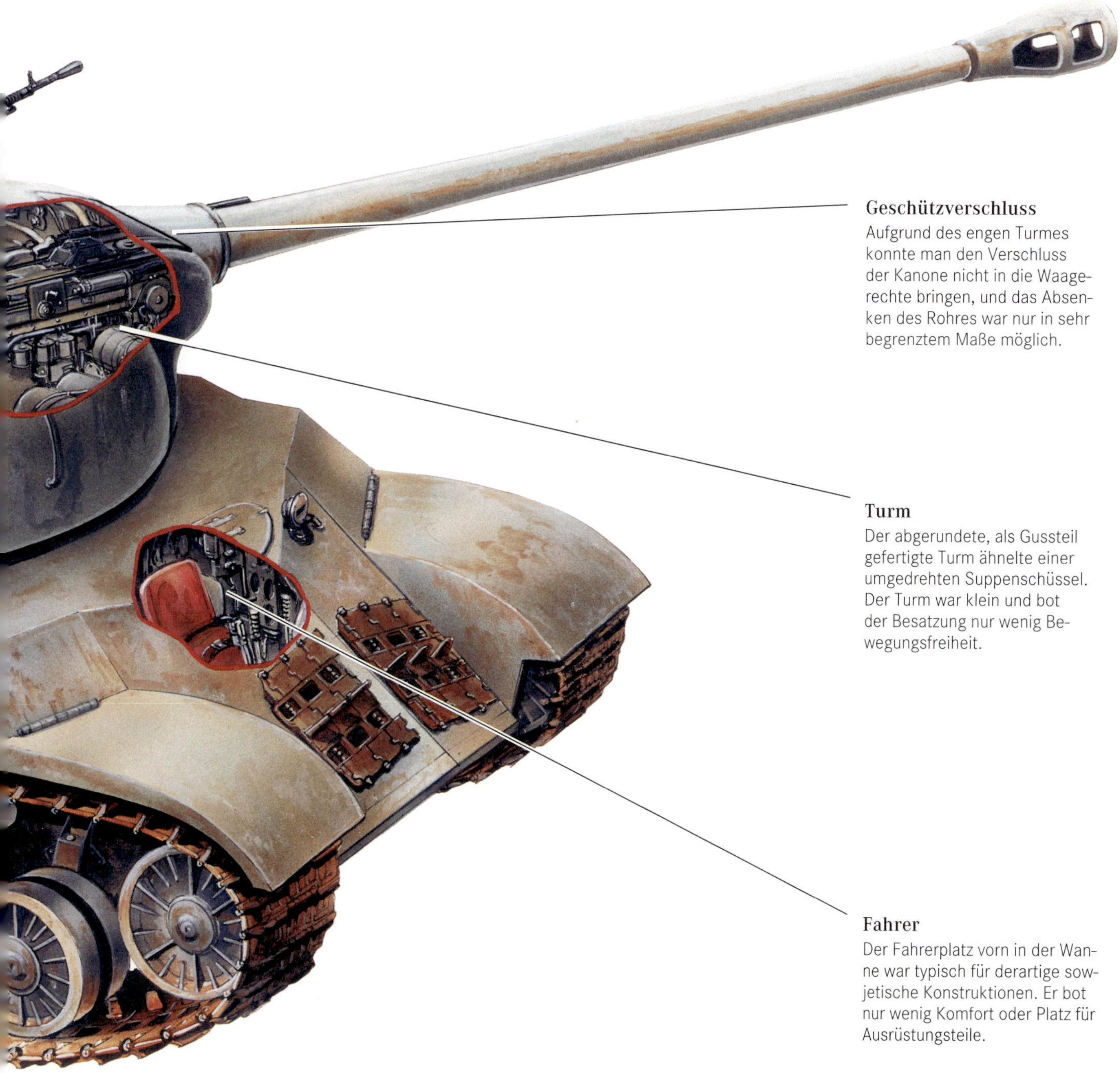

Geschützverschluss
Aufgrund des engen Turmes konnte man den Verschluss der Kanone nicht in die Waagerechte bringen, und das Absenken des Rohres war nur in sehr begrenztem Maße möglich.

Turm
Der abgerundete, als Gussteil gefertigte Turm ähnelte einer umgedrehten Suppenschüssel. Der Turm war klein und bot der Besatzung nur wenig Bewegungsfreiheit.

Fahrer
Der Fahrerplatz vorn in der Wanne war typisch für derartige sowjetische Konstruktionen. Er bot nur wenig Komfort oder Platz für Ausrüstungsteile.

Zu den Verbesserungen des schweren Panzers IS-3 im Vergleich zu seinem Vorgänger IS-2 (hier die Draufsicht) gehörten ein verbesserter Panzerschutz, ein verkleinerter Frontbereich und eine niedrigere Silhouette.

Kanone A-19 im Kaliber 122 mm in die Fertigung. Sie wurde später durch die Kanone D25-T im Kaliber 122 mm ersetzt, die eine höhere Feuergeschwindigkeit und eine verbesserte Präzision hatte. Die Kanone D25-T war leicht an ihrer charakteristischen Mündungsbremse mit den zwei hintereinanderliegenden Kammern zu erkennen.

Der Erste und der Letzte

Die Fertigung des letzten Modells aus der Serie der Stalin-Panzer, des IS-3, begann im Mai 1945. Die Aufsicht über die Fertigung hatte der Ingenieur M. F. Balzha vom Experimentalwerk Nr. 100. Konstruktiv hatte der Panzer seine Wurzeln in der Vergangenheit, aber man kann den IS-3 auch als den ersten schweren Panzer der neuen Bauart betrachten. Vielleicht war er aber auch nur ein Überbrückungsmodell zwischen den alten und den neuen Grundsätzen. Egal welchen Standpunkt man hier hat, der IS-3 beeinflusste die Panzerkonzepte in der Sowjetunion und im Ostblock im nächsten halben Jahrhundert, und er wurde sogar so etwas wie eine frühe Ikone des Kalten Krieges, ein Symbol für die militärische Macht der Roten Armee. Obwohl der IS-3 Ähnlichkeit mit den vorangegangenen sowjetischen schweren Panzern hat, war seine Konstruktionsweise vollkommen unterschiedlich. Zum Ende des Zweiten Weltkrieges hatte man weniger als 30 der neuen Panzer fertiggestellt, aber bis Mitte 1946 überstieg ihre Anzahl im Bestand der Roten Armee die Zahl 2300. Obwohl also seine Teilnahme am Zweiten Weltkrieg zweifelhaft ist, nahm ein Regiment mit dem 45,8 t schweren Panzer am 7. September 1945 an der Siegesparade auf dem Roten Platz in Moskau teil. In die Konstruktion des IS-3 flossen verschiedene bemerkenswerte Verbesserungen ein. Die Ausführung der Panzerung, die beim IS-2 zu einem besseren Panzerschutz geführt hatte, obwohl das Ergebnis ein leichterer Panzer war, wurde beibehalten. Die geschweißte Wanne aus Walzstahlplatten hatte abgeschrägte Seiten im größtmöglichen Winkel, während die Frontpartie des Panzers in Breite und Gesamtgröße kleiner gehalten wurde. Die Kanone D25-T war bei den sowjetischen Waffenherstellern auf dem letzten Stand der Technik. Die Stärke der Panzerung vorn an der Wanne und am Turm wurde auf 120 mm bzw. 230 mm verstärkt. Die Formgebung des Turmes wurde deutlich abgerundet, und der Turm wurde flacher gehalten, sodass er einer umgedrehten Suppenschüssel ähnelte. Aufgrund des Aussehens der Wanne nannten

Technische Daten

Abmessungen	Länge: 6,77 m Breite: 3,07 m Höhe: 2,44 m
Gewicht	45,8 t
Antrieb	1 × V12-Dieselmotor V-2-IS mit 600 PS Leistung
Geschwindigkeit	37 km/h
Bewaffnung	1 × Kanone D25-T im Kal. 122 mm, 1 × schweres Maschinengewehr DshK im Kal. 12,7 mm, 2 × Maschinengewehr DT oder DTM im Kal. 7,62 mm
Panzerung	20–230 mm
Reichweite	Straße: 160 km, Gelände: 120 km
Besatzung	4 Mann

sowjetische Panzersoldaten den IS-3 den „Shchuka“, das heißt Hecht. Der abgerundete flache Turm, mit dem man die Silhouette des IS-3 reduzieren wollte, wurde in der Folge so etwas wie ein Wahrzeichen für die sowjetischen Panzerkonstruktionen im nächsten halben Jahrhundert. Allerdings hatte das wahrscheinlich unbeabsichtigte Folgen, denn man konnte den Verschluss der Kanone nicht mehr vollständig in die Waagerechte bringen oder die Waffe weiter nach unten schwenken. Zwar konnte der Kommandant über seine Bedienelemente den Turm drehen, aber das enge Innere des Turmes beeinträchtigte die Bewegungsfreiheit der Besatzung in hohem Maße. Das Erscheinen des kampfkräftigen IS-3 schockierte die westlichen Militärs und Politiker gleichermaßen. In den folgenden Jahren hielt man diesen sowjetischen schweren Panzer für eines der besten Waffensysteme seiner Art auf der Welt.

Das lange Rohr der Kanone D25-T ragte vorn weit über die Wanne des IS-3 hinaus. Das Vorhandensein der schweren Panzer IS-3 bei den sowjetischen Panzereinheiten war für die westlichen Beobachter sehr beunruhigend.

Ikone des Kalten Krieges

Die Einsatzzeit des schweren Panzers IS-3 ging bis weit in die 1950er-Jahre. Er diente zur Ausrüstung der Panzertruppen der sowjetischen Roten Armee, der Ostblockstaaten und anderer Staaten auf der ganzen Welt. Einer der wichtigsten Empfänger für den IS-3 war Ägypten, und er wurde bei den Übungen der ägyptischen Streitkräfte in dieser Zeit auffällig oft eingesetzt. Eine Reihe von Panzern IS-3 gingen während der Konfrontationen mit Israel verloren. Viele der von den Israelis erbeuteten schweren Panzer wurden repariert und bei den israelischen Streitkräften (IDF) in Dienst gestellt. Einige davon wurden sogar später mit den Motoren von erbeuteten T-54 aus späterer Produktion nachgerüstet. Auf dem Foto rechts sieht man den typischen Turm des IS-3, von dem gesagt wurde, dass er einer umgedrehten Suppenschüssel ähnelt. Der Panzer ist leicht daran zu erkennen. Der flache Frontbereich und der niedrige Turm des IS-3 reduzierten theoretisch die Wahrscheinlichkeit, dass der Panzer im Gelände erkannt wurde und dann gegnerisches Feuer auf sich zog.

Centurion A41 (1945)

Der als Kreuzerpanzer während des Zweiten Weltkrieges entwickelte britische Centurion A41 kam zu spät, um noch gegen deutsche Panzer eingesetzt zu werden, die er eigentlich bekämpfen sollte. Allerdings konnte er danach auf eine Dienstzeit von mehr als einem halben Jahrhundert zurückblicken.

Nur wenige Tage nach dem Ende des Zweiten Weltkrieges in Europa im Mai 1945 kam der nach technischen Leistungsbeschreibungen aus dem Jahre 1943 gebaute Kampfpanzer Centurion A41 auf dem Kontinent an. Er war vom britischen Direktorat für Panzerentwicklung als schwerer Kreuzerpanzer entwickelt worden, der in der Lage war, die kampfstarken deutschen Panzer zu bekämpfen, die bei den Alliierten so viele Menschenleben gekostet hatten. Der ursprüngliche Auftrag des Centurion wurde aber nicht mehr erfüllt.

Angesichts der eher mangelhaften Leistungen der britischen Panzerfahrzeuge während des Krieges hatten sich die britischen Konstrukteure darangemacht, auf der Grundlage des Kreuzerpanzers „Comet" ein neues

Kommandantenplatz
Um sein Ziel aufzunehmen, verwendete der Kommandant des Kampfpanzers Centurion ein mit einem Entfernungsmesser gekoppeltes Periskop, das mechanisch mit der Zieleinrichtung des Richtschützen verbunden war. Der Kommandant saß unter einer drehbaren Kuppel auf der rechten Seite des Turmes.

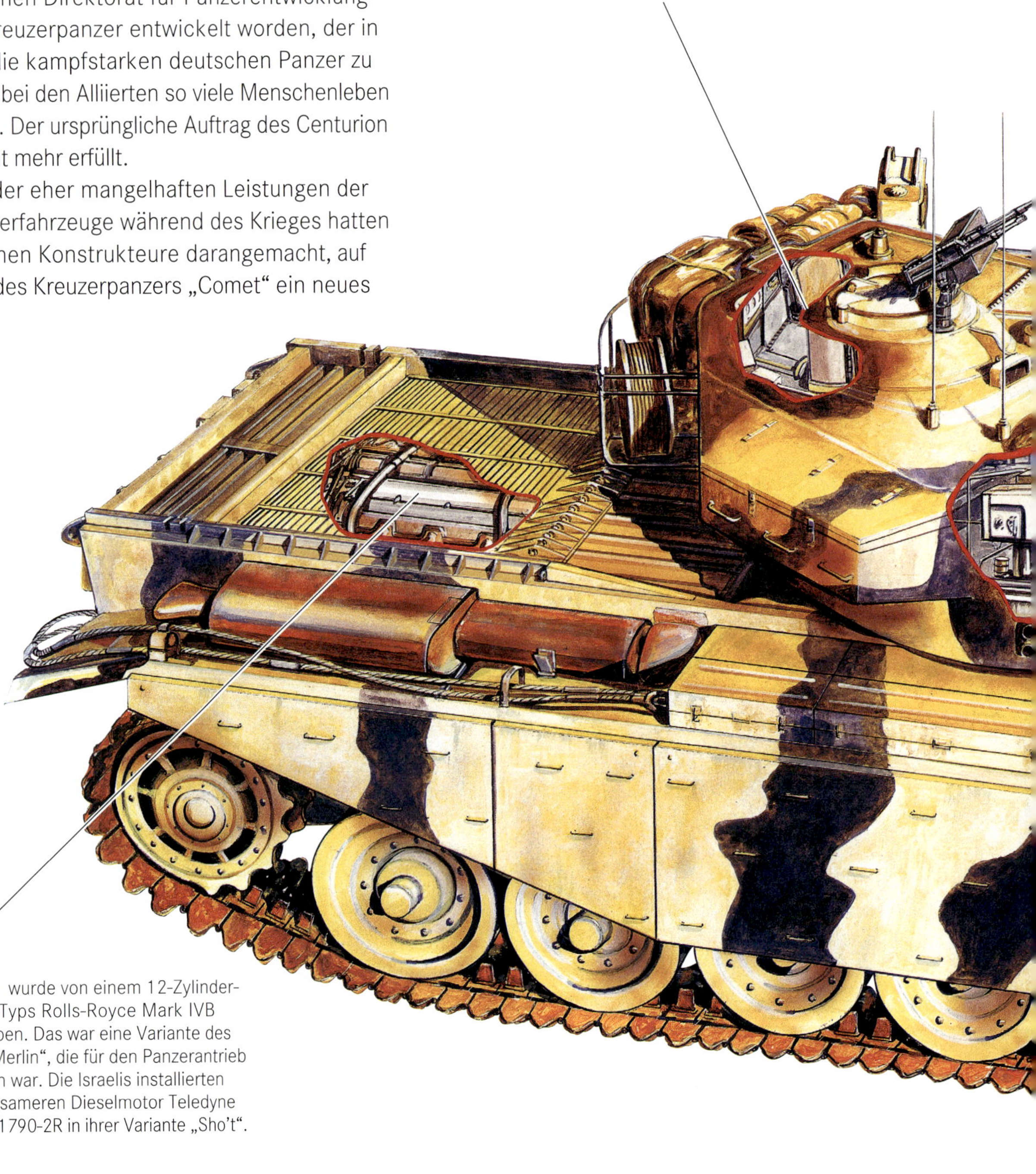

Antrieb
Der Centurion A41 wurde von einem 12-Zylinder-Benzinmotor des Typs Rolls-Royce Mark IVB „Meteor" angetrieben. Das war eine Variante des Flugzeugmotors „Merlin", die für den Panzerantrieb abgeändert worden war. Die Israelis installierten den erheblich sparsameren Dieselmotor Teledyne Continental AVDS-1790-2R in ihrer Variante „Sho't".

Modell zu schaffen, das im Feld zuverlässiger sein sollte. Außerdem sollte die Panzerung so stark sein, dass sie einem Treffer der gefürchteten deutschen 8,8-Flak widerstehen konnte. Der Panzer sollte eine angemessene Straßen- sowie Geländegeschwindigkeit aufweisen und seine Besatzung gegen Panzerminen schützen können. Die vom britischen Kriegsministerium aufgestellten Anforderungen im Lastenheft waren eine große Herausforderung. Im Fall des Centurion konnten die Konstrukteure ihre Aufgabe aber gut erfüllen.

Universalpanzer Centurion

Obwohl der Centurion erst im Verlauf des Koreakrieges zwischen 1950 und 1953 zum Kampfeinsatz kam, war er ganz klar eine deutliche Verbesserung im Vergleich zu den früheren britischen Panzern. Die Konstruktion bot sehr viel Raum für Nachrüstungen, und es wurden daher nicht weniger als ein Dutzend verschiedene Varianten, sogenannte „Marks", von diesem Panzer gefertigt. Seit seiner Einführung kurz nach Ende des Zweiten Weltkrieges dauerte seine

Der Kampfpanzer Centurion A41 kam wenige Tage nach Ende des Zweiten Weltkrieges an die Front in Europa. Allerdings erwies sich diese Konstruktion als so praktisch und umfangreich nachrüstbar, dass der Panzer schließlich auf eine sehr lange Dienstzeit und auf beeindruckende Leistungen im Kampf zurückblicken konnte.

Bewaffnung

Bei der Mehrzahl der Ausführungen des Kampfpanzers Centurion wurde die Kanone L7A2 im Kaliber 105 mm mit gezogenem Rohr als Hauptwaffe eingesetzt. Die ersten Ausführungen des Panzers hatten noch Schnellfeuerkanonen der britischen Typen 17-Pfünder Kaliber 76,2 mm und 20-Pfünder Kaliber 84 mm.

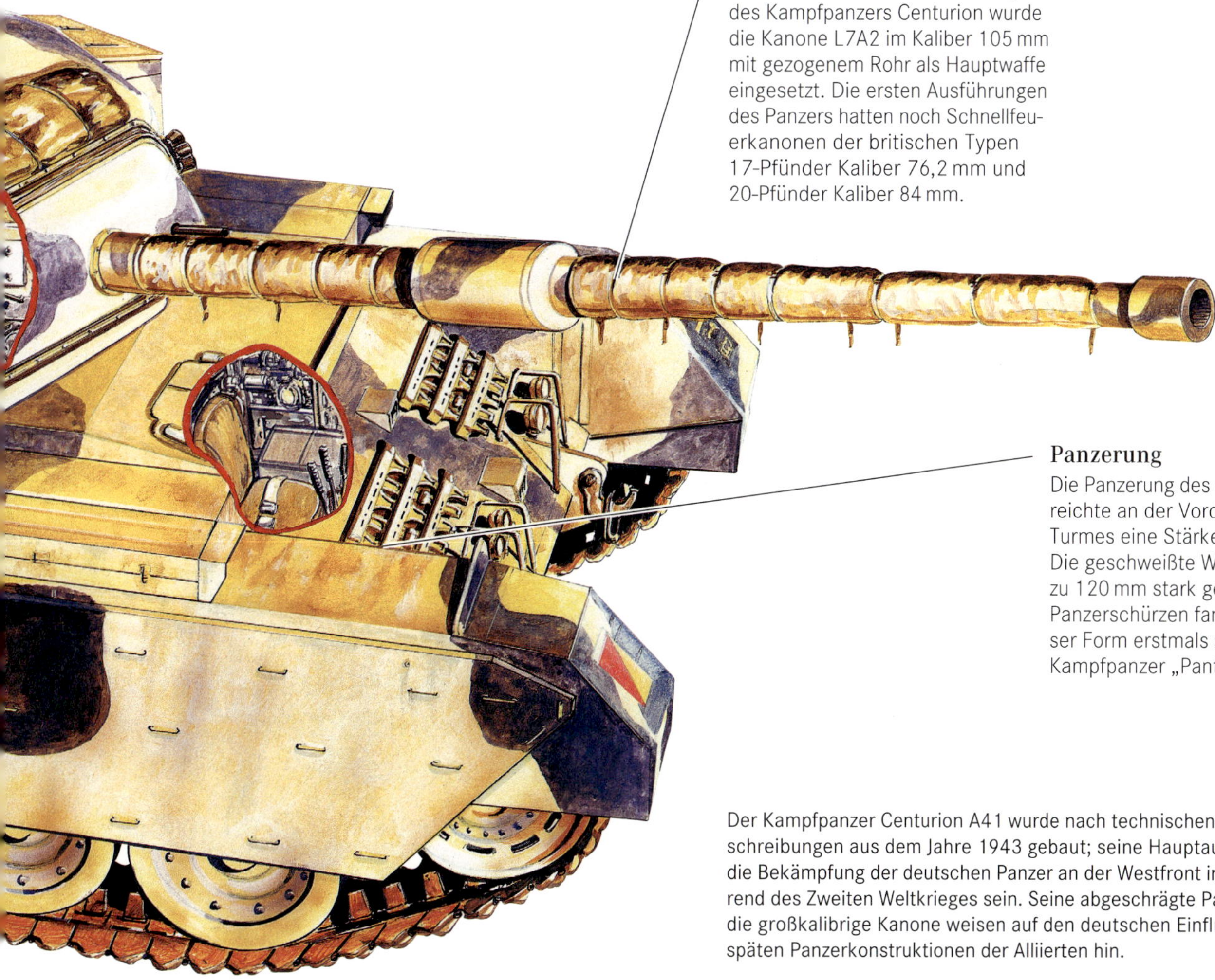

Panzerung

Die Panzerung des Centurion erreichte an der Vorderseite des Turmes eine Stärke von 150 mm. Die geschweißte Wanne war bis zu 120 mm stark gepanzert. Die Panzerschürzen fanden sich in dieser Form erstmals am deutschen Kampfpanzer „Panther".

Der Kampfpanzer Centurion A41 wurde nach technischen Leistungsbeschreibungen aus dem Jahre 1943 gebaut; seine Hauptaufgabe sollte die Bekämpfung der deutschen Panzer an der Westfront in Europa während des Zweiten Weltkrieges sein. Seine abgeschrägte Panzerung und die großkalibrige Kanone weisen auf den deutschen Einfluss bei den späten Panzerkonstruktionen der Alliierten hin.

Die Konstruktion des Centurion A41 wies im Vergleich zu anderen zeitgenössischen Kampfpanzerkonstruktionen nur wenige Mängel auf. Dazu gehörten eine begrenzte Reichweite, eine relativ geringe Höchstgeschwindigkeit und nur durchschnittliche Geländegängigkeit.

Dienstzeit dann mehr als ein halbes Jahrhundert. Insgesamt wurden 4423 Kampfpanzer vom Typ Centurion von britischen Rüstungsfirmen wie Royal Ordnance Factory, Leyland, Vickers und anderen zwischen 1945 und 1962 gebaut. Selbst heute sind Panzer dieses Typs noch bei den Streitkräften verschiedener Länder im Einsatz.

Der Centurion erwies sich als eine so vielseitig verwendbare Konzeption, dass selbst Varianten mit erhöhtem Gewicht, die in anderen Fällen die komplette Neukonstruktion eines Panzers erfordert hätten, mit diesem Modell möglich waren. Allerdings musste nach der ersten Gewichtserhöhung des Panzers auf 36 t ein neuer Anhänger für den Panzertransporter beschafft werden. Einige Fachleute halten die Konstruktion des Centurion aufgrund seiner Leistungsfähigkeit in einer ganzen Reihe von Kategorien sogar für den „Universalpanzer".

Technische Daten

Abmessungen	Länge: 7,6 m Breite: 3,38 m Höhe: 3,01 m
Gewicht	52 t
Antrieb	1 × 12-Zylinder-Benzinmotor Rolls-Royce Mark IVB „Meteor" mit einer Leistung von 650 PS
Geschwindigkeit	34 km/h
Bewaffnung	1 × Panzerkanone L7A2 im Kal. 105 mm mit gezogenem Rohr, Sekundärbewaffnung: bis 2 × Maschinengewehr Browning Kal. 7,62 mm, 1 × Maschinengewehr Browning M2 Kal. 12,7 mm
Panzerung	17–152 mm
Reichweite	Straße: 185 km, Gelände: 96 km
Besatzung	4 Mann

Gelungene Konstruktion

Die recht großzügig gestaltete geschweißte Wanne des Centurion hatte vorn auf der rechten Seite den Fahrerplatz, links von ihm war die Munition untergebracht. Der Turm hatte Platz für drei Mann, wobei der Kommandant auf der rechten Seite unter einer drehbaren Kuppel saß. Neben ihm waren die Plätze für den Richtschützen und den Ladeschützen. Die Panzerung war abgeschrägt, um Geschosse abzuweisen. Die Stärke der Panzerung der Wanne betrug teilweise bis zu 120 mm, um Treffern von der deutschen Flak 8,8 zu widerstehen. Im Verlaufe der Jahre wurde die Panzerung des Turmes auf bis zu 150 mm verstärkt.

Die bis dahin bei britischen Panzern verwendete Laufwerk-Federung der Bauart Christie wurde durch ein Laufwerk der Bauart Horstmann mit außen liegenden, senkrecht stehenden Federn ersetzt. Als Triebwerk wurde der 12-Zylinder-Benzinmotor Rolls-Royce Mark IVB „Meteor" eingebaut. Dieser Motor wurde für den Einsatz in Kampfpanzern aus dem überaus erfolgreichen Flugzeugmotor „Merlin" abgeleitet.

Frühe Ausführungen des Centurion waren mit einer Schnellfeuerkanone im Kaliber 76,2 mm (einer sogenannten 17-Pfünder) bewaffnet, bei der es sich ursprünglich um eine von einem Lkw gezogene Panzerabwehrkanone handelte. Relativ wenige Panzer wurden dann mit der Kanone im Kaliber 84 mm (der sogenannten 20-Pfünder) ausgerüstet. Der letzte Stand der Bewaffnung war die Kanone L7A2 im Kaliber 105 mm mit gezogenem Rohr, mit der ein Großteil der Panzer bestückt wurde. Die Sekundärbewaffnung war unterschiedlich, sie konnte

Der Kampfpanzer Centurion A41 kann eine beeindruckende Dienstzeit aufweisen, die mehr als ein halbes Jahrhundert dauerte. Dabei wurde er bei den Panzertruppen einer ganzen Reihe von Nationen (u. a. Kanada, Australien, Niederlande, Dänemark, Schweiz, Jordanien, Schweden, Indien, Südafrika) auf der ganzen Welt eingesetzt. Aufgrund seiner guten Panzerung und der sehr präzisen Kanone L7A2 im Kaliber 105 mm war dieser MBT ein sehr wirksames Waffensystem.

von einem einzelnen Maschinengewehr Browning im Kaliber 7,62 mm als koaxial montierte Waffe im Turm bis zu drei Maschinengewehren gehen. Dazu zählten ein MG Browning im Kaliber 7,62 mm vorn in der Wanne und ein MG M2 Browning im Kaliber 12,7 mm oben auf dem Turm als Fla-MG.

Lange Dienstzeit

Der Centurion A41 wurde nicht nur im Koreakrieg eingesetzt, sondern auch in Vietnam. Kampfpanzer des Typs Centurion der indischen Armee zerstörten viele leichte Kampfpanzer des amerikanischen Typs M24 „Chaffee" der pakistanischen Armee während der kurzzeitigen Kriege in den Jahren 1965 und 1971. Die israelische Armee setzte den Centurion erfolgreich während des Sechstagekrieges von 1967 und des Yom-Kippur-Krieges von 1973 ein. In abgeänderten Ausführungen werden Centurion-Panzer dort immer noch als Bergepanzer, Brückenleger und stark gepanzerte Mannschaftstransporter eingesetzt.

Die Israelis modifizierten den Centurion und schufen so die Variante „Sho't" (hebräisch für *Peitsche*), welche bis in die Neunzigerjahre des vorigen Jahrhunderts eingesetzt wurde. Der „Sho't" spielte während des Yom-Kippur-Krieges eine wichtige Rolle im Kampf gegen die syrischen T-54/55 und T-62 aus sowjetischer Fertigung. Aus diesem Krieg gibt es einen Bericht über den Kampf von zwei beschädigten Centurion in der Variante „Sho't", die während eines 30 Stunden dauernden Kampfes um die heiß umkämpften Golan-Höhen mehr als 100 syrische Kampfpanzer angriffen und 60 davon zerstörten. Das war der Bestand einer kompletten syrischen Panzerdivision.

Die hauptsächlichen in Israel am ursprünglichen Centurion durchgeführten Änderungen umfassten eine neue leistungsfähige Feuerleiteinrichtung und den Einbau eines Dieselmotors vom Typ Teledyne Continental AVDS-1790-2R, mit dem die Fahrleistungen des Panzers entscheidend verbessert werden konnten.

An vorderster Front

Der Kampfpanzer Centurion A41 war während des Koreakrieges sowohl im offensiven als auch im defensiven Einsatz eine wirksame Waffe. Als die chinesischen und nordkoreanischen Streitkräfte die Verteidigungslinie angriffen, die hauptsächlich Soldaten der britischen 29. Infanteriebrigade am Ufer des Imjin-Flusses nördlich der südkoreanischen Hauptstadt Seoul im April 1951 verteidigten, wurden die Kampfpanzer Centurion des Panzerregiments *8th King's Royal Irish Hussars* überwiegend für die Sicherung des Rückzuges der britischen Truppen und der UN-Truppen eingesetzt. Nach der erfolgreichen Verzögerung des kommunistischen Vormarsches am Injin-Fluss mussten die Kommunisten den weiteren Verlauf ihre Offensive verlangsamen. General John O'Daniel vom 1. US-Korps lobte die britischen Panzersoldaten für ihren Einsatz wie folgt: *„Die 8th Hussars haben uns gezeigt, dass überall dort, wohin ein Panzer fahren kann, auch Panzergelände ist, und dazu gehören sogar die Berggipfel!"*

T-54/55 (1947)

Der sowjetische MBT T-54/55 wurde in größeren Stückzahlen als jeder andere Panzer in der Geschichte gefertigt. Fast 70 Jahre später steht er immer noch bei den Streitkräften zahlreicher kleinerer Nationen und Drittweltländer im Dienst.

In den letzten Tagen des Zweiten Weltkrieges kamen die sowjetischen Ingenieure zu der Erkenntnis, dass der als mittlerer Kampfpanzer geplante Experimentalpanzer T-44 keinen ausreichenden Ersatz für den T-34 bilden würde, wobei sich um den T-34 aufgrund des Sieges über das Dritte Reich schon zahlreiche Legenden rankten. Nachdem man das Projekt für den T-44 aufgegeben hatte, entschied man sich dafür, dessen Fahrgestell mit einem neuen, ballistisch günstig geformten Turm zu versehen, der einer umgedrehten Suppenschüssel oder Bratpfanne ähnelte. Nach dem Bau eines Prototyps ging der Panzer in die Fertigung, und im Verlauf dieser Fertigung wurden nach und nach viele Änderungen an der Grundkonstruktion

Der MBT T-54/55 wurde fast 40 Jahre lang gebaut. Er gehörte zur Ausrüstung der Panzertruppen der Sowjetunion und anderer Armeen des Warschauer Paktes. Dass der Panzer so lange im Einsatz stand, hat damit zu tun, dass man ihn sehr leicht umbauen, nachrüsten und abändern konnte.

Bewaffnung
Der T-54/55 war ursprünglich mit der Kanone D10T im Kaliber 100 mm bewaffnet. Später wurde die verbesserte Kanone D10T2S mit einem Rauchabsauger und einem verbesserten Richtsystem eingebaut.

ABC-Schutz
Da sich mittlerweile das Zeitalter der atomaren Bedrohung abzeichnete, wurde es nötig, die Überlebensfähigkeit von Panzer und Besatzung im Fall eines Atomangriffs zu verbessern. Deswegen erhielten die T-54/55 in den 1950er-Jahren ein ABC-Schutzsystem.

vorgenommen. Der Panzer wurde insgesamt in größeren Stückzahlen gefertigt als jeder andere Panzer in der Militärgeschichte. Der MBT T-54 wurde ab 1945 in der Sowjetunion und in den damals zum kommunistischen Block gehörenden Ländern Polen und der Tschechoslowakei gebaut. Die Fertigung lief erst 1983 aus. Während der 38 Jahre dauernden Produktionszeit wurden geschätzte 86 000 oder noch mehr Panzer dieses Typs gebaut. In China wurde außerdem ein nicht lizenzierter Nachbau des T-54 gefertigt.

Viele Änderungen

Bis Ende der 1950er-Jahre hatte man an der Grundkonstruktion des T-54 so viele Änderungen vorgenommen, dass eine neue Typenbezeichnung eingeführt werden musste; er hieß jetzt T-55. Äußerlich waren der T-54 und der T-55 so gut wie identisch. Die hauptsächlichen Unterschiede zwischen diesen beiden Panzern lagen beim T-55 im stärkeren Motor, einer verbesserten Kanone und der Einführung eines einfachen ABC-Schutzsystems. Anfänglich wurde der T-54 von dem 12-Zylinder-Dieselmotor V-54 angetrieben. Für das Laufwerk wurde eine abgeänderte Christie-Federung verwendet, das Getriebe musste von Hand geschaltet werden. Die Stärke der Panzerung ging von 30 mm oben auf dem Turm bis zu 170 mm vorn an der Wanne. Die Stärken der einzelnen Panzerungsabschnitte wurden im Verlauf der Jahre vielfach geändert. Mit 36 t Gewicht war der T-54 leichter als viele andere Kampfpanzer seiner Zeit.

Turm
Der flache Turm des T-54/55 ähnelte einer umgedrehten Bratpfanne. Sein beengtes Inneres beeinträchtigte die Leistungsfähigkeit der Besatzung. Da sich Kommandant, Richtschütze und Ladeschütze alle auf der linken Seite des Turmes befanden, konnte ein einzelner Treffer für alle drei auf einmal tödlich sein.

Antrieb
Der 12-Zylinder-Dieselmotor V-54 war störanfällig, was hauptsächlich an der Verwendung einer minderwertigen Magnesium-Legierung lag. Mit der verbesserten Version V-55 konnte nur ein Teil der Probleme beseitigt werden, die man mit dem V-54 hatte.

Gefährliche Lagerung
Kraftstoff und Munition wurden in der Wanne des T-54/55 ziemlich dicht beieinander gelagert. Im Falle eines Brandes oder eines direkten Treffers konnte sehr leicht ein Feuer ausbrechen oder der Panzer sogar explodieren.

Der MBT T-54/55 entstand auf der Grundlage eines gescheiterten Projektes, mit dem man den mittleren Panzer T-34 ersetzen wollte. Deswegen war er etwas leichter als andere zeitgenössische Panzer, auf die er im Kampf treffen konnte.

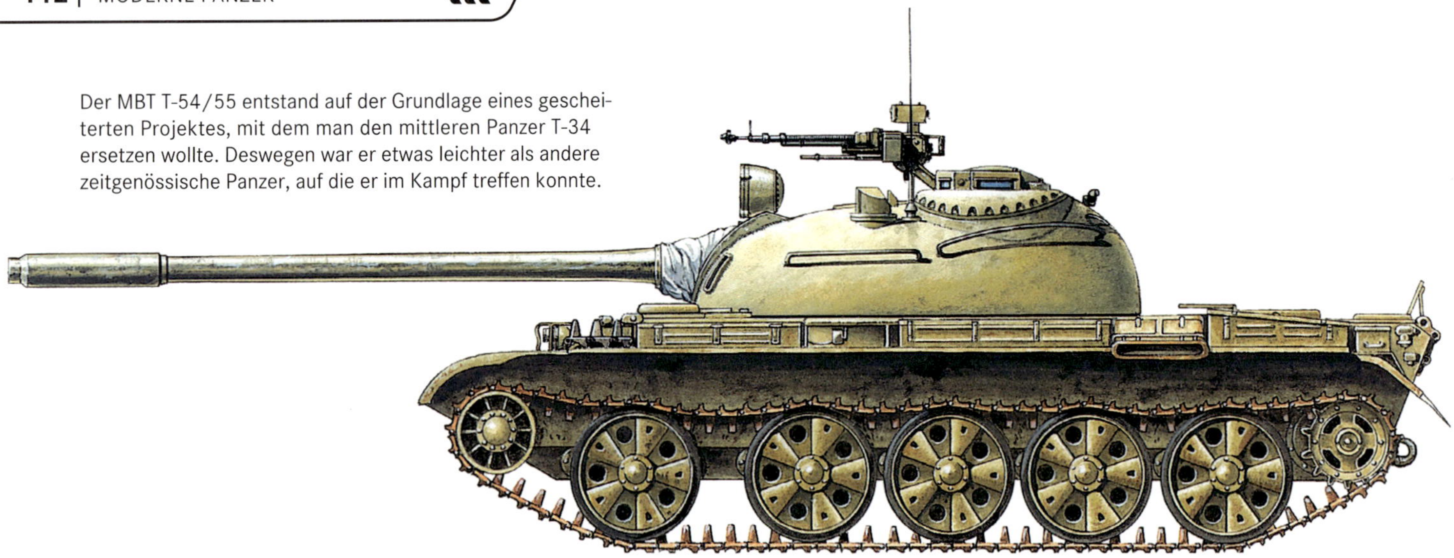

Grund für den Gewichtsunterschied war teilweise seine Herkunft, denn er war ursprünglich als mittlerer Panzer geplant. Die vormals eingebaute Kanone D10T im Kaliber 100 mm war aus einer Mehrzweck-Schiffskanone entstanden. Es fehlte ihr aber etwas an Wirksamkeit, was hauptsächlich an dem primitiven Feuerleitsystem ohne Computerunterstützung lag. Die Kanone musste von oben geladen werden, das war im Eifer des Gefechts eine schwierige Aufgabe. Noch schwieriger wurde sie dadurch, dass die Sitze im ursprünglichen T-54 an die Wanne angeschweißt waren, und es war kein Turmkorb vorhanden, der sich mit dem Turm drehte. Die Soldaten mussten auf dem Wannenboden mit dem Turm mitlaufen. Im Kampf musste der Ladeschütze eine Patrone aus dem Lagerfach nehmen, dabei musste er aufpassen, dass er bei dem sich drehenden Turm nicht vom Verschluss der Kanone getroffen wurde. Dann musste er mit der linken Hand die Patrone in den Verschluss einführen. Ganz offensichtlich beeinträchtigte das die Feuergeschwindigkeit der Kanone. In späteren Modellen wurde dann die Kanone D-10T2S im Kaliber 100 mm eingebaut. Sie hatte ein verbessertes Feuerleitsystem und einen Rauchabsauger. Die Sekundärbewaffnung des T-54 bestand aus einem schweren Maschinengewehr DShKM im Kaliber 12,7 mm als Fla-MG oben auf dem Turm neben der Kommandantenluke und einem als koaxial-Maschinengewehr eingebauten MG PKT im Kaliber 7,62 mm neben der Kanone.

Technische Daten

Abmessungen	Länge: 6,45 m Breite: 3,27 m Höhe: 2,4 m
Gewicht	36 t
Antrieb	1 × 12-Zylinder-Dieselmotor V-54 (später V-55) mit einer Leistung von 520 PS
Geschwindigkeit	50 km/h
Bewaffnung	1 × Kanone D10T mit gezogenem Rohr im Kal. 100 mm (später D10T2S), 1 × schweres Maschinengewehr DShKM im Kal. 12,7 mm, 1 × Maschinengewehr PKT im Kal. 7,62 mm
Panzerung	20–170 mm
Reichweite	500 km
Besatzung	4 Mann

Mängelliste

Etwas erstaunlich ist, dass der T-54/55 im Verlauf seiner gesamten Einsatzzeit genauso gut für seine Mängel wie auch für seine Anpassungsfähigkeit bekannt war. Kritiker haben darauf hingewiesen, dass der Panzer weniger stark gepanzert war als vergleichbare Kampfpanzer seinerzeit. Seine Konstruktion war in mehreren Beziehungen etwas zweifelhaft. Kraftstoff und Munition wurden ziemlich dicht beieinander gelagert, sodass es im Falle eines direkten Treffers zu einer Explosion kommen konnte. Im Turm ging es sehr eng zu, sodass die Besatzung im Kampf in ihrer Bewegungsfreiheit eingeschränkt war. Das galt besonders dann, wenn der Turm gedreht wurde. Der Dieselmotor vom Typ V-54 war größtenteils aus einer Magnesiumlegierung gefertigt. Er war bekannt dafür, dass er leicht Feuer fing, denn die Ölleitungen wurden oft durch Metallspäne verstopft. Durch die fehlenden Stützrollen im Laufwerk begann die Kette des Panzers bei höheren Geschwindigkeiten in Schwingungen zu geraten, was schlimmstenfalls zum Kettenabwurf führen konnte. Die Besatzung des Panzers bestand aus vier Mann; dazu gehörten der Kommandant, der Fahrer, der Ladeschütze und der Richtschütze. Während der Fahrer vorne in der Mitte der Wanne saß, befanden sich die anderen drei Besatzungsmitglieder im Turm, und zwar alle drei auf der linken Seite. Ein einzelner direkter Treffer konnte diese drei Mann außer Gefecht setzen oder sogar töten. Mitte der 1950er-Jahre bekam der T-54A ein einfaches ABC-Schutzsystem, außerdem wurde die Kanone stabilisiert.

Bei der Version T-54B gab es weitere Verbesserungen, denn jetzt wurde die Kanone D10T2S auf zwei Ebenen stabilisiert. Der im Jahre 1960 erschienene T-54C hatte dann eine Turmluke für den Ladeschützen, außerdem hatte man ein MG wieder ausgebaut. Ab 1958 wurde eigentlich nur noch die Variante T-55 gefertigt. Sie konnte vom T-54 durch die Ladeschützenluke und den Aufsatz für die Turmbelüftung unterschieden werden. Oftmals hatte man auch das schwere MG wieder ausgebaut. Der Dieselmotor V-55 war zwar gegenüber seinem Vorgänger eine Verbesserung, aber auch er war pannenanfällig. Zu den weiteren Verbesserungen gehörten ein Laser-Entfernungsmesser, verstärkte Panzerung und ein sich mit dem Turm mitdrehender Turmkorb, durch den ein Teil der Probleme für den Ladeschützen beseitigt werden konnte.

Stellvertreterkriege und Revolutionen

Der MBT T-54/55 wurde in den fast 70 Jahren seiner Dienstzeit bei zahllosen Konflikten im Kampf eingesetzt. Während des Vietnamkrieges stießen südvietnamesische und amerikanische Patton-Panzer oftmals mit nordvietnamesischen T-54 zusammen, wobei sie meist den in der Sowjetunion gebauten Panzern überlegen waren. Bei einem Kampfeinsatz in der Nähe von Dong Ha, der Hauptstadt der Provinz Quang Tri, konnten im April 1972 südvietnamesische M48A3 Patton insgesamt 16 Panzer T-54 ohne eigene Verluste zerstören. In anderen Teilen der Welt entwickelte sich der T-54 zu einem Symbol des Widerstands gegen die sowjetische Oberherrschaft, zum Beispiel als sie während des Aufstands in Ungarn im Jahre 1956 durch die Straßen von Budapest rollten. Bei der indischen Armee spielten sie während der Kriege gegen Pakistan eine herausragende und erfolgreiche Rolle. Im Nahen Osten dagegen hatten sie gegen die israelischen Centurion beim Sechstagekrieg und dem folgenden Yom-Kippur-Krieg keinen guten Stand. Auf dem unteren Foto sieht man einen irakischen T-54/55, der 1991 beim Golfkrieg nach der Niederlage der Armee von Saddam Hussein aufgegeben wurde.

AMX-13 (1952)

Der kurz nach dem Ende des Zweiten Weltkrieges konstruierte französische lufttransportfähige leichte Panzer AMX-13 wurde bis in die 1980er-Jahre produziert und in zahlreiche Länder exportiert. Zu den vielen Neuerungen dieses Panzers gehörten ein Wiegeturm (Oszillationslafette) und ein automatisches Ladesystem für die Kanone.

Nach dem Ende des Zweiten Weltkrieges erholte sich die französische Waffenindustrie sehr schnell. Eines ihrer ersten Produkte war der leichte Panzer AMX-13. Das Konstruktionsbüro Atelier de Construction d'Issy-les-Moulineaux (AMX) begann 1946 mit den Konstruktionsarbeiten. Man wollte einen Jagdpanzer und Spähpanzer entwickeln, änderte dann

Munitionsvorrat

Da in dem Wiegeturm des AMX-13 nur Platz für zwei Magazine mit jeweils sechs Patronen für das automatische Ladesystem war, musste die zusätzliche Munition hinten in der Wanne gelagert werden.

Antrieb

Ursprünglich wurde der AMX-13 mit einem 8-Zylinder-Benzinmotor SOFAM ausgerüstet. Spätere Versionen bekamen einen Dieselmotor, mit dem die Reichweite verbessert und das Brandrisiko verringert werden konnten.

Aufgrund des automatischen Ladesystems für die Kanone des AMX-13 konnte die Besatzung auf drei Mann reduziert werden. Allerdings befanden sich in den zwei Magazinen im Turm nur insgesamt zwölf Patronen.

aber die Planung dahingehend ab, dass man einen lufttransportfähigen leichten Panzer entwickelte, von dem man ausging, dass er bei den Luftlandetruppen einsetzbar sein würde. Die Produktion des AMX-13, der diese Bezeichnung aufgrund seines ursprünglichen Gewichtes von 13 t erhielt, begann in der Fabrik Atelier de Construction Roanne im Jahre 1952 und endete in den 1980er-Jahren. Während der Produktionszeit von 35 Jahren wurden ungefähr 7700 Exemplare dieses Panzers und seiner Varianten gefertigt. In den AMX-13 waren Komponenten aus Panzern aus der Zeit des Zweiten Weltkrieges eingeflossen, aber er enthielt auch innovative Neuerungen. Das Innere des Panzers war in einen vorderen Raum abgeteilt, in dem der Fahrer auf der linken Seite der Wanne saß. Der V8-Benzinmotor SOFAM 8GXb befand sich

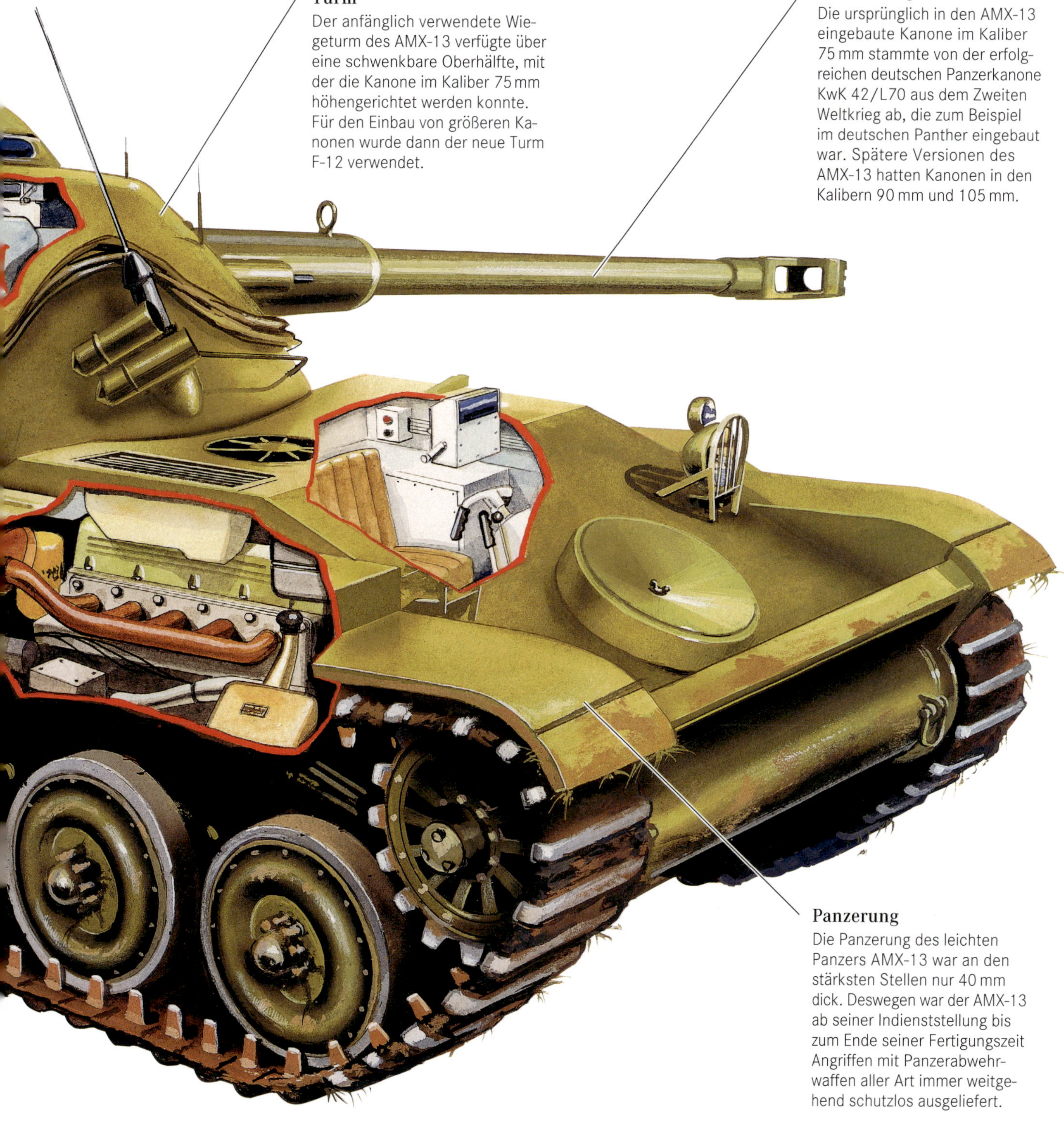

Turm
Der anfänglich verwendete Wiegeturm des AMX-13 verfügte über eine schwenkbare Oberhälfte, mit der die Kanone im Kaliber 75 mm höhengerichtet werden konnte. Für den Einbau von größeren Kanonen wurde dann der neue Turm F-12 verwendet.

Bewaffnung
Die ursprünglich in den AMX-13 eingebaute Kanone im Kaliber 75 mm stammte von der erfolgreichen deutschen Panzerkanone KwK 42/L70 aus dem Zweiten Weltkrieg ab, die zum Beispiel im deutschen Panther eingebaut war. Spätere Versionen des AMX-13 hatten Kanonen in den Kalibern 90 mm und 105 mm.

Panzerung
Die Panzerung des leichten Panzers AMX-13 war an den stärksten Stellen nur 40 mm dick. Deswegen war der AMX-13 ab seiner Indienststellung bis zum Ende seiner Fertigungszeit Angriffen mit Panzerabwehrwaffen aller Art immer weitgehend schutzlos ausgeliefert.

Für den mit Gummireifen und Stahlrädern (Fahrzeugmitte) ausgestatteten Panzerspähwagen Panhard EBR wurde ebenfalls der Wiegeturm des leichten Panzers AMX-13 verwendet. Der EBR hatte vier Mann Besatzung und war mit der Kanone des AMX-13 im Kaliber 75 mm bewaffnet. Die Fertigung begann Mitte der 1950er-Jahre, es wurden ungefähr 1200 Stück davon gebaut.

auf der rechten Seite, er war in Längsrichtung eingebaut, das Auspuffsystem wurde durch ein Rohr in der Nähe des Munitionslagerfaches vorbeigeführt. Der Kommandant und der Kanonier befanden sich im Kampfraum im hinteren Teil des Panzers innerhalb des Wiegeturms. Die Konstruktion des Turmes war eine Abkehr von früheren Entwürfen. Er hatte die Bezeichnung FL-10 und wurde von der Firma Fives-Gail Babcock entwickelt. Dieser Wiegeturm war hinten auf der Wanne angebracht, in seiner oberen Hälfte

Technische Daten

Abmessungen	Länge: 4,88 m Breite: 2,5 m Höhe: 2,3 m
Gewicht	15 t
Antrieb	1 × V8-Benzinmotor SOFAM
Geschwindigkeit	60 km/h
Bewaffnung	1 × Kanone im Kal. 75 mm, 2 × Maschinengewehr FN1/AAT52 im Kal. 7,5 mm oder 7,62 mm
Panzerung	10–40 mm
Reichweite	Straße: 400 km, Gelände: 250 km
Besatzung	3 Mann

war die Kanone fest eingebaut. Zum Schwenken der Kanone in der Vertikalen wurde die obere Hälfte des Turmes auf dem Unterteil hoch- bzw. abgeschwenkt. Zwar hatte dieser Wiegeturm den Vorteil, dass er eine stabile Waffenplattform darstellte, aber er bereitete in bergigem Gelände Probleme. Der AMX-13 war in einer ausgesprochen nachteiligen Position, wenn er versuchte, seine Kanone ausreichend genug hoch- bzw. abzuschwenken, um von Hügeln oder Gebirgskämmen freizukommen. Der Wiegeturm vereinfachte aber den Einbau eines automatischen Ladesystems. Man konnte hier auf das vierte Besatzungsmitglied verzichten und hatte im Kampf eine deutlich höhere Feuergeschwindigkeit. Allerdings hatte der AMX-13 nur zwei Magazine mit jeweils sechs Patronen im Turm, und wenn diese zwölf Schuss Munition verschossen waren, musste sich der Panzer in eine sichere Stellung zurückziehen, damit die Mannschaft die Magazine außerhalb des Fahrzeugs nachladen konnte. Dabei bestand natürlich die Gefahr, dass die Besatzung feindlichem Feuer ausgesetzt wurde, und so war sie während dieses gesamten Vorgangs äußerst verwundbar.

Die frühen Ausführungen des AMX-13 hatten eine Drehstabfederung und den Benzinmotor SOFAM. Im späteren Verlauf der Produktion wurde stattdessen ein Dieselmotor eingebaut, der die Brandgefahr im Fahrzeug verminderte, außerdem wurden ein automatisches Getriebe und eine hydropneumatische Federung eingebaut. Der AMX-13 war ein beliebtes Exportmodell, und zahlreiche Länder, die den leichten Panzer kauften, änderten ihn entsprechend ihres Bedarfs ab. Die

Obwohl der lufttransportfähige leichte Panzer AMX-13 eine innovative Konstruktion war, zeigte sich, dass er aufgrund seines geringen Panzerschutzes im Feld nur eingeschränkt brauchbar war. Außerdem gab es in bergigem Gelände bei Schräglage des Fahrzeugs Probleme mit dem Richten der Kanone.

ursprüngliche Hauptwaffe des AMX-13 war eine Kanone im Kaliber 75 mm mit einer Mündungsbremse mit einer Kammer, die ihr Vorbild in der überaus erfolgreichen deutschen Panzerkanone KwK 42/L70 hatte, die in den PzKpfw V Panther eingebaut war. Im Jahre 1966 erhielt der AMX-13 eine stärkere Kanone im Kaliber 90 mm, danach wurde hauptsächlich für den Export eine Kanone im Kaliber 105 mm mit niedriger Mündungsgeschwindigkeit verwendet. Später wurde dann ein verbesserter Turm mit der Bezeichnung FL-12 eingeführt. Die Sekundärbewaffnung bestand aus einem Maschinengewehr FN1/AAT52 im französischen Kaliber 7,5 mm oder im NATO-Kaliber 7,62 mm, das koaxial zur Hauptwaffe im Turm eingebaut war. Ein Fla-MG im Kaliber 7,62 mm befand sich oben auf dem Turm. In einigen Fällen wurde ein drittes Maschinengewehr neben der Kommandantenkuppel installiert.

Überwindung von Hindernissen

Zwar war der AMX-13 leicht genug, ihn per Lufttransport in die Kampfzone zu transportieren, aber dafür musste er Panzerschutz opfern. Die maximale Stärke seiner Panzerung betrug nur 40 mm, und so war der Panzer für alle Panzerabwehrwaffen eine leichte Beute, ausgenommen davon waren nur Handwaffen. Nachdem die größeren Kanonen eingebaut wurden, stieg das Gewicht des Fahrzeugs auf 14 t und später auf 15 t. Im Jahre 1964 begann der Rüstungskonzern Creusot-Loire mit der Fertigung des AMX-13, der diesen Panzer auch noch weiter für den Export fertigte, nachdem ihn die französische Armee in den 1970er-Jahren außer Dienst gestellt hatte. Als die Fertigung im Jahre 1987 auslief, hatte man mehr als 3000 AMX-13 in andere Länder verkauft. Zu den Nachrüstungen gehörten der Einbau eines computergesteuerten Feuerleitsystems, Laser-Entfernungsmesser, ABC-Schutzeinrichtungen und Nachtsichtgeräte für den Kampf bei Nacht. Trotz dieser Neuerungen und seiner Beliebtheit als Exportwaffe waren die Leistungen des AMX-13 unter Einsatzbedingungen enttäuschend. Obwohl er für Aufklärungseinsätze und Infanterieunterstützung vorgesehen war, war der Panzer stets im Nachteil, wenn er auf gegnerische Panzerkräfte traf. Die israelische Armee (IDF) setzte den AMX-13 während der Suezkrise von 1956 und des Sechstagekrieges von 1967 ein, allerdings wurde er kurz danach außer Dienst gestellt.

M-48 Patton (1952)

Nach den von den Amerikanern im Koreakrieg mit dem Einsatz ihrer Panzer gemachten Erfahrungen wurde mit der Entwicklung des M-48 Patton begonnen. Es war der dritte und erfolgreichste Panzer in der Serie von Patton-Panzern nach dem Zweiten Weltkrieg.

Da man sich auf einen potenziellen Kalten Krieg mit Kämpfen gegen die Panzer des Ostblocks auf den Weiten von Westeuropa vorbereitete und außerdem die Erfahrungen aus dem Koreakrieg auswerten wollte, begannen amerikanische Konstrukteure damit, die vorangegangenen Panzer der Patton-Serie, den M-46 und M-47, zu verbessern. Das Ergebnis sollte ein mittlerer Kampfpanzer sein, der sich relativ kostengünstig fertigen ließ und den man regelmäßig nachrüsten konnte. Der Prototyp des M-48 hatte ursprünglich die Bezeichnung „90 mm Gun Tank T48“; die technische Leistungsbeschreibung für seine Fertigung wurde am 27. Februar 1951 herausgegeben. Ab 1953 war der neue M-48, der wieder nach dem

Der Panzer M-48 Patton II war im Vietnamkrieg das Kernstück der Panzertruppe der amerikanischen Streitkräfte. Die im Turm montierten Maschinengewehre waren gegen feindliche Infanterie im dichten Dschungel sehr wirksam, und die Kanone wurde gelegentlich als mobile Artillerie eingesetzt.

Wanne
Die Wanne des M-48 Patton bestand aus einem einzigen Gussteil, dessen Frontteil bogenförmig ausgeführt war. Die vorher beim M-47 verwendete kastenförmige geschweißte Wanne wurde hier nicht weiterverwendet.

Antrieb
Der in den frühen Ausführungen des M-48 verwendete Benzinmotor Continental AVDS-1790-5B fing sehr leicht Feuer. Später wurde dann der Dieselmotor Continental AVDS-1790-2 eingebaut, durch den außerdem die Reichweite des Panzers verbessert wurde.

berühmten amerikanischen Panzergeneral George S. Patton jr. aus dem Zweiten Weltkrieg benannt war, in der Serienfertigung. Der M-48 wurde bis 1959 gefertigt, bis dahin waren mehr als 12 000 dieser Panzer entstanden. Im Verlauf der Jahre hatten die Hersteller Chrysler Corporation, Ford Motor Company und Fisher Tank Arsenal alle Varianten des M-48 gefertigt. Der Panzer wurde in großem Umfang exportiert und ist bei den Streitkräften zahlreicher Länder auch noch nach mehr als 60 Jahren im Einsatz.

Umkonstruierter Krieger

Auf der Basis der früheren Patton-Konstruktionen überarbeiteten die amerikanischen Ingenieure den Turm und die Wanne des vorhandenen M-47 und verzichteten dabei auf das Bug-MG. Dadurch konnte die Besatzung von fünf auf vier Mann reduziert werden, nämlich Kommandant, Richtschütze, Ladeschütze und Fahrer. Auffällig neben der abgeschrägten Panzerung ist vor allen Dingen der eiförmige Turm, bei dem es sich um ein einzelnes Gussteil handelt. Durch seine geschossabweisende Form bot dieser Turm besseren Schutz, außerdem war er leichter. Anstelle der vorangegangenen eckigen Ausführung der Wanne an der Front wurde jetzt ein bogenförmiges Gussteil verwendet, das ebenfalls aus einem Stück bestand. Die Drehstabfederung des M-47 wurde beibehalten, als Antrieb entschied man sich anfänglich für den luftgekühlten 12-Zylinder-Benzinmotor mit zwei Turboladern; seine Bezeichnung lautete Continental AVDS-1790-5B. Zuerst wurde der M-48 mit der Kanone T54 oder M48 im Kaliber 90 mm bewaffnet.

Panzerung
Im Vergleich zu seinen Vorgängern aus der Patton-Serie hatte der M-48 eine verbesserte Panzerung. Die Turmpanzerung hatte Stärken zwischen 75 mm an den Seiten und 110 mm an der Front. Die Frontplatte an der Wanne war 120 mm stark.

Bewaffnung
Die Hauptwaffe der ersten Versionen des M-48 Patton war die Kanone im Kaliber 90 mm. Zu den von den Israelis vorgenommenen Verbesserungen gehörte der Einbau der britischen 105-mm-Kanone L7A1, und dann folgten auch die amerikanischen Streitkräfte mit dieser schwereren Waffe. Die frühere 90-mm-Kanone ist an der auffälligen Mündungsbremse leicht zu erkennen.

Notausstiegsluke
An der Unterseite der Wanne des M-48 befindet sich eine Notausstiegsluke, durch welche die Besatzung den Panzer im Notfall verlassen kann.

Die Einsatzzeit des M-48 Patton dauert mittlerweile schon über sechs Jahrzehnte. Viele davon sind immer noch im Einsatz bei Streitkräften auf der ganzen Welt. Die Langlebigkeit des M-48 beruht teilweise auf seiner leichten Nachrüstbarkeit und der Kostengünstigkeit. Der hier gezeigte Panzer wird bei der spanischen Armee eingesetzt.

Das gab aber von Anfang an Probleme, weil diese Kanone kein Stabilisierungssystem hatte und sich deswegen im fahrenden Panzer ziemlich schwierig richten ließ. Zur Sekundärbewaffnung gehörten ein schweres Maschinengewehr Browning M2 im Kaliber 12,7 mm an der Kommandantenkuppel und ein koaxial eingebautes Maschinengewehr M73 im Kaliber 7,62 mm,

Technische Daten

Abmessungen	Länge: 6,82 m Breite: 3,63 m Höhe: 3,1 m
Gewicht	47 t
Antrieb	1 × luftgekühlter V12-Benzinmotor Continental AVDS-1790-5B mit 810 SAE-PS (ca. 700 DIN-PS) Leistung, später: 1 × wassergekühlter V12-Dieselmotor Continental AVDS-1790-2 mit 750 PS Leistung
Geschwindigkeit	48 km/h
Bewaffnung	1 × Kanone M41 im Kal. 90 mm, 1 × schweres Maschinengewehr Browning M2 im Kal. 12,7 mm, 1 × Maschinengewehr M73 im Kal. 7,62 mm
Panzerung	13–120 mm
Reichweite	Straße: 200 km (Benzinmotor), 465 km (Dieselmotor); Gelände: 100 km (Benzinmotor), 300 km (Dieselmotor)
Besatzung	4 Mann

das vom Rock Island Arsenal entwickelt worden war und von General Electric hergestellt wurde.

Schwierige Korrekturen

Von Anfang an machte der Benzinmotor Continental Probleme. Aufgrund dieses Motors hatte der M-48 eine begrenzte Reichweite und fing leicht Feuer. Außerdem zeichnete sich der Motor mit seinen 29,3 l Hubraum durch einen immensen Durst aus, denn im Gelände brauchte er bis 1400 l Ottokraftstoff pro Stunde. Bei der Version M-48A3 wurde der Benzinmotor durch den wassergekühlten 12-Zylinder-Dieselmotor Continental AVDS-1790-2D ersetzt. Diese Version des Panzers kam 1963 zu den Panzereinheiten der amerikanischen Armee. Der Panzerschutz an der Frontplatte des M-48 wurde auf bis zu 120 mm verstärkt, der Neigungswinkel betrug 60°. Allerdings konnte der Panzer auch im Turm relativ schnell in Brand geraten, falls ein Treffer die Panzerung durchschlug und Hydraulikflüssigkeit von zerrissenen Leitungen in den Turm gespritzt wurde. Durch ständige konstruktive Überarbeitungen wurde die Kampfkraft des M-48 laufend verbessert. Bei der Version M-48A1 wurden eine neue Luke für den Fahrer und eine neue Kommandantenkuppel eingebaut, sodass man das schwere Maschinengewehr M2 von innen im Turm laden und abfeuern konnte. Die Version M-48A2 hatte einen Motor mit Kraftstoffeinspritzung, ein besseres Feuerleitsystem, größere Kraftstofftanks und eine T-förmige Mündungsbremse an der Kanone. Die vom Dieselmotor angetriebene Variante A3 hatte außerdem einen vereinfachten Entfernungsmesser und ein Feuerleitsystem, das aus einer Reihe von Spiegeln und einem von Nocken und Zahnrädern angetriebenen Ballistikrechner bestand. Von der Version A3 wurden insgesamt 1019 Panzer gebaut, und eine große Anzahl bereits vorhandener

M-48 wurde auf den neuen Stand nachgerüstet. Das amerikanische Heer bekam die ersten 600 Panzer des Typs A3, während die Marineinfanterie den Rest erhielt. Viele dieser Panzer wurden in Vietnam eingesetzt und leisteten bei der Unterstützung von Infanterieeinsätzen hervorragende Dienste, obwohl das Gelände eigentlich niemals als ideal für Panzereinsätze angesehen wurde.

Die Bordkanone im Kaliber 90 mm mit ihrer typischen T-förmigen Mündungsbremse und der Schießscheinwerfer vorn auf der Kanone sind hier auf dem von einem Landungsboot im Verlauf einer Übung an Land fahrenden M-48 Patton gut zu sehen. Der Scheinwerfer hatte eine Leuchtkraft von 1 Million Kerzen, damit konnten auch weit entfernte Ziele angestrahlt werden.

Patton im Einsatz

Die Patton-Serie von mittleren Kampfpanzern wurde infolge der im Zweiten Weltkrieg gemachten Erfahrungen entwickelt, sie wurden dann zu den wichtigsten Panzern der amerikanischen Streitkräfte in der Zeit des Kalten Krieges. Der Panzer war im Vergleich zu seinen Vorgängern M-46 und M-47 eine deutliche Verbesserung und wurde deswegen bei vielen NATO-Staaten und anderen Alliierten der USA zu einem bevorzugten Waffensystem. Der erste Kampfeinsatz des M-48 war bei den pakistanischen Streitkräften im Jahr 1965; dabei musste er im Kampf gegen die Centurion der indischen Armee schwere Verluste hinnehmen. Auch die im Sechstagekrieg eingesetzten jordanischen Panzer M-48 erlitten hohe Verluste, weil sie aufgrund der extern mitgeführten Benzintanks sehr verwundbar waren. Bei den israelischen Streitkräften ersetzte man die 90-mm-Kanone durch die wirksamere 105-mm-Kanone. Die Israelis setzten in beiden Nahostkriegen diverse Versionen des M-48 ein. In der Zwischenzeit hatten die amerikanischen Streitkräfte mehr als 600 Panzer M-48 im Vietnamkrieg im Einsatz. Diese Panzer waren bei der Unterstützung von Infanterieeinsätzen sehr wirksam, obwohl der Dschungel kein ideales Panzergelände war.

Verbesserte Feuerkraft

Mitte der 1960er-Jahre begann man bei den israelischen Streitkräften mit einem Programm zur Verbesserung der Bewaffnung des M-48. Dabei sollte die ursprüngliche Kanone im Kaliber 90 mm mit der neuen 105-mm-Kanone L7A1 ersetzt werden. Außerdem sollte ein verbessertes Feuerleitsystem eingebaut werden, und um das Profil des Panzers zu reduzieren, wurde eine neue Kommandantenkuppel ohne das Turm-MG im Kaliber 12,7 mm eingebaut. Amerikanische Ingenieure beurteilten diese Verbesserungen sehr positiv und führten sie dann bei einer Anzahl ihrer eigenen Patton-Panzer ein, die dann die Bezeichnung M-48A5 bekamen. Der mittlere Kampfpanzer M-48 Patton ist auch im 21. Jahrhundert noch ein durchaus brauchbares Waffensystem, da man ihn mit relativ wenig Aufwand und Kosten nachrüsten kann. Seit seiner Einführung wurde der Panzer bei den Streitkräften von mehr als 20 Ländern in Dienst gestellt. Die deutsche Bundeswehr hatte fast 1500 Panzer dieses Typs in mehreren Varianten bei ihrer Panzertruppe.

PT-76 (1952)

Der amphibische leichte Panzer PT-76 entstand als Antwort auf die Forderung der sowjetischen Militärführung nach einem Aufklärungsfahrzeug, das an Land und im Wasser operieren und außerdem der Infanterie Unterstützung leisten konnte.

Gegen Ende der 1940er-Jahre wandte sich die sowjetische Militärführung wieder einmal dem Konzept des leichten Panzers zu. Dazu wurden eine Reihe von Forderungen nach der Leistungsfähigkeit eines neuen Typs von Aufklärungsfahrzeug gestellt. Der Panzer sollte amphibische Fähigkeiten haben, er sollte an Land, in Sumpfgebieten und im Wasser einsetzbar sein. Außerdem sollte seine Bewaffnung so ausreichend

Der Schwimmpanzer PT-76 wurde speziell für den Einsatz als Spähpanzer und Infanterie-Unterstützungspanzer an Land und im Wasser konstruiert. Das Konzept war erfolgreich, sodass dieses Fahrzeug seit über 60 Jahren im Einsatz steht, zum Beispiel bei der russischen Marineinfanterie.

Bewaffnung
Die ursprünglich eingebaute Kanone D-56T im Kaliber 76,2 mm wurde später durch die D-56TM und schließlich durch die D-56TS ersetzt. Die letztgenannte Kanone ist in zwei Ebenen stabilisiert und hat eine verbesserte Feuerleiteinrichtung.

Bauweise der Wanne
Die Form der Wanne ähnelt einem Ponton oder einem Boot. Dadurch hat der Panzer bei amphibischen Einsätzen gute Schwimmeigenschaften; ausgenommen ist hier lediglich hoher Wellengang.

sein, dass er sich selbst verteidigen und auch vorrückender Infanterie Feuerunterstützung leisten konnte. Natürlich sollte der Panzer im Kampfeinsatz zuverlässig sein. Die sowjetischen Konstrukteure machten sich an die Arbeit und entwarfen zahlreiche Prototypen. Einer davon mit dem Decknamen Objekt 740 erschien sehr vielversprechend. Während der Erprobungen zeigte der neue Panzer, dass er genau die amphibischen Eigenschaften besaß, die von der Roten Armee und den sowjetischen Einheiten der Marineinfanterie gesucht wurden. Seine Konstruktionsweise war eine einzigartige Mischung von Sturmboot und Panzerfahrzeug. 1951 wurde der neue Panzer dann für die Fertigung freigegeben; er bekam die Bezeichnung PT-76. Die Fertigung begann im Jahre 1953 in der Panzerfabrik von Wolgograd.

Schnorchel
Der hier deutlich zu sehende Schnorchel befindet sich über einem Ventilator hinten am Turm und saugt Atemluft in das Innere des Panzers, wenn der PT-76 durch Wasser fährt. Allerdings kann er auch Auspuffgase ansaugen und damit die Besatzung gefährden.

Panzerung
Die Panzerung des PT-76 war ziemlich dünn, damit das Fahrzeug im Wasser den nötigen Auftrieb bekam und bei Aufklärungseinsätzen an Land ausreichend schnell fahren konnte. Deswegen war das Fahrzeug gegen Waffeneinwirkung sehr empfindlich, ausgenommen waren hier nur Handwaffen. Die maximale Stärke der Panzerung lag bei 20 mm.

Antrieb
Die Leistung des wassergekühlten Reihen-Dieselmotors V-6B war für den leichten Panzer an Land ausreichend. Für die Wasserfahrt hatte der Panzer im Heck zwei Wasserstrahldüsen.

Der PT-76 hatte im Vergleich zu anderen amphibischen Kampffahrzeugen seiner Zeit einen ausgesprochenen Vorteil. Er konnte direkt ins Wasser einfahren und herausfahren, ohne dass vorher am Fahrzeug Änderungen vorgenommen oder Teile angebaut werden mussten, wodurch sich die Besatzung feindlichem Feuer ausgesetzt hätte.

Technische Daten

Abmessungen	Länge: 6,91 m Breite: 3,15 m Höhe: 2,33 m
Gewicht	14 t
Antrieb	1 × wassergekühlter Reihen-Dieselmotor V-6B mit 240 PS Leistung, Wasserstrahlantrieb für den amphibischen Einsatz
Geschwindigkeit	Land: 44 km/h, Wasser: 10,2 km/h
Bewaffnung	1 × Kanone D-56TS im Kal. 76,2 mm, 1 × schweres Maschinengewehr DShKM im Kal. 12,7 mm, 1 × Maschinengewehr SGMT im Kal. 7,62 mm
Panzerung	5–20 mm
Reichweite	260 km
Besatzung	3 Mann

Amphibische Sturmpanzer

Der PT-76 blieb bis 1959 in der Fertigung, und es wurden wahrscheinlich 12 000 Stück davon gebaut. Man geht davon aus, dass immer noch 30 dieser Panzer bei der russischen Marineinfanterie im Einsatz sind. Auf dem Höhepunkt seiner Fertigungszeit wurde der PT-76 in mehr als 25 Länder exportiert. Dazu gehörten natürlich die Mitgliedsstaaten des Warschauer Paktes und Dritte-Welt-Länder in Asien und Afrika. Die lange Einsatzzeit des PT-76 ist der Beweis dafür, dass der Panzer seine Aufträge ausführen konnte, für die er konstruiert worden war. Die Wanne ähnelt einem Ponton oder einem Boot, sie hat einen ausgeprägten hydrodynamisch geformten Bug. Die Wanne wurde aus kaltgewalzten gewaltigen Stahlplatten gefertigt und ist in zwei Abteilungen unterteilt. Die abgeschrägte Frontplatte verbessert den Auftrieb des Fahrzeugs im Wasser, und die niedrige Silhouette des PT-76 ist typisch für sowjetische Panzerkonstruktionen. Der sehr enge Turm für zwei Mann Besatzung befindet sich vorn auf der Wanne, der Fahrer sitzt vorne mittig in der Wanne, der Kommandant befindet sich rechts im Turm und der Kanonier links von ihm. Auch bei dieser Konstruktion hatten die sowjetischen Konstrukteure es versäumt, einen für frühe sowjetische Panzerkonstruktionen typischen Fehler zu korrigieren. Der Kommandant musste nämlich als Richtschütze für die Bordkanone DT-56T im Kaliber 76,2 mm fungieren, sodass er sich im Kampf nicht ausschließlich auf die Führung seines Panzers konzentrieren konnte. Zur Beobachtung des Geländes standen dem Kommandanten drei Periskope zur Verfügung, außerdem musste er dem Fahrer, dessen Sichtfeld bei der Überquerung von Wasserläufen oder Gewässern eingeschränkt war, Anweisungen geben. Für die Kanone war ein Visier MK-4 vorhanden, aber sie war nicht stabilisiert und konnte deswegen nicht während der Fahrt abgefeuert werden. Angetrieben wurde der PT-76 durch einen wassergekühlten Dieselmotor V-6B mit sechs Zylindern in Reihe. An Land konnte er eine Höchstgeschwindigkeit von 44 km/h erreichen. Für den amphibischen Einsatz waren zwei Wasserstrahlpumpen im Heck vorhanden, die Wasser in das System ansaugten und es dann mit großem Druck wieder ausstießen, sodass das Fahrzeug im Wasser eine Geschwindigkeit von bis zu 10,2 km/h erreichte.

Für die Überquerung von Wasserläufen war außerdem ein Schnorchel vorhanden, der aber die unangenehme Eigenschaft hatte, Auspuffgase in das Innere des Panzers zu saugen, sodass dessen Einsatz sogar gefährlich war.

Kämpfen oder fliehen

Mit der Ausnahme von starkem Wellengang war der PT-76 im Wasser recht stabil. Das wurde aber durch den Verzicht auf gute Panzerung erkauft, außerdem waren die Räder hohl, um das Gesamtgewicht des Panzers zu verringern. Durch die lediglich 20 mm starke Panzerung vorn am Turm war die Besatzung nur vor Handwaffenfeuer bis zum Kaliber 12,7 mm, kleinen Granatsplittern und Stichflammen geschützt. Ein direkter Treffer von Waffen mit größeren Kalibern durchschlug die Wanne und setzte das Fahrzeug außer Gefecht. Trotzdem war der PT-76 mit seiner Kanone im Kaliber 76,2 mm bei Offensivoperationen durchaus wirkungsvoll. Die Kanone wurde im Jahre 1957 auf den verbesserten Stand D-56TM nachgerüstet, dazu wurden eine verbesserte Mündungsbremse mit zwei Kammern und ein Rauchabsauger eingebaut. Zwei Jahre später wurde die Kanone D-56TS bei der Version PT-76B eingeführt. Diese Kanone war in zwei Ebenen stabilisiert, wodurch der Panzer auch während der Fahrt feuern konnte. Außerdem hatte der PT-76B eine bessere Funkgeräteausstattung, ABC-Schutzeinrichtungen, verbesserte Optiken und verbesserte elektrische Systeme. Die Sekundärbewaffnung bestand aus einem Maschinengewehr SGMT im Kaliber 7,62 mm, das koaxial im Turm eingebaut war. Einige spätere Modelle hatten auch ein schweres Maschinengewehr Kaliber 12,7 mm als Fla-MG. Im Verlauf der Jahre hat der PT-76 seine Fähigkeiten als Spähpanzer und Unterstützungspanzer für die Infanterie bewiesen. Trotz des Nachteils seiner schwachen Panzerung hat er seinen Namen verdient, denn die wörtliche Übersetzung von „Plavayushtshiy Tank“ lautet amphibischer Panzer.

Verbreitung und Urheberrecht

Der PT-76 (Foto unten) wurde auf der ganzen Welt eingesetzt, unter anderem bei der nordvietnamesischen Armee während des Vietnamkrieges, bei den Streitkräften der arabischen Nationen während der Konflikte mit Israel in den 1960er- und 1970er-Jahren, bei Anti-Terroreinsätzen in Indonesien und im 21. Jahrhundert bei den russischen Truppen in Tschetschenien. In der Volksrepublik China wurde viele Jahre lang eine Kopie des PT-76 gebaut, für die man keine Fertigungslizenz hatte; auch die polnische Waffenindustrie baute eine Kopie dieses Panzers. Das Fahrgestell wurde als Plattform für das taktische Raketensystem FROG *(Free Rocket Over Ground)*, den lufttransportfähigen Jagdpanzer ASU-85 und den gepanzerten Mannschaftstransportwagen BTR-50P verwendet.

M-60 Patton (1960)

Die gewaltige Panzermacht des russischen Bären machte den Kommandostrukturen der amerikanischen Streitkräfte und der NATO zunehmend Sorgen. Als Antwort darauf wurde der mittlere Kampfpanzer M-60 geschaffen, der auf der Grundlage des Vorgängers M-48 Patton mit einer ganzen Reihe von erheblichen Änderungen entstand.

Berichte über einen neuen sowjetischen mittleren Kampfpanzer, der den bis dahin bei den westlichen Armeen im Einsatz stehenden oder dort gefertigten Panzern deutlich überlegen sein würde, veranlassten die Vereinigten Staaten dazu, entweder einen vollkommen neuen mittleren Kampfpanzer zu entwickeln oder die Leistungsfähigkeit des M-48 Patton zu verbessern. Dieser mittlere Kampfpanzer war mittlerweile seit den frühen 1950er-Jahren im Einsatz und wurde mehrfach kampfwertgesteigert. Der Wahrheitsgehalt der Berichte über neue sowjetische Panzer ließ sich nicht widerlegen, und während

Sekundärbewaffnung
In die Kommandantenkuppel war ein schweres Maschinengewehr M85 Browning im Kaliber 12,7 mm eingebaut, ein weiteres MG im Kaliber 7,62 mm war koaxial zur Kanone installiert. An den beiden Seiten des Turmes befanden sich sechsrohrige Werfer für Nebelgranaten.

Turm
Der ursprüngliche Turm des mittleren Kampfpanzers M-60 entsprach demjenigen des M-48. Bei den Versionen M-60A1 und M-60A3 wurde er durch einen keilförmigen Turm ersetzt, der die Frontsilhouette des Panzers, die im Kampf üblicherweise in Feindrichtung gezeigt wird, deutlich reduziert.

Panzerung
Die Panzerung des M-60 hatte eine Stärke von bis zu 150 mm. Es war der einzige amerikanische Kampfpanzer, für dessen Panzerung homogenisierter Walzstahl verwendet wurde.

die Sowjets ihren neuen mittleren Kampfpanzer T-62 entwickelten und dann in Serie fertigten, begannen die amerikanischen Konstrukteure damit, den für den Kampf an vorderster Front von der US-Army eingesetzten Panzer zu verbessern. Es gab zu dieser Zeit Berichte vom britischen Geheimdienst, in denen von der Leistung der neuen sowjetischen Panzer und ihren Kanonen im Kaliber 100 mm und 115 mm berichtet wurde. Diese Waffen waren für die Einführung bei den Streitkräften des gesamten Warschauer Paktes vorgesehen. So begannen die Amerikaner im Jahre 1957 mit den Erprobungen ihres neuen Modells mit der Bezeichnung M-60, und im Verlauf der nächsten zwei Jahre verbesserten sie die Leistungen dieses Panzers ständig.

Gleich und doch unterschiedlich

Obwohl es sich beim M-60 in vielen Beziehungen um eine Neukonstruktion handelte, hatte er doch eine deutliche Verwandtschaft mit den Vorgängertypen M-46, M-47 und M-48 aus der Serie der Patton-Panzer. Diese wiederum stammten von dem gegen Ende des Zweiten Weltkrieges eingeführten schweren Panzer M-26 Pershing ab. Obwohl die Hauptprobleme beim M-48 die begrenzte Reichweite, das große Gewicht, der extrem hohe Kraftstoffverbrauch und der relativ schwache Panzerschutz waren, ging der neue Panzer M-60 im Jahre 1960 mit einem Turm in die Fertigung, der dieselbe Form wie sein Vorgänger hatte, und auch die Aufteilung des Kampfraumes war im Grunde genommen eine Kopie der früheren Panzer. Vorn in der Wanne saß der Fahrer, im eigentlichen Kampfraum befanden sich der Kommandant, der Richtschütze und der Ladeschütze. Im Motorraum war der V12-Dieselmotor mit zwei Turboladern vom Typ Continental AVDS-1790-2 untergebracht. Am Laufwerk des Panzers mit seiner Drehstabfederung

Der M-60 Patton war das erste amerikanische Panzerfahrzeug, bei dem wirklich die Einordnung in die Kategorie mittlerer Kampfpanzer gerechtfertigt war. Obwohl er konstruktiv deutlich auf dem Vorgängertyp M-48 basierte, war er im Vergleich zu den früheren Panzern aus der Patton-Serie eine bemerkenswert gute Verbesserung.

Bewaffnung
Die Hauptwaffe des M-60 Patton war die Kanone M68 im Kaliber 105 mm, bei der es sich um eine Lizenzfertigung der britischen Kanone L7A1 handelte. Diese Waffe wurde auch in anderen zeitgenössischen Kampfpanzern des Westens verwendet.

Antrieb
Der V12-Dieselmotor mit zwei Turboladern Continental AVDS-1790-2 übertrug seine Kraft auf das aus Automatikgetriebe, Differenzial, Steuer- und Bremseinheiten bestehende Antriebssystem des M-60.

Der Pionierpanzer M728 CEV *(Combat Engineer Vehicle)* basierte auf dem Kampfpanzer M-60A1. Er war mit einem Ladungswerfer M135 im Kaliber 165 mm bewaffnet. Diese Waffe war eine Lizenzfertigung der britischen L9A1, die zum Beispiel in der Pionierpanzervariante des britischen Centurion eingesetzt wurde.

wurden im Verlauf der Fertigung Änderungen vorgenommen, aber es gab hier eine Neuerung, nämlich den Einbau von Hydraulikstoßdämpfern. Die Drehstäbe des Federungssystems befanden sich in Schutzröhren und waren an einem Ende befestigt, sodass sie als doppelte Federung wirken konnten. Der Turm des M-60 wurde 12 cm weiter nach vorn verlegt, um etwas mehr Platz im Kampfraum zu schaffen, der aber sowieso schon relativ geräumig war. Der Richtschütze saß vorn rechts im Turm, während der Ladeschütze auf der linken Seite darüber saß. Der Kommandant saß auf der rechten Seite direkt über und hinter dem Richtschützen. Der Fahrer konnte den Fahrweg vor ihm durch drei Periskope und ein Infrarot-Nachtsichtgerät beobachten. Der Richtschütze verfügte über ein normales Periskop oben im Turmdach und ebenfalls über ein Infrarot-Periskop, während der Kommandant über acht Winkelspiegel in seiner von Hand schwenkbaren Kommandantenkuppel verfügte. Die Hauptwaffe des M-60, der genau wie seine Vorgänger die Zusatzbezeichnung Patton trug, war die Kanone M68 im Kaliber 105 mm. Es war die in Lizenz gebaute Kopie der hervorragenden britischen Kanone L7A1, die auch im deutschen mittleren Kampfpanzer Leopard 1 und in späteren Ausführungen des britischen Centurion verwendet wurde. Außerdem wurden M-48 aus später Fertigung damit nachgerüstet. Die Kanone M68 konnte entweder vom Kommandanten oder vom Richtschützen abgefeuert werden, sodass der Panzer im Einsatz über eine höhere Kampfkraft verfügte.

Technische Daten

Abmessungen	Länge: 6,94 m Breite: 3,6 m Höhe: 3,2 m
Gewicht	45 t
Antrieb	1 × V12-Dieselmotor mit zwei Turboladern Continental AVDS-1790-2 mit einer Leistung von 750 PS
Geschwindigkeit	48 km/h
Bewaffnung	1 × Kanone M68 im Kal. 105 mm, 1 × schweres Maschinengewehr M85 Browning im Kal. 12,7 mm, 1 × Maschinengewehr M73 Browning im Kal. 7,62 mm
Panzerung	bis 150 mm
Reichweite	480 km
Besatzung	4 Mann

Erprobungen und Verbesserungen

Bei den Varianten M-60A1 und M-60A3 wurde der ursprüngliche, noch vom M-48 stammende eiförmige Turm nicht weiterverwendet, stattdessen führte man einen neuen keilförmigen Turm ein, der die Silhouette des Panzers bei Frontansicht verkleinerte. Außerdem wurde der Panzerschutz vorn auf 127 mm Stärke erhöht. Die Version M-60A3 ging 1977 in die Fertigung. Sie war mit einer ganzen Reihe von Verbesserungen versehen, so zum Beispiel mit dem von Hughes entwickelten Laser-Entfernungsmesser und mit einem thermischen Nachtsichtgerät, das vom Kommandanten verwendet wurde. Für den Richtschützen gab es den

Einige Fachleute halten den Panzer M-60 Patton für eine weitgehende Neukonstruktion, während andere in ihm eine Fortsetzung der Patton-Serie sehen. Unabhängig davon ist er auch heute noch bei den Streitkräften vieler Länder im Einsatz.

Laser-Entfernungsmesser VVG-2 von Hughes, ein Wärmebildgerät VGS-2 und einen neuen Ballistikrechner. Die Wanne des M-60A3 wurde durch zusätzliche Panzerplatten zum Schutz gegen neue feindliche Panzerabwehrwaffen verstärkt, denn solche Waffen standen Ende der 1980er-Jahre in der Entwicklung. Viele bereits im Einsatz stehende M-60A1 wurden Ende der 1970er-Jahre auf den Stand des M-60A3 nachgerüstet. Zu den weiter eingeführten Verbesserungen gehörten neue Kettenpolster, die auch im Feld einfach ausgewechselt oder ersetzt werden konnten, sowie eine Tiefwatvorrichtung und ein Nebelerzeuger.

Immer noch im Dienst

Die Fertigung des mittleren Kampfpanzers M-60 wurde 1987 eingestellt. Es sind aber immer noch sehr viele dieser Panzer bei verschiedenen Ländern bis heute im Einsatz. Vor relativ kurzer Zeit nahm der Panzer noch als Teil der Koalition-Streitkräfte im Jahre 1990-91 an der Operation Desert Storm in Kuwait teil, wo er zusammen mit Kampfpanzern M1 Abrams eingesetzt wurde.

Sternschnuppe

In den 27 Jahren seiner Produktionszeit von 1960 bis 1987 wurden mehr als 15 000 Panzer M-60 Patton einschließlich aller Varianten gefertigt. Der M-60 wurde in begrenzter Stückzahl schon im Vietnamkrieg eingesetzt, kämpfte bei den israelischen Streitkräften im Jahre 1973 im Yom-Kippur-Krieg, bei den iranischen Streitkräften während des iranisch-irakischen Krieges und bei der Operation Desert Storm. Auch heute noch sind einige dieser Panzer bei den amerikanischen Streitkräften im Einsatz. Die Variante M-60A2 bekam den Spitznamen *Raumschiff*. Dieser Panzer hatte ein kombiniertes Waffensystem im Kaliber 152 mm, mit dem man die Panzerabwehr-Lenkwaffe Shillelagh, aber auch konventionelle Munition verschießen konnte. Das Projekt endete in einer großen Enttäuschung, es wurden nur 550 Panzer dieses Typs gefertigt. Die Türme der meisten davon wurden entweder verschrottet oder eingemottet, die Fahrgestelle wurden anderen Verwendungen zugeführt.

T-62 (1961)

Der gegenüber den Kampfpanzern T-54/55 eigentlich nur unwesentlich verbesserte T-62 wurde in den 1960er-Jahren der Hauptpanzer der Roten Armee. Er wurde in großen Stückzahlen gebaut und diente der Ausrüstung der Panzertruppen der Staaten des Warschauer Paktes.

Obwohl dieser Panzer eigentlich als Verbesserung gegenüber den Veteranen T-54/55 geplant war, musste die sowjetische Militärführung später erkennen, dass der T-62 höchstens in begrenztem Maße ein Erfolg war. Westliche Beobachter kamen zu der Erkenntnis, dass der Panzer für jede an ihm vorgenommene Verbesserung gleichzeitig wieder einen neuen Mangel aufwies, der diese Verbesserung zunichtemachte. Ständig neue Verbesserungen an den Panzerkonstruktionen der NATO und die Indienststellung der amerikanischen Patton und der britischen Centurion veranlassten die Sowjets, die Fähigkeiten ihres mittleren Kampfpanzers T-54/55, insbesondere seiner Waffe D10T2S im Kaliber 100 mm und deren Durchschlagskraft auf ständig stärker und widerstandsfähiger werdende Panzerungen auf normale Kampfentfernungen hin neu zu bewerten. Nachdem ein Versuch zur Kampfwertsteigerung des T-54/55

Bewaffnung
Die Glattrohrkanone U5TS im Kaliber 115 mm läutete bei der Hauptbewaffnung des Kampfpanzers eine neue Zeit ein, denn bis dahin wurden viele Jahre lang fast ausschließlich gezogene Kanonenrohre verwendet.

Panzerung
Mit einer Frontpanzerung von 102 mm Stärke und einem Neigungswinkel von 60° hielten viele Fachleute den Panzerschutz des T-62 für nicht ausreichend im Kampf gegen eine neue Generation von NATO-Panzern und Panzerabwehrwaffen.

durch den Einbau der stabilisierten Glattrohrkanone U5TS gescheitert war, verlängerte man die Wanne und erweiterte den Drehkranzring, um die schwerere Waffe unterbringen zu können und den recht heftigen Rückstoß aufzufangen. Das Ergebnis war der T-62, der 14 Jahre lang von 1961 bis 1975 in der Sowjetunion gebaut wurde, von 1975 bis 1978 in der Tschechoslowakei und bis in die 1980er-Jahre in Nordkorea. Insgesamt wurden fast 23 000 Panzer T-62 gefertigt.

Noch mehr davon?

Obwohl der T-62 schon in den frühen 1960er-Jahren einsatzbereit war, wurde er erst 1965 im Westen bekannt. Trotz dieser Geheimhaltung war der T-62 keineswegs eine wesentliche Verbesserung des T-54/55. Bemerkenswert ist, dass er trotzdem eine führende Rolle bei den Panzerstreitkräften der Roten Armee und der Staaten des Warschauer Paktes einnahm; das galt auch für mit der Sowjetunion befreundete Staaten im Nahen Osten und im Pazifikraum.

Sekundärbewaffnung
Zur Sekundärbewaffnung des T-62 gehörten ein schweres Maschinengewehr DshK 1938/46 im Kaliber 12,7 mm, für dessen Bedienung der Kommandant aus dem Turm herauskommen musste. Außerdem war ein Koaxial-MG PKT im Kaliber 7,62 mm eingebaut.

Trotz seiner Mängel blieb der in der Sowjetunion konstruierte mittlere Kampfpanzer T-62 mehr als 20 Jahre lang in der Fertigung. Obwohl er im Vergleich zu den T-54/55 keine deutliche Verbesserung darstellte, diente er bei den Staaten des Warschauer Paktes in Osteuropa und bei anderen Armeen auf der ganzen Welt als Kampfpanzer an vorderster Front.

Antrieb
Die Leistung des wassergekühlten 4-Takt-Dieselmotors V-55 mit 12 Zylindern in V-Form war für den T-62 ausreichend. Er erreichte damit eine Höchstgeschwindigkeit von 50 km/h auf der Straße.

Der chinesische Panzer Typ 69 (oben) basierte eigentlich auf dem alten sowjetischen T-54, aber man hatte auch viele Komponenten des sowjetischen T-62 kopiert und einfließen lassen. Der Typ 69 war der erste in China selbst konstruierte mittlere Kampfpanzer.

Sowohl innen als auch außen hat der T-62 deutliche Ähnlichkeit mit seinem Vorgänger. Der charakteristische und leicht zu erkennende Turm, der wie eine umgedrehte Bratpfanne aussieht, wurde beibehalten. Zwar trägt er zu der niedrigen Silhouette des Panzers bei, aber er beschränkt auch die Bewegungsfreiheit der drei Besatzungsmitglieder im Turm, außerdem ist das Schwenken der Hauptwaffe schwierig. Der Einbau einer größeren Kanone machte die beengten Verhältnisse im Turm noch schlimmer. Die Geländegängigkeit des Panzers ist allerdings gut, er ist im Feld leicht zu warten, er hat eine kampfstarke Kanone, die an ihrem typischen Rauchabsauger zu erkennen ist, und der Wannenboden ist verstärkt, um der Besatzung mehr Schutz gegen Minentreffer zu bieten. Die Kette ist mit Kettenpolstern aus Gummi versehen. Der 12-Zylinder-Dieselmotor V-55 liefert ausreichend Kraft, und durch einen außen mitgeführten Kraftstofftank für 400 l Dieselkraftstoff wird die Reichweite des T-62 deutlich erhöht. Die Oberseite der Wanne hat eine 102 mm starke Panzerung, die Frontpanzerung in diesem empfindlichen Bereich ist bis 200 mm stark und um 60° abgeschrägt. Das gilt aber mittlerweile als nicht mehr ausreichend. Die Kettenglieder aus Manganstahl waren ziemlich widerstandsfähig und dauerhaft, allerdings hatte der Panzer die Neigung, seine Ketten abzuwerfen, wenn er zu schnell rückwärts fuhr oder sich zu schnell drehte. Munition und Treibstoff wurden in der Wanne ziemlich dicht nebeneinander gelagert, sodass ein direkter Treffer zu einer katastrophalen Explosion führen konnte.

Technische Daten

Abmessungen	Länge: 9,34 m Breite: 3,3 m Höhe: 2,4 m
Gewicht	40 t
Antrieb	1 × wassergekühlter 12-Zylinder-Dieselmotor V-55 mit 581 PS Leistung
Geschwindigkeit	Straße: 50 km/h, Gelände: 40 km/h
Bewaffnung	1 × Glattrohrkanone U5TS im Kal. 115 mm, 1 × schweres Maschinengewehr DshK 1938/46 im Kal. 12,7 mm als Fla-MG, 1 × Maschinengewehr PKT im Kal.7,62 mm
Panzerung	20–240 mm
Reichweite	Straße: 450 km, Gelände: 320 km
Besatzung	4 Mann

Gepanzerte Angst

Beim Kampfeinsatz frustrierte der T-62 regelmäßig diejenigen, deren Leben von der Funktionalität des Panzers abhängig war. Einige Kenner haben das Innere dieses Panzers als „ergonomisches Elendsviertel“ bezeichnet. In der bekannten sowjetischen Tradition hatte man bei der Konstruktion des T-62 wenig Wert auf Komfort für die Besatzung gelegt. Das Abfeuern der Kanone im Kaliber 115 mm war eine regelrechte Plage. Normalerweise nahm der Kommandant das Ziel durch seine Zieloptik auf und schwenkte den Turm in die richtige Richtung. Der Richtschütze musste dann auf dem Wannenboden hinter der Kanone herlaufen, richtete die Kanone auf Ziel und feuerte die Waffe ab. Danach musste die Kanone abgeschwenkt werden,

Hier nebelt sich ein mittlerer Kampfpanzer T-62 durch Verdampfen von Dieselkraftstoff ein, um sich den Blicken des Feindes zu entziehen. Deutlich zu sehen ist das Laufwerk ohne Stützrollen. Bei mäßigen Geschwindigkeiten hatte der Panzer eine gute Bodenhaftung.

damit die Hülse ausgeworfen werden konnte. Der Ladeschütze musste nun eine 23 kg schwere Patrone mit seiner linken Hand von oben in den Verschluss der Kanone laden. Obwohl die Kanone theoretisch stabilisiert war, damit der Panzer auch in der Bewegung feuern konnte, wurde diese Fähigkeit durch die vorher beschriebenen Tätigkeiten zunichtegemacht. Die niedrige Feuergeschwindigkeit - nur ungefähr vier Schuss pro Minute - bedeutete dann, dass ein fehlgegangener Erstschuss für den T-62 tödlich sein konnte, denn eigentlich hätte er jetzt sehr schnell einen weiteren Schuss abgeben müssen. Zu den weiteren Problemen mit der Kanone gehörte die Tatsache, dass man sie nicht schwenken konnte, während sie geladen wurde oder während der Fahrer vorn in der Wanne seine Luke geöffnet hatte. Bei einer später folgenden Variante, dem T-64, wurde ein automatisches Ladesystem eingeführt. Dadurch konnte man zwar die Besatzung auf drei Mann reduzieren, aber auch diesmal versäumte man es wieder, die zahlreichen Mängel beim Turm und der Waffenkoordination zu beseitigen. Zur Sekundärbewaffnung gehörten ein schweres Maschinengewehr DshK 1938/46 im Kaliber 12,7 mm oben neben der Kommandantenkuppel als Fla-MG. Als Koaxial-MG war ein Maschinengewehr PKT im Kaliber 7,62 mm eingebaut. Merkwürdigerweise konnte der Kommandant sein schweres Maschinengewehr nicht aus der sicheren Position innen im Turm abfeuern. Um mit dem MG zu schießen, musste er seine Luke öffnen und sich dem feindlichen Feuer aussetzen. Der T-62 war mit einer ABC-Schutzausrüstung versehen, und das Innere des Turms war mit bleihaltigem Schaum beschichtet, um gegen atomare Strahlung zu schützen. Für das Durchwaten von Wasserläufen war ein Schnorchel vorhanden, allerdings war das Durchqueren nicht ganz unproblematisch.

Lange Einsatzzeit

Obwohl sich die Streitkräfteführung und viele Fachleute über die zahlreichen Mängel des Kampfpanzers T-62 im Klaren waren, blieb er viele Jahre lang das Rückgrat der Panzerstreitkräfte bei der Roten Armee, den Staaten des Warschauer Paktes und anderen Armeen, die mit der Sowjetunion befreundet waren. Zu seinen Einsätzen gehören Kämpfe in Vietnam, Angola, bei den arabisch-israelischen Konflikten, dem Krieg zwischen Iran und Irak und dem ersten Golfkrieg. Nachdem die Fertigung des Panzers in der Sowjetunion und der Tschechoslowakei schon mehrere Jahre ausgelaufen war, fertigte man in Nordkorea eine Variante dieses Panzers. In der Volksrepublik China wurde eine Kopie des Panzers ohne Lizenz gefertigt, nachdem die chinesische Volksbefreiungsarmee bei den Grenzstreitigkeiten mit der Sowjetunion im Jahre 1969 einen T-62 erbeutet hatte. Zu den Varianten des T-62 gehören der Panzer T-64 mit einem automatischen Ladesystem, das Sturmgeschütz SU-130, ein Flammenwerferpanzer und ein Bergepanzer.

Chieftain Mk5 (1963)

Obwohl seine konstruktiven Ursprünge bis in die späten 1940er-Jahre zurückgingen, wurde die Fertigung des Chieftain erst 1963 aufgenommen. Er war als Ersatz für die Serie der Centurion-Panzer vorgesehen. Der Chieftain setzte dann neue Maßstäbe bei der Konstruktion von britischen mittleren Kampfpanzern.

Als der Chieftain Mitte der 1960er-Jahre auf dem Höhepunkt des Kalten Krieges die ersten Panzereinheiten erreichte, hatte die britische Armee endlich ein Panzerfahrzeug zur Verfügung, das es mit seinen Gegnern vom Warschauer Pakt aufnehmen konnte. Das galt besonders für den T-54/55 und den etwas überhastet eingeführten T-62 mit seiner Glattrohrkanone im Kaliber 115 mm, die vielen Fachleuten bei der NATO Sorgen machte. Tatsächlich hatten die britischen Panzerkonstrukteure sich die während der Kämpfe im Zweiten Weltkrieg gelernten Lektionen sehr zu Herzen genommen. Schwerere Waffen, höhere Geschwindigkeit und kräftiger Panzerschutz, das waren die Voraussetzungen für jeden neuen Panzer, der die durchaus kampfkräftigen Panzer der Centurion-Serie ersetzen sollte. Außerdem konnten jetzt die britischen Panzersoldaten ihren sowjetischen Gegnern mit mehr Selbstvertrauen entgegentreten. Mit dem Chieftain war das möglich.

Chieftain in der Übersicht

Die technische Leistungsbeschreibung für den neuen britischen mittleren Kampfpanzer wurde 1958 genehmigt. Drei Jahre später hatte der Hersteller Leyland Motors den ersten Prototyp fertiggestellt, aus dem dann der Chieftain entstehen sollte. 1963 erhielt die britische Armee die ersten Serienmodelle des Chieftain; es war ein gewaltiger Panzer mit einem Gewicht von 54 t. Aufgrund des hohen Gewichtes machten sich einige Kommandeure Sorgen in Bezug auf die Wendigkeit und Geländegängigkeit des Panzers. Diese Sorgen konnten aber schon bald ausgeräumt werden, denn die Fachwelt nahm jetzt von den anderen Leistungsmöglichkeiten des kampfkräftigen Chieftain Kenntnis. Schon bald bestand Einigkeit darüber, dass es der bis zur Einführung des deutschen Leopard 2 am stärksten bewaffnete Panzer überhaupt war. Bis Ende der 1980er-Jahre bildete der Chieftain das Rückgrat der britischen Panzerstreitkräfte, die auf dem europäischen Kontinent der NATO unterstellt waren.

Bewaffnung
Die Hauptwaffe des Chieftain Mk5 war die Kanone L11A5 L/56 mit gezogenem Rohr im Kaliber 120 mm. Ursprünglich wurde ein schweres Maschinengewehr zum Einschießen der Kanone verwendet. Dieses Verfahren wurde aber schon bald durch einen Laser-Entfernungsmesser ersetzt.

Panzerung
Obwohl bis heute bestimmte Einzelheiten über die Panzerung der Geheimhaltung unterliegen, geht man davon aus, dass der Chieftain an der Frontplatte eine Panzerung von 203 mm Stärke hatte. Später wurde noch zusätzliche Verbundpanzerung verwendet.

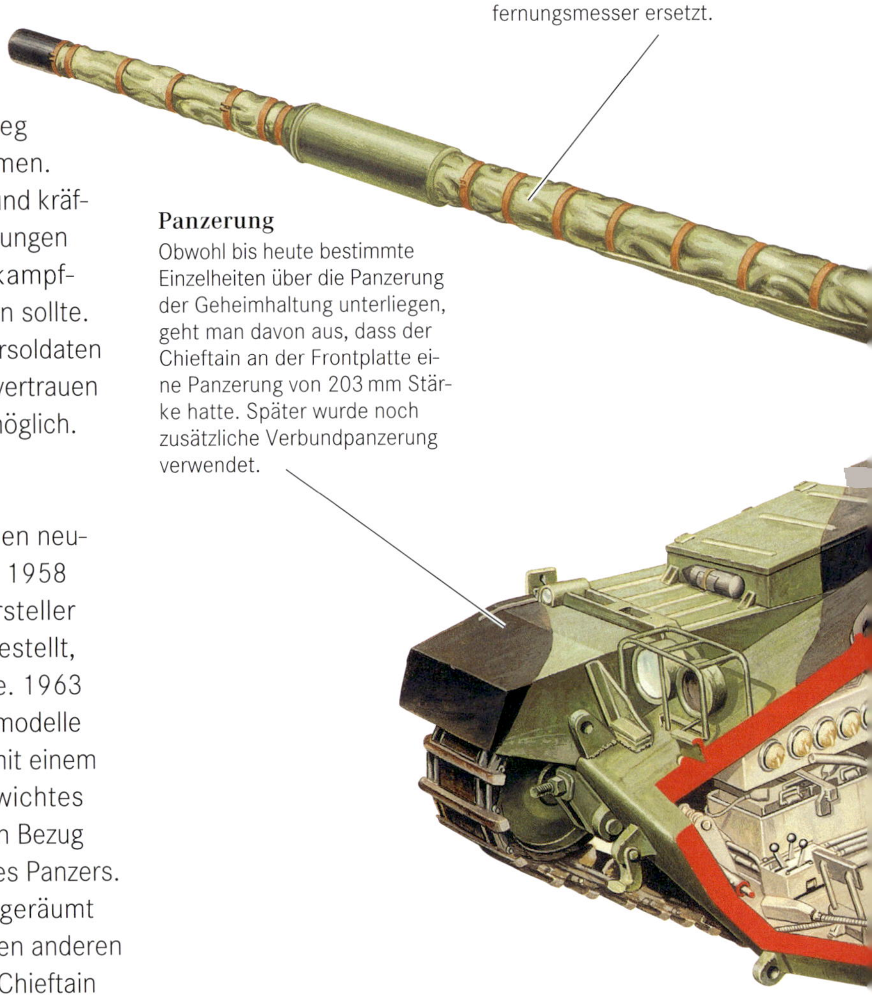

Zwar konnte der mittlere Kampfpanzer Chieftain seine konstruktiven Ursprünge bis zu den Infanterie- und Kreuzerpanzern aus der Zeit des Zweiten Weltkrieges zurückverfolgen, aber er verfügte über eine weitaus stärkere Bewaffnung, bessere Panzerung und eine höhere Geschwindigkeit.

Nach der Einführung des MBT Chieftain in den frühen 1960er-Jahren hatte Großbritannien eine führende Rolle bei der Schaffung von innovativen Panzerfahrzeugen übernommen. Das war eine ganz deutliche Abkehr von den enttäuschenden Leistungen der meisten britischen Kampfpanzer während des Zweiten Weltkrieges ein Vierteljahrhundert zuvor.

Sekundärbewaffnung

Die Sekundärbewaffnung umfasste ein schweres Maschinengewehr im Kaliber 12,7 mm, das koaxial zur Hauptwaffe eingebaut war und ursprünglich für das Einschießen der Kanone verwendet wurde. Außerdem war ein MG GPMG *(General Purpose Machine Gun)* im Kaliber 7,62 mm für die Bekämpfung von Infanterie- und Fliegerangriffen vorhanden.

Antrieb

Der ursprünglich eingebaute Dieselmotor des Chieftain wurde bald durch den 12-Zylinder-Vielstoffmotor Leyland L-60 No 4 Mark 8 ersetzt. Aber auch dieser Motor war unzuverlässig und verursachte anfänglich viele Probleme.

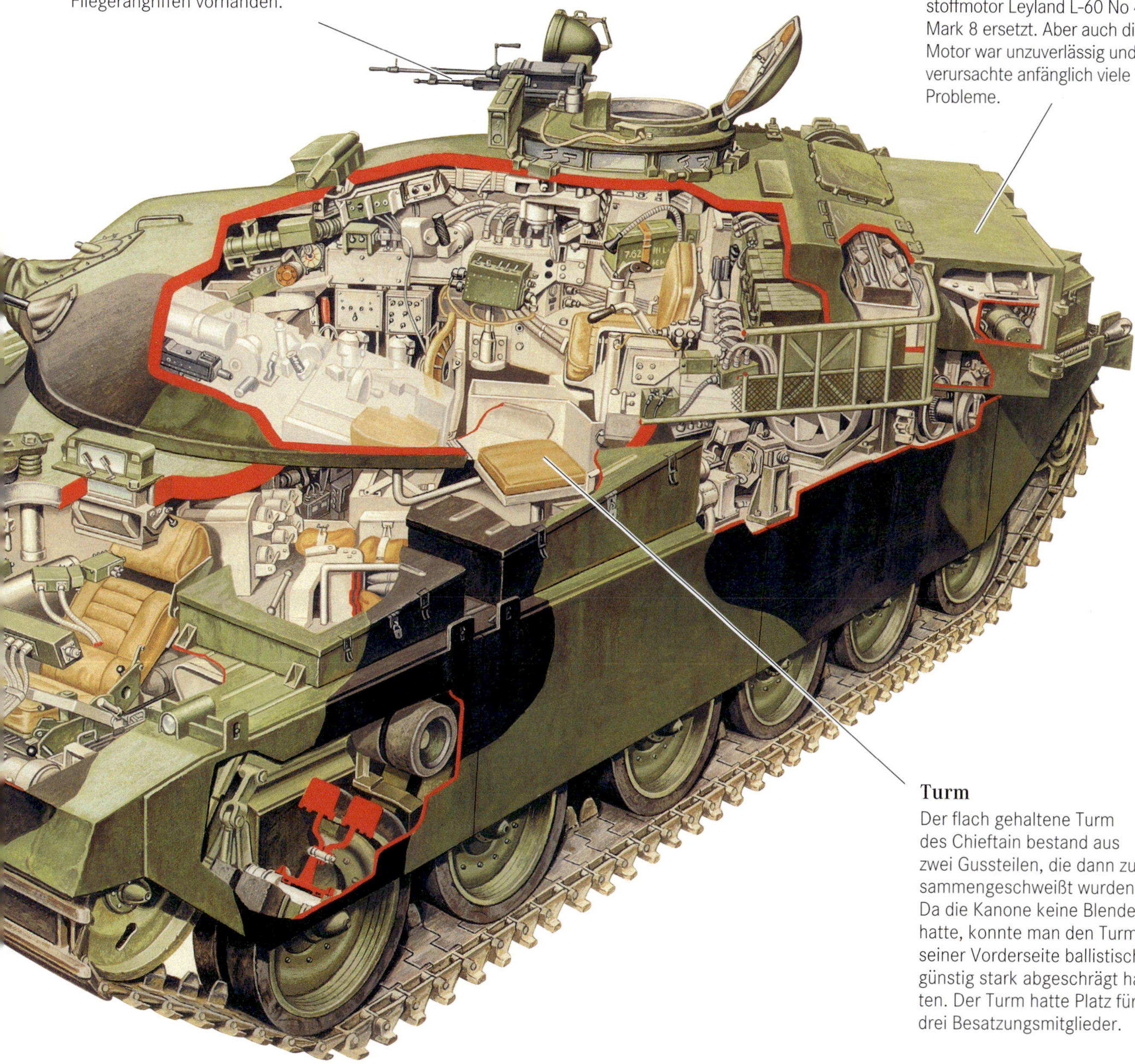

Turm

Der flach gehaltene Turm des Chieftain bestand aus zwei Gussteilen, die dann zusammengeschweißt wurden. Da die Kanone keine Blende hatte, konnte man den Turm an seiner Vorderseite ballistisch günstig stark abgeschrägt halten. Der Turm hatte Platz für drei Besatzungsmitglieder.

Der Pionierpanzer Chieftain AVRE *(Armoured Vehicle Royal Engineers)* hatte oben auf einem nach vorn geneigten Schienensystem Platz für Faschinenbündel. Damit konnten Gräben, Granattrichter und andere Vertiefungen im Gelände ausgeglichen werden.

Reichlich Leistung

Von Anfang an wiesen die Fachleute auf die Bedeutung der Hauptwaffe des Chieftain hin. Seine Kanone Royal Ordnance L11A5 mit gezogenem Rohr im Kaliber 120 mm sollte schließlich zur Standardwaffe der Panzer der NATO während der Zeit des Kalten Krieges werden. Ein besonderes Merkmal der Waffe war ihre Fähigkeit, feindliche Panzerung auf größere Entfernungen hin durchschlagen zu können als jede andere vorhandene Panzerkanone. Bei den früheren Versionen des Chieftain wurde ein schweres Maschinengewehr im Kaliber 12,7 mm zum Einschießen der Hauptwaffe verwendet, dabei wurde aus dem MG Leuchtspurmunition verschossen. Dieses Verfahren wurde aber schon bald abgeschafft, stattdessen wurde ein Laser-Entfernungsmesser verwendet. Die Kanone L11A5 wurde schon bald aufgrund ihrer Durchschlagskraft und ihrer hohen Feuergeschwindigkeit von sechs bis zehn Schuss pro Minute berühmt. Sie verschoss keine patronierte Munition, sondern Granate und Treibladung wurden jeweils getrennt hintereinander geladen. Aufgrund dieses Verfahrens war die Gefahr einer Explosion mit katastrophalen Folgen gemindert worden. Anfänglich wurde der Chieftain von einem Dieselmotor mit einer Leistung von 584 PS angetrieben, aber man erkannte sehr schnell, dass dieser Motor nicht ausreichend war. Der nächste eingebaute Motor war der Leyland L-60 No 4 Mark 8, ein 12-Zylinder-Vielstoffmotor. Es stellte sich aber schnell heraus, dass auch der L-60 mit Problemen behaftet war. Der 54 t schwere Chieftain war in schwerem Gelände etwas träge, und sein Motor stellte sich als unzuverlässig heraus. Bei bis zu 90 % der eingebauten Motoren gab es mehr oder minder schwere Störungen, die bis zum Liegenbleiben führen konnten. Probleme gab es besonders mit den Keilriemen und den nassen Zylinderlaufbüchsen. Außerdem mussten Rohre und Schläuche im Motorraum neu verlegt werden, um die Leistungen des Motors zu verbessern. Der Panzerschutz des Chieftain bestand aus homogenisiertem Gussstahl, der verschweißt wurde. Der Turm bestand ebenfalls aus Gussteilen und zusätzlich verschweißten Komponenten. Bei den späteren Varianten wurde als Zusatzpanzerung eine Verbundpanzerung verwendet, die aus Stahl und Keramik bestand. Deren Stärke unterliegt teilweise auch heute noch der Geheimhaltung, aber man geht davon aus, dass sie an der Frontplatte 203 mm stark war. Das Laufwerk wurde von Panzerschürzen geschützt. Gemäß den normalen britischen Richtlinien wurde das Innere

Technische Daten

Abmessungen	Länge: 7,52 m Breite: 3,5 m Höhe: 2,9 m
Gewicht	54 t
Antrieb	1 × 12-Zylinder-Vielstoffmotor Leyland L-60 No 4 Mark 8 mit einer Leistung von 750 PS
Geschwindigkeit	50 km/h
Bewaffnung	1 × Kanone mit gezogenem Rohr Royal Ordnance L11A5 im Kal. 120 mm, 1 × schweres Maschinengewehr L21 im Kal. 12,7 mm, 1 × Maschinengewehr L37 GP im Kal. 7,62 mm
Panzerung	geheim – geschätzt auf bis zu 203 mm
Reichweite	Straße: 500 km, Gelände: 300 km
Besatzung	4 Mann

des Chieftain so aufgeteilt, dass der Fahrer vorn in der Mitte saß, während der Kampfraum sich unter dem Turm befand. Der Motor war von einem Brandschott vom restlichen Innenraum abgetrennt. Bei der letzten Serienausführung, dem Mk5, saß der Fahrer auf einer Art Liegesitz, sodass er die flache Silhouette des Panzers nicht störte und die Kanone auch in der Stellung 12:00 Uhr nach unten abgeschwenkt werden konnte, um tiefer liegende Ziele zu bekämpfen. Der Kommandant konnte mit einer Reihe von Winkelspiegeln und Periskopen sein Umfeld im Umkreis von 360° beobachten. Er saß auf der rechten Seite des flachen und stromlinienförmigen Turms unter einer drehbaren Kuppel. Der

Den Kampfpanzer Chieftain Mk5 kann man sehr einfach an seiner langen Kanone mit gezogenem Rohr im Kaliber 120 mm erkennen, außerdem auch an der charakteristischen Neigung der Frontplatte und der Vorderseite des Turms. Eine Blende für die Kanone ist hier nicht vorhanden.

Richtschütze saß unten vor dem Kommandanten, während sich der Ladeschütze auf der linken Seite des für drei Mann eingerichteten Turms befand. Bei der Version Mk5 hatte man weitere Verbesserungen am Antrieb und am ABC-Schutzsystem vorgenommen. Der Turm des Chieftain hatte keine sichtbare Kanonenblende. Der Vorteil davon war, dass sich der Panzer in einer verdeckten Stellung besser tarnen ließ.

Chieftain in der Wüste

Der Chieftain Mk5 war das letzte Serienmodell in dieser Baureihe, die insgesamt mehr als ein Dutzend Varianten umfasste. Exportausführungen des Chieftain wurden bei den Streitkräften einer Reihe von Nahost-Staaten wie Oman, Kuwait, Jordanien und Irak eingesetzt. Der Iran bestellte Chieftain-Panzer in den Ausführungen Shir I und Shir II, aber eine Bestellung für ca. 1200 Panzer Shir II wurde storniert, nachdem der Schah von Persien im Jahre 1979 gestürzt worden war. Zu den Spezialausführungen des Chieftain gehörten der Pionierpanzer AVRE *(Armoured Vehicle Royal Engineers)*, Bergepanzer, Brückenlegepanzer, Minenräumpanzer und Fla-Panzer. Der Shir I wurde später in „*Khalid*" umbenannt.

Leopard 1 (1965)

Das Projekt des mittleren Kampfpanzers Leopard 1 war ursprünglich ein Gemeinschaftsunternehmen von Deutschland und Frankreich, später kam noch Italien dazu. Nachdem dieses Unternehmen gescheitert war, fuhren die deutschen Konstrukteure mit der Entwicklung ihres eigenen Waffensystems fort.

Im November 1956, nur einige Monate nach der Aufstellung der Bundeswehr in der Bundesrepublik Deutschland und ein gutes Jahrzehnt nach dem Ende des Zweiten Weltkrieges, gab das deutsche Verteidigungsministerium eine technische Leistungsbeschreibung für einen neuen mittleren Kampfpanzer heraus, der die amerikanischen Modelle M-47 und M-48 Patton ersetzen sollte, die bis dato zur Ausstattung der deutschen Panzereinheiten gehörten. Zuerst wollte man im Rahmen eines Gemeinschaftsunternehmens mit Frankreich einen Kampfpanzer für beide Länder entwickeln, der bei

Der MBT Leopard 1 wurde im Jahre 1965 bei der deutschen Bundeswehr in Dienst gestellt. Er war sehr gut bewaffnet und mit neuester Technologie ausgestattet, allerdings hatte man seine Panzerung zugunsten von Geschwindigkeit und Beweglichkeit relativ schwach gehalten.

Turm

Die Form und Bauweise des Turms des Leopard 1 wurde im Verlauf seiner Fertigung mehrfach geändert. Ursprünglich wurde ein Gussturm verwendet, der später durch einen geschweißten Turm in Schottbauweise ersetzt wurde, durch den der Innenraum im Turm beträchtlich vergrößert wurde. An der linken Seite des Turmes befand sich eine Luke, durch die der Munitionsvorrat ergänzt werden konnte. Auf der Kanonenblende war ein Schießscheinwerfer angebracht.

Bewaffnung

Die vom britischen Rüstungskonzern Royal Ordnance entwickelte Panzerkanone L7A3 L/52 mit gezogenem Rohr im Kaliber 105 mm wurde in der Bundesrepublik in Lizenz gefertigt; damit wurde dann der Leopard 1 bewaffnet. Gegen Ende seiner Einsatzzeit erhielt eine sehr begrenzte Stückzahl dieses Panzers die Glattrohrkanone im Kaliber 120 mm.

den jeweils eigenen Streitkräften eingesetzt werden sollte, der aber auch auf dem internationalen Waffenmarkt für den potenziellen Export angeboten werden sollte. Dieses Unternehmen scheiterte schließlich, weil offensichtlich der tatsächliche Wille zur Zusammenarbeit fehlte. Beide Länder entwickelten danach eigene Panzer unabhängig voneinander. 1961 wurde dann ein Prototyp des neuen Panzers erprobt, und im Juli 1963 bekam der Rüstungskonzern Krauss-Maffei den Auftrag für die Fertigung des neuen deutschen Kampfpanzers, der den Namen Leopard 1 erhielt.

Technische Beschreibung

Die ersten einsatzbereiten Leopard 1 kamen im September 1965 zur Bundeswehr. Sie stellten einen beträchtlichen Fortschritt in Bezug auf die

Die Fertigung des Leopard 1 in der Bundesrepublik lief von 1965 bis 1979. Allerdings wurde die Fertigungsstraße im Jahre 1981 noch einmal in Betrieb genommen, um einen Auftrag der griechischen Regierung zu erfüllen.

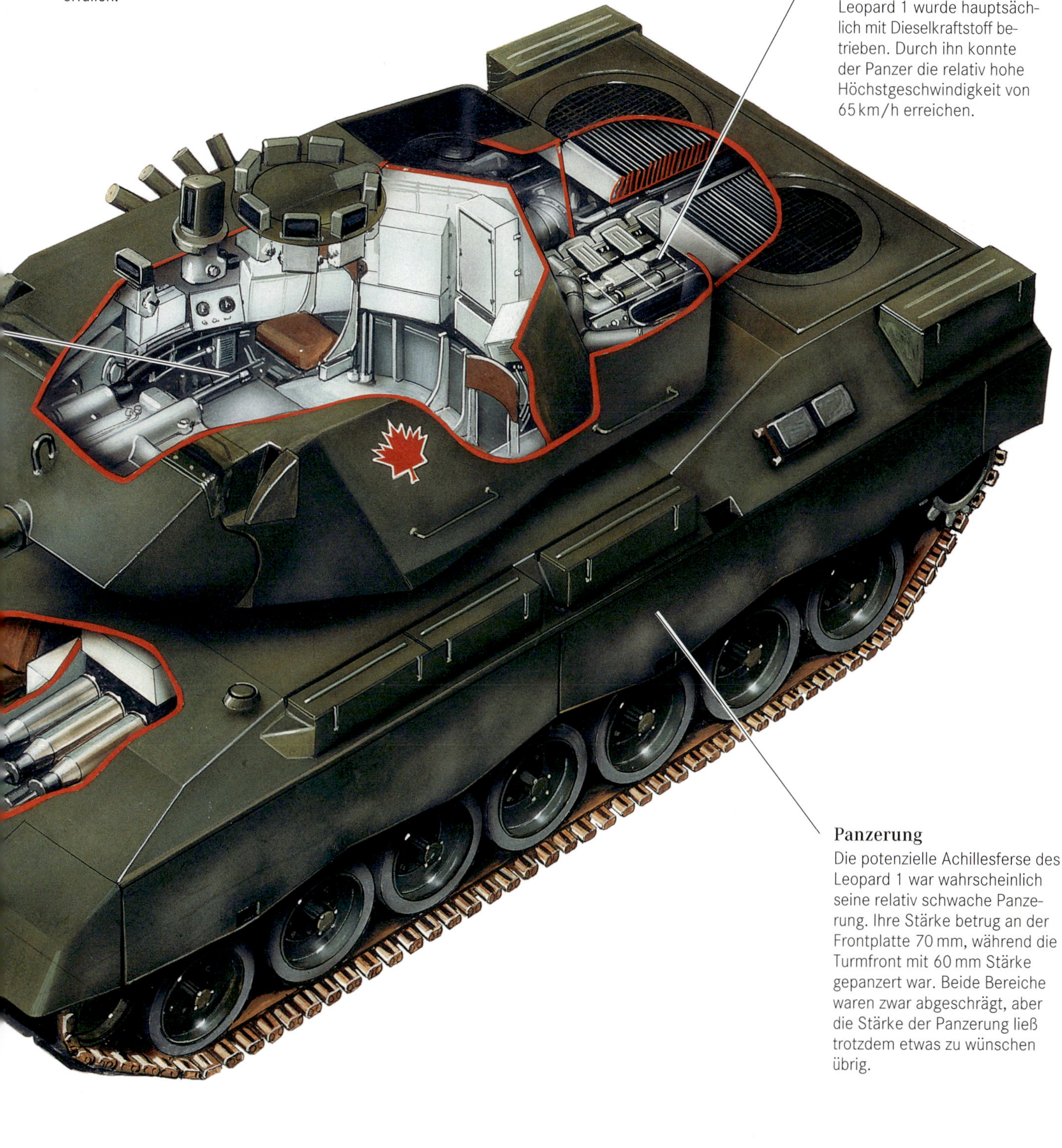

Antrieb
Der 10-Zylinder-Vielstoffmotor MTU MB 838 CaM 500 des Leopard 1 wurde hauptsächlich mit Dieselkraftstoff betrieben. Durch ihn konnte der Panzer die relativ hohe Höchstgeschwindigkeit von 65 km/h erreichen.

Panzerung
Die potenzielle Achillesferse des Leopard 1 war wahrscheinlich seine relativ schwache Panzerung. Ihre Stärke betrug an der Frontplatte 70 mm, während die Turmfront mit 60 mm Stärke gepanzert war. Beide Bereiche waren zwar abgeschrägt, aber die Stärke der Panzerung ließ trotzdem etwas zu wünschen übrig.

Im Jahre 1971 genehmigte die Bundesregierung eine Reihe von Kampfwertsteigerungen für den Leopard 1; dazu gehörte ein Stabilisierungssystem für die Kanone im Kaliber 105 mm. Weitere Kampfwertsteigerungen wurden bis Ende der 1970er-Jahre vorgenommen.

Kampfpanzerkonstruktion Mitte des 20. Jahrhunderts dar. Allerdings konnten sich auch die deutschen Ingenieure, die den Leopard 1 vom Reißbrett zur Truppe brachten, dem klassischen Dilemma bei der Panzerkonstruktion nicht entziehen, denn hier ging es um ein vernünftiges Verhältnis zwischen Feuerkraft, Panzerschutz und Mobilität. Der Panzer war mit einer in Lizenz gefertigten Kopie der hervorragenden britischen Kanone L7A3 L/52 im Kaliber 105 mm mit gezogenem Rohr bewaffnet, die ursprünglich vom britischen Rüstungskonzern Royal Ordnance entwickelt worden war. Die Kanone L7A3 hatte ein einteiliges Rohr, einen angeschraubten Verschlussblock und einen exzentrischen Rauchabsauger. Bei Bedarf konnte das Rohr im Feld in ungefähr 20 Minuten gewechselt werden. Die Waffe wurde von Hand geladen, allerdings öffnete sich der halbautomatische Verschluss nach jedem abgefeuerten Schuss, um die Patronenhülse in einen Behälter im Turmkorb auszuwerfen. Der 10-Zylinder-Vielstoffmotor MTU MB 838 CaM 500 wurde hauptsächlich mit Dieselkraftstoff betrieben. Das Fahrzeug erreichte auf der Straße eine Höchstgeschwindigkeit von 65 km/h. Dieser Motor hatte im Vergleich zu anderen zeitgenössischen Kampfpanzern das beste Verhältnis von Leistung zu Gewicht. Genau wie das Kanonenrohr konnte auch der Motor bei Bedarf in nur ca. 20 Minuten ausgewechselt werden. Der Panzer war mit 39 t relativ leicht und deswegen auch in schwierigem Gelände gut zu manövrieren. Der bei der Konstruktion des Leopard 1 eingegangene Kompromiss bezog sich auf die relativ schwache Panzerung, die von vielen Fachleuten für das Überleben im Kampf als nicht ausreichend angesehen wird. Die Frontplatte hatte eine Stärke von 70 mm, und der Turm war vorne mit 60 mm Stärke gepanzert. Diese Panzerung war abgeschrägt, um das Durchschlagen von Geschossen zu erschweren bzw. sie abzulenken. Die Formgebung war aber im Vergleich zu anderen Panzern nicht ganz ideal. Die Besatzung des Leopard 1 bestand aus vier Mann. Der Motor war hinten in der Wanne untergebracht und vom Kampfraum durch ein Brandschott abgetrennt. Der Fahrer saß vorne rechts in der Wanne. Im Gussturm befanden sich der Kommandant und der Richtschütze auf der rechten Seite, der Ladeschütze war links untergebracht. Der Kommandant konnte das Umfeld durch acht Periskope beobachten, die ringförmig um seine Luke oben auf dem Turm angebracht waren. Eines davon konnte durch ein Infrarot-Sichtgerät ersetzt

Technische Daten

Abmessungen	Länge: 8,29 m Breite: 3,37 m Höhe: 2,39 m
Gewicht	39 t (Leopard 1); 42,4 t (Leopard 1A1)
Antrieb	1 × 10-Zylinder-Vielstoffmotor MTU MB 838 CaM 500 mit 830 PS Leistung
Geschwindigkeit	65 km/h
Bewaffnung	1 × Kanone Royal Ordnance L7A3 L/52 mit gezogenem Rohr im Kal. 105 mm, 2 × Maschinengewehr Rheinmetall MG3 im Kal. 7,62 mm (FN MAG für Exportversionen)
Panzerung	10–70 mm
Reichweite	Straße: 600 km, Gelände: 450 km
Besatzung	4 Mann

werden. Das koaxial eingebaute Maschinengewehr im Kaliber 7,62 mm im Turm wurde ursprünglich für das Einschießen der Kanone verwendet, aber später wurde dann ein optisches Kanonenvisier eingebaut.

Produktion und Verbreitung

Im Verlauf der Fertigung wurden mehr als 6500 Panzer Leopard 1 gebaut. 2237 davon wurden an die westdeutsche Bundeswehr geliefert. Der italienische Rüstungskonzern OTO-Melara fertigte den Leopard 1 in Lizenz. Die Streitkräfte von 14 Ländern - dazu gehörten Kanada, Australien, Dänemark, Griechenland, die Niederlande und Italien - beschafften den Leopard 1. Durch eine Reihe von Verbesserungen wurde die Kampfkraft des Panzers laufend gesteigert. Zu den größten Verbesserungen gehörten der Einbau einer Stabilisierungsanlage für die Kanone mit einem System von Cadillac Gage und das Anbringen einer Wärmeschutzhülle für die Kanone, mit dem ein Durchbiegen des Rohres verhindert werden sollte. Außerdem wurden bei der Variante Leopard 1A1 verbesserte Ketten und Panzerschürzen installiert, um das Laufwerk und die Laufräder zu schützen. Bei der Variante 1A1A1 hatte das deutsche Unternehmen Blohm & Voss verstärkte Zusatzpanzerung für den Turm, die Frontplatte und die Kanonenblende geliefert. Außerdem wurde beim 1A1A2 ein verbessertes Bildverstärkersystem eingebaut. Der Leopard 1A2 erhielt einen stärker gepanzerten Gussturm, ein verbessertes ABC-Schutzsystem und eine verbesserte Ausrüstung mit Nachtsichtgeräten. Die Variante 1A3 erhielt dann einen geschweißten Turm (Raumgewinn ungefähr 1,5 m^3) in Schottbauweise und eine keilförmige Kanonenblende. Beim 1A4 wurde das Feuerleitsystem verbessert, und selbst nach der Einführung des Leopard 2 in den 1980er-Jahren wurden noch weitere Verbesserungen eingeführt, die zur Variante 1A5 führten. Der 1A6 sollte mit der Kanone im Kaliber 120 mm ausgerüstet werden, wobei es sich aber in erster Linie um eine Projektstudie handelte.

Leopard auf dem Sprung

Die kampfstarke Kanone L7A3 mit ihrem gezogenen Rohr im Kaliber 105 mm, mit welcher der Leopard 1 bewaffnet war, wurde und wird in vielen Ländern eingesetzt. Sie setzte in Bezug auf Schusspräzision neue Maßstäbe. Wenn sie stabilisiert war, wurde ihre Wirkung noch ganz erheblich verbessert. Den Angaben des Herstellers Krauss-Maffei zufolge wurde durch den Einbau einer Stabilisierungsanlage mitsamt Laser-Entfernungsmesser und Wärmebildgerät die Ersttrefferwahrscheinlichkeit der Kanone des Leopard 1 ganz beträchtlich erhöht. Natürlich war diese große erste Trefferwahrscheinlichkeit beim taktischen Einsatz des Leopard 1 von enormer Wichtigkeit, wenn man den Kompromiss zwischen Feuerkraft und Mobilität einerseits und dem Verzicht auf verstärkte Panzerung andererseits betrachtet. Auf dem unteren Foto sieht man einen Leopard 1A3 mit dem vergrößerten geschweißten Turm. Die imposante Kanone L7A3 mit ihrer Wärmeschutzhülle ragt beträchtlich über die Front des Fahrzeugs hinaus.

Stridsvagn 103B (1967)

Eigentlich handelte es sich beim schwedischen mittleren Kampfpanzer Stridsvagn 103B um eine Art Anachronismus, denn dieser Panzer ähnelte den Jagdpanzern aus dem Zweiten Weltkrieg mehr als den modernen Kampfpanzern, gegen die er eventuell hätte kämpfen müssen.

Der in turmloser Konstruktionsweise entwickelte schwedische Stridsvagn 103B erfüllte eine Reihe von Anforderungen an einen Panzer, der im eigenen Land entwickelt und gefertigt werden sollte. Vorher hatte man sorgfältig die Möglichkeit der Beschaffung von ausländischen Panzern für die schwedische Armee geprüft. Mitte der 1950er-Jahre suchte das schwedische Militär nach einem Ersatz für die langsam veraltenden Centurion-Panzer aus britischer Fertigung. Die Firmen Volvo, Bofors und Landsverk schlossen sich

Da ihr Panzer keinen Turm besaß, feuerte die Mannschaft des Stridsvagn 103B oder S-Panzers ihre 105-mm-Kanone ab, nachdem das gesamte Fahrzeug in Zielrichtung gedreht und über das Laufwerk hydraulisch abgesenkt oder erhöht worden war.

Bewaffnung
Die bei Bofors in Schweden in Lizenz gefertigte Kanone L74 entsprach der britischen L7. Die L74 hatte aber ein längeres Rohr, das vorne in einer festen Halterung angebracht war.

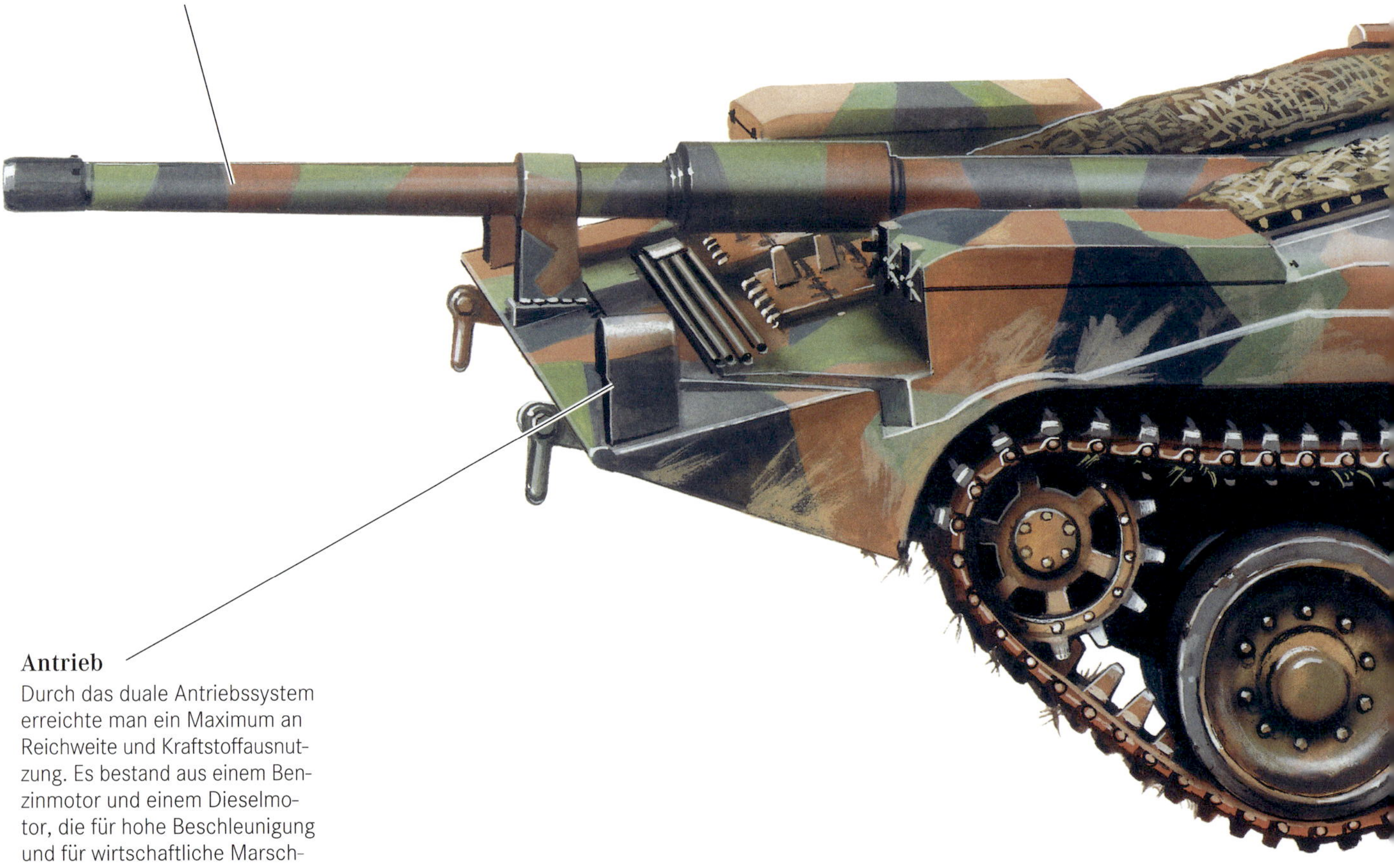

Antrieb
Durch das duale Antriebssystem erreichte man ein Maximum an Reichweite und Kraftstoffausnutzung. Es bestand aus einem Benzinmotor und einem Dieselmotor, die für hohe Beschleunigung und für wirtschaftliche Marschgeschwindigkeit zuständig waren.

zusammen und legten einen Entwurf für einen neuen Panzer vor, der aber nicht angenommen wurde. Kurze Zeit später erregte ein Vorschlag Aufsehen, bei dem es sich um eine radikale Abkehr von den bis dahin geltenden Standards handelte. Der Ingenieur Sven Berge vom schwedischen Waffenamt bot einen turmlosen Panzer an, der sehr günstig zu fertigen war und der in Schweden gebaut werden konnte. Er war ideal für den Defensivcharakter der schwedischen Streitkräfte, denn die mussten sich den Geländeverhältnissen in Skandinavien mit Hügeln, großen Wäldern und Gebirgen anpassen. Der Stridsvagn 103B schien ideal zu sein für den Einsatz bei den schwierigen klimatischen Bedingungen und Geländeverhältnissen in Schweden, die von großen landwirtschaftlich genutzten Flächen im Süden bis zur Tundra und hohen Gebirgen im Norden gingen. Der Panzer sollte so konstruiert werden, dass er sowohl auf gefrorenem Boden als auch auf Sumpfland operieren konnte.

Maßgeschneiderter Panzer

Die Fertigung des Strv 103 oder „S-Panzers" wurde in Schweden im Jahre 1966 aufgenommen, nachdem vorher fast ein Jahrzehnt Entwicklungszeit vergangen war. Es wurden nur ungefähr 300 Stück davon gebaut, und ihre Einsatzzeit betrug bemerkenswerte 31 Jahre. Die letzten Panzer dieses Typs wurden erst 1997 außer Dienst gestellt. Der turmlose Panzer

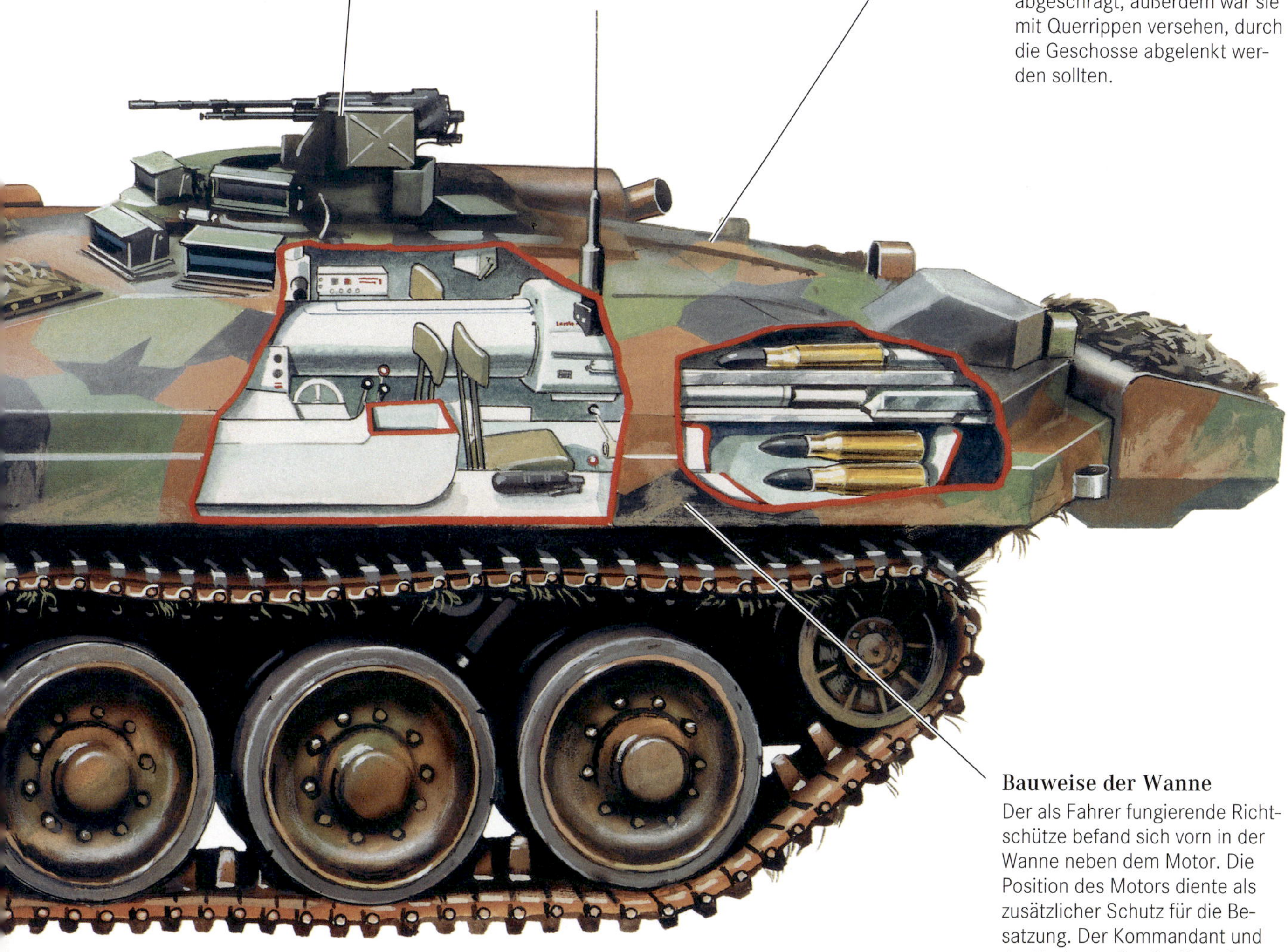

Sekundärbewaffnung
Die Sekundärbewaffnung bestand aus drei Maschinengewehren FFV im Kaliber 7,62 mm. Zwei davon waren vorn in der Wanne montiert, das dritte befand sich als Fla-MG neben der Turmluke.

Panzerung
Da kein Turm mit seinem zusätzlichen Gewicht vorhanden war, konnte man die Wanne des Stridsvagn 103B sehr gut panzern. Die Stärke der Panzerung reichte von 90 mm bis 100 mm. Die Frontplatte war sehr stark abgeschrägt, außerdem war sie mit Querrippen versehen, durch die Geschosse abgelenkt werden sollten.

Bauweise der Wanne
Der als Fahrer fungierende Richtschütze befand sich vorn in der Wanne neben dem Motor. Die Position des Motors diente als zusätzlicher Schutz für die Besatzung. Der Kommandant und der Funker saßen im Kampfraum in der Fahrzeugmitte.

Die langrohrige Kanone L74 des Stridsvagn 103B ragte beträchtlich über die Wanne des turmlosen Panzers hinaus. Die Kanone L74 wurde von dem schwedischen Rüstungskonzern Bofors gebaut, einem der führenden Unternehmen seiner Art in der Welt.

hatte als Hauptwaffe die Kanone L74, die der erfolgreichen britischen Kanone L7 entsprach. Die L74 wurde in hervorragender Qualität bei Bofors gefertigt, einem seit vielen Jahren bekannten Waffenhersteller in Schweden. Die Kanone von Bofors hatte ein längeres Rohr für eine größere Reichweite und höhere Mündungsgeschwindigkeit. Außerdem verfügte sie über ein automatisches Ladesystem mit zwei vertikalen Verschlussblöcken; die Bereitschaftsmunition bestand aus 50 Patronen. Mit 15 Schuss pro Minute war die Feuergeschwindigkeit beeindruckend hoch, und die Munitionsart konnte durch einen einfachen Knopfdruck gewechselt werden. Das Nachladen der Magazine dauerte nur 10 Minuten, und die Patronenhülsen wurden hinten aus dem Panzer ausgeworfen. In einem Punkt hatten die schwedischen Ingenieure aber etwas zu optimistisch gedacht, denn der Strv 103 musste zum Richten seiner Kanone eine Reihe von komplizierten Manövern fahren. Dabei musste jeweils das ganze Fahrzeug gewendet und entweder erhöht oder abgesenkt werden, damit die Kanone gerichtet und abgefeuert werden konnte. Deswegen war es unmöglich für den Strv 103, dass er aus der Bewegung heraus feuerte. Um diese offensichtlichen Nachteile im Kampf zu beseitigen, führte der Ingenieur Berge ein automatisches Getriebe, einen gut durchdachten Steuermechanismus und ein kompliziertes hydropneumatisches Federungssystem ein, mit dessen Hilfe das Fahrzeug seine Position im Gelände nach Bedarf verändern konnte. Unter normalen Verhältnissen hatte der Kommandant zwei Aufgaben zu erfüllen. Er musste das Ziel aufnehmen und dann den Fahrer mithilfe einer Reihe von Steuerhebeln übersteuern, um den Panzer in die richtige Feuerstellung zu bringen. Dann wählte er die entsprechende Munition aus und gab die Waffe für den Fahrer/Richtschützen frei, der sie abfeuerte.

Technische Daten

Abmessungen	Länge: 7,04 m Breite: 3,6 m Höhe: 2,15 m
Gewicht	38,9 t
Antrieb (Motorisierung der 1. Ausführung)	1 × Gasturbine Caterpillar 553 mit 490 PS Leistung, 1 × V8-Vielstoffmotor Rolls-Royce K60 mit 240 PS Leistung
Geschwindigkeit	50 km/h
Bewaffnung	1 × Kanone Bofors L74 L/62 im Kal. 105 mm, 3 × Maschinengewehr FFV im Kal. 7,62 mm
Panzerung	90–100 mm
Reichweite	Straße: 390 km, Gelände: 200 km
Besatzung	3 Mann

Schwedische Kultiviertheit

Da der Panzer weder einen Turm noch eine schwere Kanonenblende hatte, die ihn schwerer gemacht hätten, konnte man den Strv 103 besser panzern. Die Stärke der Panzerung lag zwischen 90 und 100 mm; sie bestand aus Panzerstahl und verschweißten Nickelstahlplatten. In der sehr abwechslungsreichen und hügeligen schwedischen Landschaft war der S-Panzer bei guter Tarnung in einer verdeckten

Stellung so gut wie unsichtbar, er war perfekt für das Legen von Hinterhalten geeignet. Die Kanone konnte bei Bedarf sowohl vom Kommandanten als auch vom Fahrer/Richtschützen abgefeuert werden. Die Aufteilung des Kampfraums war gemäß der auf Defensive basierenden Philosophie erfolgt, die bei der Entwicklung des Fahrzeugs angewendet wurde. Der Fahrer/Richtschütze saß vorn auf der linken Seite der Wanne, während der Kommandant hinten unter seiner Kuppel saß und dort die Bedienelemente für das Fahren und die Kanone betätigen konnte. Der Funker blickte nach hinten und konnte ebenfalls den Panzer fahren, nämlich bei Bedarf rückwärts, sodass die Kanone so schnell wie möglich ins Ziel gebracht werden konnte. Der Motor befand sich vorn am Tank und diente als zusätzlicher Schutz für die

Der Stridsvagn 103B war in der abwechslungsreichen schwedischen Landschaft mit vielen Wäldern und hohen Bergen ideal zu tarnen. Er stand bei den schwedischen Streitkräften über 25 Jahre im Dienst, kam aber nie zu einem Kampfeinsatz.

Besatzung. Ursprünglich bestand der Antrieb aus einer Kombination von Dieselmotor und Gasturbine. Bei der Version Strv 103B hatte man das Leistungsvermögen des Antriebs überarbeitet. Dabei wurde die Gasturbine von einem Benzinmotor Caterpillar 553 abgelöst, der zusätzlich zum Dieselmotor Rolls-Royce K60 eingesetzt wurde. In der Version 103C wurde anstelle des Rolls-Royce-Motors K60 ein Dieselmotor General Motors Detroit eingebaut. Die Kombination aus einem Dieselmotor für den Marsch und einem Benzinmotor für die Beschleunigung sorgte für größtmögliche Kraftstoffersparnis und hohe Reichweite.

Langes Leben des Stridsvagn

Obwohl der Stridsvagn 103 nie einen Schuss im Kampf abgab, erfüllte er seine Aufgaben zur Landesverteidigung, für die er auch vorgesehen war, auf bewundernswerte Weise. Für einen turmlosen Panzer war er sehr vielseitig einsetzbar. Bei der Version 103B wurde ein aufrichtbarer Schwimmschirm für den amphibischen Einsatz eingeführt, die dann folgende Version 103C hatte eine Räumschaufel, einen Laser-Entfernungsmesser und zusätzliche Kraftstofftanks zur Erhöhung der Reichweite. Beim 103D wurden ein Wärmebildgerät und ein Feuerleitcomputer eingebaut. Der Strv 103 blieb bei den schwedischen Streitkräften über ein Vierteljahrhundert im Einsatz, er wurde schließlich Anfang der 1990er-Jahre durch den deutschen MBT Leopard 2 ersetzt.

FV 107 Scimitar (1970)

Der Spähpanzer FV 107 Scimitar, der von der britischen Firma Alvis gebaut wurde, gehört zu einer Familie von leichten Panzerfahrzeugen für Aufklärungszwecke. Er ist der Nachfolger des FV 101 Scorpion und hat sich als schnell einsetzbares Aufklärungsfahrzeug und als Unterstützungspanzer für die Infanterie bewährt.

Gegen Ende der 1960er-Jahre gab die britische Armee eine technische Leistungsbeschreibung für ein leichtes Panzerfahrzeug heraus, das lufttransportfähig sein sollte, direkte Feuerunterstützung für die Infanterie leisten konnte und auch auf schwierigem Gelände einsetzbar sein sollte, auf dem schwerere Panzer bei der Überquerung Probleme hatten. Das Rüstungsunternehmen Alvis Company stellte daraufhin eine Serie von engen Verwandten leichter Fahrzeuge vor, die in der Lage waren, die Anforderungen des Militärs zu erfüllen. Das erste dieser Fahrzeuge war der FV 101 Scorpion, der mit einer Kanone im Kaliber 76 mm bewaffnet war. In den 1970er-Jahren folgte dann der FV 107 Scimitar. Letztendlich beschaffte

Der lufttransportfähige Spähpanzer FV 107 Scimitar wird bei der britischen Armee offiziell als Kampffahrzeug, Kette, Aufklärung (CVR[T]) bezeichnet. Er wurde 1970 in Dienst gestellt und gehörte zu einer Serie von Panzerfahrzeugen, die den altehrwürdigen Panzerspähwagen Saladin ersetzen sollten.

Bewaffnung
Die Maschinenkanone L21 RARDEN im Kaliber 30 mm kann Einzelschüsse oder Dauerfeuer abgeben; dabei beträgt die Kadenz bis 90 Schuss pro Minute. Die Mündungsgeschwindigkeit ist ausreichend, um die Seitenpanzerung einiger MBT zu durchschlagen.

Antrieb
Der ursprüngliche 6-Zylinder-Benzinmotor Jaguar J60 wurde später durch den Dieselmotor Cummins BTA mit einem Hubraum von 5,9 l ersetzt. Darüber hinaus wurde ein wirksameres Kühlungssystem eingebaut, um die Lebensdauer des Motors zu verlängern.

das britische Militär eine bei Alvis gefertigte, aus sieben Kampffahrzeugen bestehende Fahrzeugfamilie, die auch bei den Streitkräften von Belgien, Honduras und Jordanien zum Einsatz kamen. Es wurden ungefähr 650 Panzerfahrzeuge FV 107 Scimitar gebaut. Die Hauptwaffe des FV 107 Scimitar, nämlich die Maschinenkanone RARDEN *(Royal Armament, Research and Development Establishment and Enfield)* im Kaliber 30 mm mag auf den ersten Blick als relativ schwach erscheinen. Zusammen mit dem

Im Vergleich zu seinem Vorgänger FV 101 Scorpion aus der Alvis-Fahrzeugfamilie mit seiner Kanone im Kaliber 76 mm ist der FV 107 Scimitar mit seiner Maschinenkanone RARDEN im Kaliber 30 mm leichter bewaffnet.

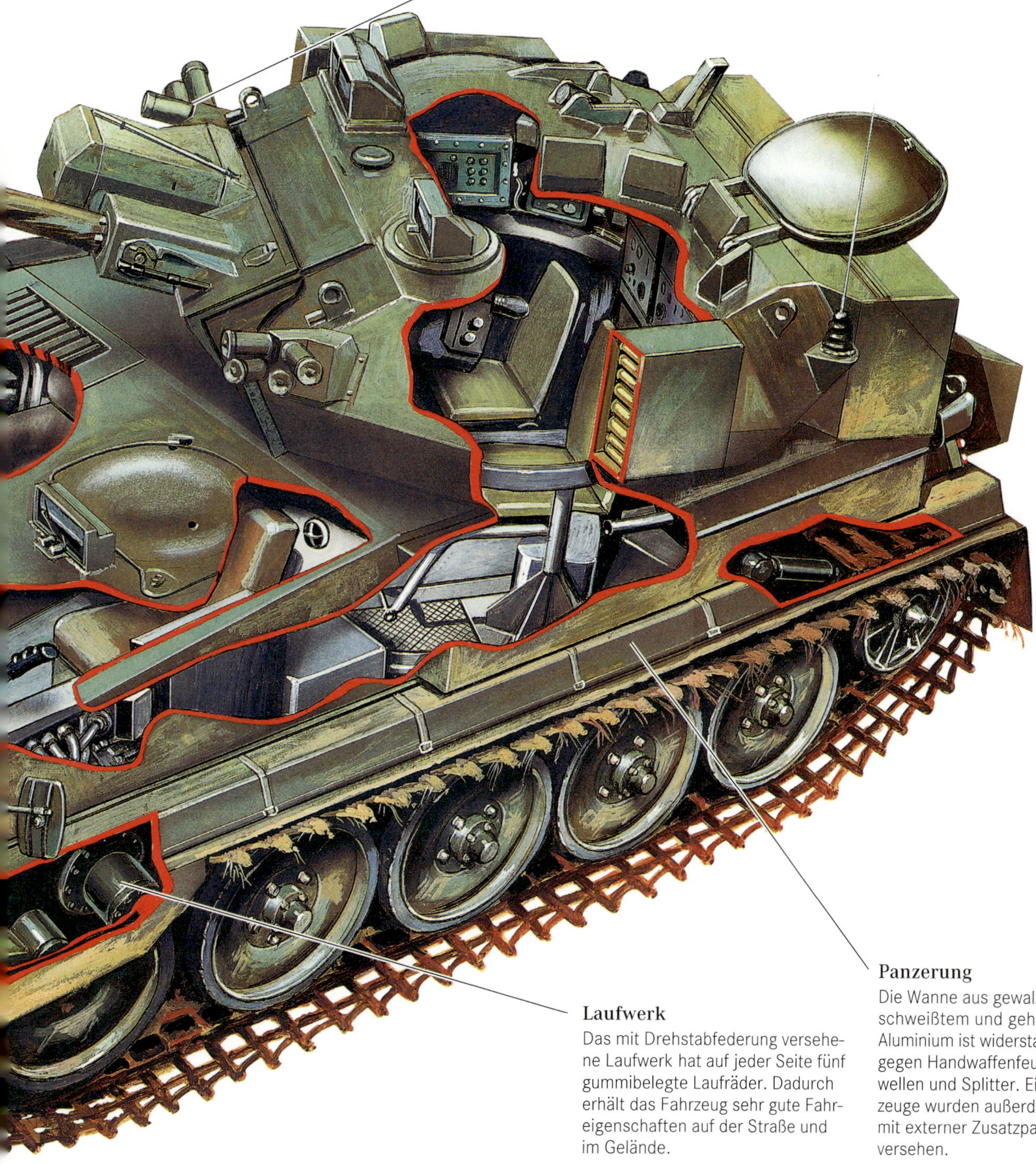

Sekundärbewaffnung

Die Sekundärbewaffnung des FV 107 Scimitar wurde im Verlauf der Jahre verstärkt. Die normale Ausstattung mit einem Maschinengewehr L37A1 im Kaliber 7,62 mm oder der Maschinenwaffe L94A1 wurde manchmal durch weitere automatische Waffen oben auf dem Turm oder in der Wanne ergänzt.

Laufwerk

Das mit Drehstabfederung versehene Laufwerk hat auf jeder Seite fünf gummibelegte Laufräder. Dadurch erhält das Fahrzeug sehr gute Fahreigenschaften auf der Straße und im Gelände.

Panzerung

Die Wanne aus gewalztem, verschweißtem und gehärtetem Aluminium ist widerstandsfähig gegen Handwaffenfeuer, Druckwellen und Splitter. Einige Fahrzeuge wurden außerdem noch mit externer Zusatzpanzerung versehen.

Der gut bewaffnete FV 107 Scimitar wurde im Jahre 1971 erstmals bei den britischen Streitkräften als Spähpanzer und Infanterie-Unterstützungsfahrzeug eingesetzt. Er steht auch heute noch im Dienst.

geringen Gewicht des Scimitar, einer hervorragenden Höchstgeschwindigkeit von 80 km/h, einer niedrigen Silhouette, denn das Fahrzeug ist nur etwas über 2 m hoch, und einem Bodendruck von nur 2,2 kg, durch den das Fahrzeug auch in der Lage ist, über sumpfigem Gelände, Wüstenboden und gebirgigem Untergrund zu operieren, ist die Feuerkraft der automatischen RARDEN-Kanone in dieser Kombination durchaus ausreichend.

Wirksame Bewaffnung

Das kleine Kaliber der RARDEN-Kanone täuscht darüber hinweg, welche Wirksamkeit sie in Wirklichkeit hat. Man kann mit ihr Einzelschüsse abfeuern oder sie auf Dauerfeuer umstellen, und dann kann sie mit bis zu 90 Schuss pro Minute vernichtendes Feuer abgeben. Die Kampfbeladung im Turm besteht aus 165 Schuss Munition, nämlich Treibspiegelgeschossen, Sprenggranaten oder speziellen panzerbrechenden Granaten APSE. Erstaunlicherweise hat die RARDEN-Kanone eine Mündungsgeschwindigkeit von bis zu 1200 m/s. Damit kann sie beim Einsatz von panzerbrechender Munition sogar die Seitenpanzerung einiger Kampfpanzertypen durchschlagen. Sie ist auch gegen Tiefflieger wirksam. Deswegen sollte man die Kampfkraft des FV 107 Scimitar nicht unterschätzen, auch wenn schwerere Fahrzeuge in der Nähe verfügbar sind. Zur Sekundärbewaffnung des Scimitar gehören entweder ein einzelnes koaxiales Maschinengewehr L37A1 im Kaliber 7,62 mm mit 3000 Schuss Bereitschaftsmunition oder eine Maschinenwaffe L94A1, mit der sich das Fahrzeug gegen Infanterieangriffe wehren kann. Außerdem sind an beiden Seiten des Turms Mehrfachwerfer für Nebelmittel angebracht.

Technische Daten

Abmessungen	Länge: 4,9 m Breite: 2,2 m Höhe: 2,1 m
Gewicht	7,8 t
Antrieb	1 × 5,9-l-Dieselmotor Cummins BTA mit einer Leistung von 190 PS
Geschwindigkeit	80 km/h
Bewaffnung	1 × Maschinenkanone L21 RARDEN im Kal. 30 mm, 1 × Maschinengewehr L37A1 im Kal. 7,62 mm oder Maschinenwaffe L94A1
Panzerung	bis 12,7 mm
Reichweite	Straße: 645 km, Gelände: 450 km
Besatzung	3 Mann

Schnelle Verlegung

Die aus gewalztem, verschweißtem und gehärtetem Aluminium bestehende Panzerung des FV 107 Scimitar ist an den stärksten Stellen nur 12,7 mm dick. Damit bietet sie aber Schutz vor dem Feuer der meisten Handwaffen, Druckwellen und Splittern. Einige ausgesuchte Fahrzeuge sind allerdings auch mit einer außen angebrachten Zusatzpanzerung versehen worden. Die Überlebensfähigkeit der Besatzung im Kampf ist auch von der Kampfkraft und der hohen Geschwindigkeit des Fahrzeugs abhängig. Mit seiner Drehstabfederung und den gummibelegten Laufrädern kann der Panzer sehr schnell fahren und manövrieren.

Panzer aus früher Fertigung hatten den Benzinmotor Jaguar J60 mit einem Hubraum von 4,2 l. Dieser Motor wurde dann durch den Dieselmotor Cummins BTA mit einem Hubraum von 5,9 l ersetzt. Damit sind die Fahrleistungen des FV 107 Scimitar genauso gut oder sogar besser als von vergleichbaren Fahrzeugen.

Innen und außen

Das Innere des FV 107 Scimitar ist in den Kampfraum und den Motorraum unterteilt. Die dreiköpfige Besatzung hat im Panzer ausreichend Platz, der Fahrer sitzt vorn und steuert den Panzer über ein System von Hebeln und Pedalen. Kommandant und Kanonier sitzen im Turm; sie können die Ziele über ein computergesteuertes Feuerleitsystem zusammen mit Wärmebildgerät und Laser-Entfernungsmesser aufnehmen. Die Sicht aus dem Turm heraus ist ausgezeichnet, der Kommandant verfügt über fünf Periskope mit einer Rundsicht von 360°, außerdem hat er ein optisches Kanonenvisier. Der Fahrer hat zwei Periskope zur Verfügung, außerdem ein aktives oder passives Nachtsichtgerät. Der Kanonier hat ebenfalls zwei Periskope, die gegen Nachtsichtgeräte austauschbar sind. Während der nun schon mehr als 40 Jahre dauernden Einsatzzeit wurden am ursprünglichen Scimitar zahlreiche Nachrüstungen vorgenommen. Dazu gehören außen angebrachte Maschinengewehre, passive Nachtsichtgeräte, ein automatisches Feuerlöschsystem, ein Hilfsgenerator und verbesserte Funkgeräte. Durch ein verbessertes Kühlungssystem konnte die Laufzeit des Motors zwischen zwei Wartungen verlängert werden. Die RARDEN-Kanone wurde mit einem Rauchabsauger versehen. Wenn der Panzer in Bereichen eingesetzt wird, in denen der Einsatz von ABC-Waffen droht, dann wird das Fahrzeuginnere mit einem Druckluftsystem vor Kontamination geschützt. Bei Bedarf kann eine Luke unter dem Sitz des Kommandanten als Not-WC verwendet werden. Falls es notwendig ist, alle Luken des Panzers für längere Zeit geschlossen zu halten, dann kann die Mannschaft trotzdem normal atmen und sich sogar Mahlzeiten zubereiten.

Scimitar im Einsatz

Als einer von sieben von Alvis für die britische Armee entwickelten Spähpanzern und Infanterie-Unterstützungsfahrzeugen steht der FV 107 Scimitar auch heute noch nach mehr als 40 Jahren im Einsatz. Ab Frühjahr 2009 wurde der FV 107 mit dem FRES-System *(Future Rapid Effect System)* nachgerüstet. Der Veteran wurde im Verlauf des Falkland-Krieges von der B-Kompanie *Blues and Royals* eingesetzt. Er war das einzige britische Panzerfahrzeug dort auf den Inseln im Verlauf des kurzen Konfliktes. Während der Kämpfe um die Einnahme der Halbinsel Al Faw bei der Invasion in den Irak im Jahre 2003 setzte die C-Kompanie der *Queen's Dragoon Guards* den Scimitar ein. Der FV 107 nahm außerdem am ersten und zweiten Golfkrieg teil, er wurde in Bosnien, im Kosovo und in Afghanistan eingesetzt. Auf dem unteren Foto ist zu sehen, dass sich das Fahrzeug sehr einfach auf einen Flachbett-Anhänger verladen lässt.

T-72 (1971)

Der mittlere Kampfpanzer T-72 war kleiner und schneller als die meisten zeitgenössischen Panzerfahrzeuge seiner Art, aber es fehlte ihm an Feuerkraft und Panzerschutz, die auf dem modernen Schlachtfeld so wichtig sind. Der Panzer war für den Exportmarkt und für die mit der Sowjetunion befreundeten Staaten vorgesehen.

Da er für den Exportmarkt entwickelt wurde, ist für die Besatzung eines T-72 nur relativ wenig Ausbildungszeit erforderlich, auch der Wartungsaufwand hält sich in Grenzen. Die Fertigung dieses Panzers war kostengünstiger als beim T-64. Er wurde in Polen, der Tschechoslowakei, Indien und dem früheren Jugoslawien in Lizenz gefertigt.

Der in der Sowjetunion konstruierte und gefertigte mittlere Kampfpanzer T-72 ist wahrscheinlich der im Westen am besten bekannte Panzer der potenziellen Gegenseite. Der Grund für diese Erkenntnis ist hauptsächlich die Tatsache, dass es der am häufigsten in der modernen Kriegführung eingesetzte Panzer sowjetischen Ursprungs ist. Der T-72 wurde von der

Sekundärbewaffnung
Mit dem koaxialen Maschinengewehr PKT im Kaliber 7,62 mm konnte sich der Panzer gegen Infanterieangriffe wehren, während das schwere Maschinengewehr NSVT im Kaliber 12,7 mm neben der Kommandantenkuppel für die Abwehr von Fliegerangriffen vorgesehen war.

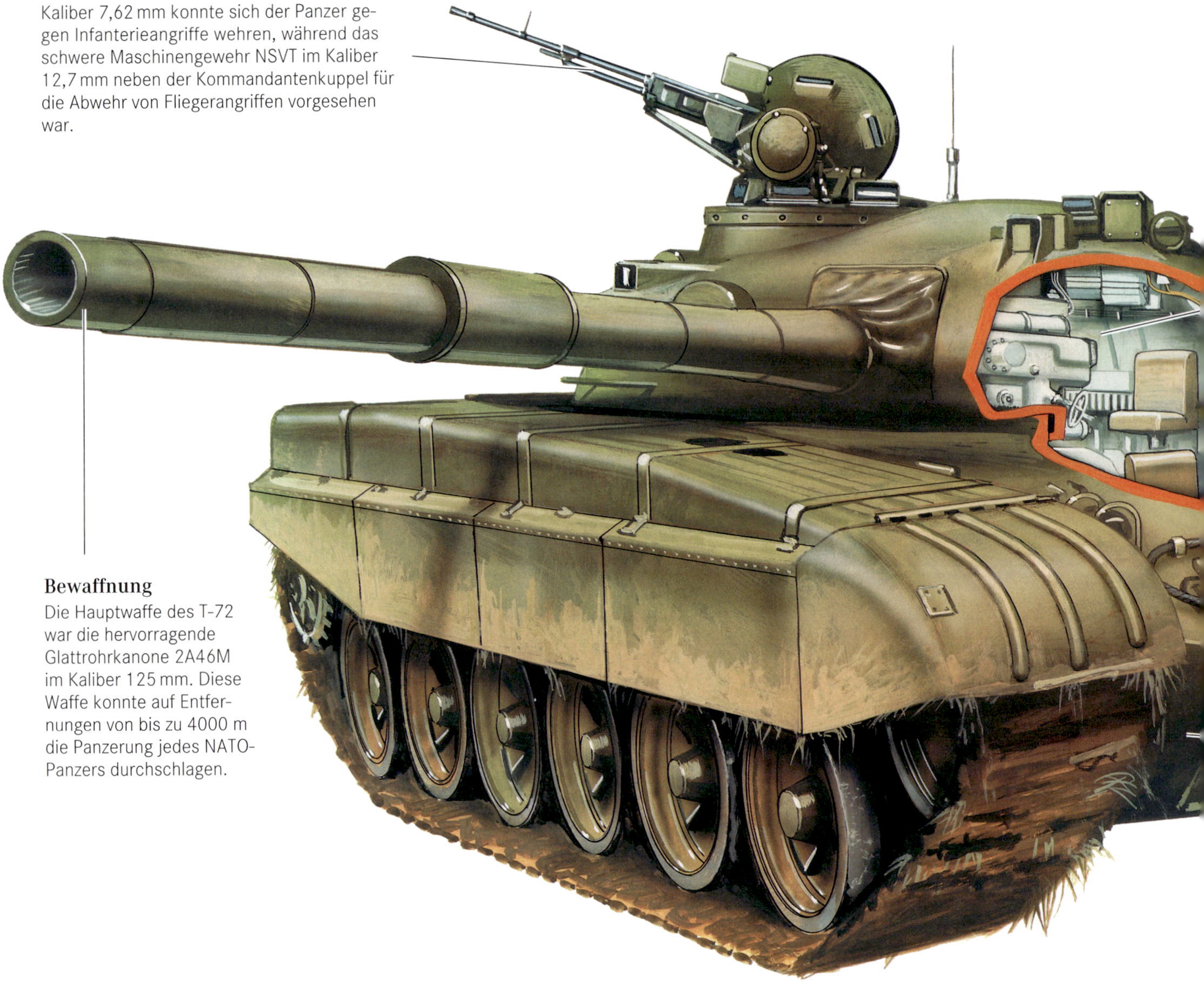

Bewaffnung
Die Hauptwaffe des T-72 war die hervorragende Glattrohrkanone 2A46M im Kaliber 125 mm. Diese Waffe konnte auf Entfernungen von bis zu 4000 m die Panzerung jedes NATO-Panzers durchschlagen.

syrischen Armee während des Konfliktes mit Israel im Libanon im Jahre 1982 eingesetzt. Er war die Hauptstütze der irakischen Panzerdivisionen unter dem Oberbefehl von Saddam Hussein während des iranisch-irakischen Krieges, während des Golfkrieges von 1991 und dann noch einmal während des Einmarsches der Koalitionsstreitkräfte in den Irak im Jahre 2003. Bei fast jedem Kampfeinsatz hat sich der T-72 den israelischen Merkava, den amerikanischen M1 Abrams und den britischen Challenger als unterlegen erwiesen. Der Grund für seine nicht gerade ruhmreichen Leistungen im Kampf hat ein wenig damit zu tun, dass der T-72 für den Exportmarkt und als Reserve für nachrangige Panzereinheiten der Roten Armee entwickelt wurde. Deswegen verfügt er über eine weniger leistungsfähige Ausrüstung als der T-64, der gleichzeitig von den sowjetischen Ingenieuren entwickelt wurde. Die irakischen und syrischen T-72 waren wahrscheinlich auch schon älter und obendrein nur unzureichend kampfwertgesteigert, um gegen ihre Gegner im Kampf bestehen zu können.

Zwei Söhne der Sowjetunion

Sowohl der T-64 als auch der T-72 waren Versuche der für die Panzerkonstruktion zuständigen sowjetischen Stellen und der Roten Armee, einen modernen mittleren Kampfpanzer zu schaffen. Man wollte von dem veralteten Konzept der mittleren und schweren Panzer abgehen, das noch aus dem Zweiten Weltkrieg stammte. Tatsächlich waren sowohl der T-64 als auch der T-72 im Vergleich zu den Vorgängern T-54/55 und T-62 ganz deutliche Verbesserungen. In diese Panzer waren auch erstmals seit der Schaffung des legendären T-34 ein halbes Jahrhundert zuvor wirkliche Neuerungen in der sowjetischen Panzerkonstruktion

Der T-72 war bei den innerhalb der Sowjetunion stationierten Panzereinheiten der Roten Armee vorhanden, während diejenigen Einheiten, bei denen man davon ausging, dass sie im Falle eines Konfliktes gegen NATO-Panzer kämpfen mussten, mit dem T-64 ausgerüstet waren.

Antrieb
Der ursprünglich verwendete V12-Dieselmotor V-46 konnte auch mit Kerosin oder Benzol betrieben werden. Er wurde später durch einen größeren Dieselmotor mit einer Leistung von 839 PS ersetzt.

Panzerung
Die Frontplatte des T-72 hatte eine Stärke von 200 mm. Sie bestand aus Verbundmaterial auf der Grundlage von Stahl, Wolfram, Keramik und Kunststoff. Die Seitenpanzerung aus Stahl bei den früheren Modellen war bis 80 mm stark.

Laufwerk
Das mit einer Drehstabfederung versehene Laufwerk des T-72 hatte auf jeder Seite sechs gegossene Laufräder, die mit Gummi belegt waren. Außerdem waren ein großes Treibrad und vier Stützrollen vorhanden. Der obere Teil des Laufwerks wurde durch eine abgefederte Panzerschürze geschützt.

Die langrohrige Glattrohrkanone 2A46M im Kaliber 125 mm wurde auch für die sowjetischen mittleren Kampfpanzer T-64 und T-80 verwendet. Spätere Modelle konnten aus dieser Kanone auch Lenkwaffen zur Panzerabwehr verschießen, daneben natürlich eine breite Palette an Standardmunition.

eingeflossen. Hier aber enden die Gemeinsamkeiten zwischen dem T-64 und dem T-72 bereits. Der T-64 bildete die Hauptausrüstung der in diversen osteuropäischen Ländern stationierten sowjetischen Panzerdivisionen in der Nähe der Grenze zur NATO. Allerdings wurden seine Neuerungen nie vollständig perfektioniert. Die Technik des Panzers war nie vollständig ausgereift und machte immer Probleme, sodass man seine Fertigung auf nur 5000 Exemplare begrenzte und sie im Jahre 1981 ganz auslaufen ließ. Wenn Langlebigkeit ein Maßstab für Wirksamkeit ist, dann muss man zu der Erkenntnis kommen, dass der T-72 seinen bevorzugten Verwandten deutlich in den Schatten gestellt hat. Die Fertigung des T-72 begann im Jahre 1971. Der Panzer bildet immer noch eine Hauptstütze der Streitkräfte zahlreicher Nationen und wird bis heute gefertigt. Bisher wurden über 25 000 Stück davon gebaut.

Technische Daten

Abmessungen	Länge: 6,95 m Breite: 3,59 m Höhe: 2,23 m
Gewicht	41,5 t
Antrieb	1 × V12-Dieselmotor V-46 mit 780 PS Leistung
Geschwindigkeit	60 km/h
Bewaffnung	1 × Glattrohrkanone 2A46M im Kal. 125 mm, 1 × schweres Maschinengewehr NSVT im Kal. 12,7 mm als Fla-MG, 1 × Maschinengewehr PKT als Koaxial-MG im Kal. 7,62 mm
Panzerung	geheim, geschätzt auf bis zu 500 mm
Reichweite	460 km
Besatzung	3 Mann

Technische Beschreibung des Ural

Die ursprüngliche Version des T-72, die allgemein als Ural bekannt ist, bildete im Vergleich zum T-62 eine deutliche Verbesserung. Zusammen mit dem wesentlich verbesserten 12-Zylinder-Dieselmotor V-46 wurde der T-72 mit der ganz hervorragenden Glattrohrkanone 2A46M im Kaliber 125 mm bewaffnet. Er hat ein automatisches Ladesystem, eine Verbundpanzerung und verbesserte Zielaufnahmesysteme. Sein Dieselmotor ist leiser als derjenige des T-62, er erzeugt weniger Auspuffqualm und Vibration. Im Jahre 1985 wurde die Leistung des ursprünglichen Dieselmotors durch den Einbau des Motors V-84 mit 839 PS Leistung deutlich verbessert. Die Kanone verschießt Munition, die in der Lage ist, die Panzerung jedes zeitgenössischen NATO-Panzers zu durchschlagen. Mit dem automatischen Ladesystem kann man eine Kadenz von bis zu acht Schuss pro Minute erreichen. Allerdings wurde dieses System mit zunehmendem Verschleiß immer störanfälliger. Die Sekundärbewaffnung bestand aus einem koaxialen Maschinengewehr PKT im Kaliber 7,62 mm und einem Fla-MG im Kaliber 12,7 mm neben der Kommandantenluke. Genau wie die britische Chobham-Panzerung ist die Verbundpanzerung des T-72 dreimal so widerstandsfähig wie eine vergleichbare Stahlpanzerung derselben Stärke.

Wenig Komfort für die Besatzung

Genau wie die früheren sowjetischen Panzerkonstruktionen stellt auch der T-72 für seine Besatzung von drei Mann nur wenig Komfort zur Verfügung. Die Wanne ist in drei Abteilungen eingeteilt. Der Fahrer sitzt vorne in der Mitte der Wanne, der Kampfraum befindet sich im Zentrum und der Motorraum im hinteren Teil der Wanne. Die niedrige Silhouette und der flache Turm erinnern an den T-54/55, in dem

Beim T-72 wurden eine ganze Reihe von Innovationen eingeführt. Dazu gehörten die Glattrohrkanone im Kaliber 125 mm, ein automatisches Ladesystem und Verbundpanzerung. Der Panzer war aber hauptsächlich für die Streitkräfte des Warschauer Paktes und mit der Sowjetunion befreundeter Staaten vorgesehen.

es genauso eng zuging. Das Sichtfeld des Fahrers ist beschränkt, weil er nur ein einziges Periskop zur Verfügung hat. Statt mit einem Lenkrad und einem Automatikgetriebe muss er den Panzer mit einem vorsintflutlichen System von Lenkhebeln und einem von Hand zu schaltenden Siebengang-Getriebe fahren. Der Richtschütze hat seinen Platz auf der linken Seite des Turmes, wo er über ein integriertes Kanonenvisier und einen Laser-Entfernungsmesser verfügt. Der Kommandant sitzt auf der rechten Seite unter der drehbaren Kommandantenkuppel. Er hat sowohl ein normales als auch ein Infrarot-Visier, das von einem stadiametrischen Entfernungsmesser unterstützt wird. Der T-72 wurde mit einem ABC-Schutzsystem versehen, und er führt eine amphibische Ausrüstung mit, die sehr schnell angebracht werden kann. Zu den überarbeiteten Versionen des T-72 gehört der T-72B mit einem größeren Dieselmotor, der Möglichkeit zum Verschießen von Lenkwaffen, zusätzlicher Panzerung und besseren Feuerleitsystemen. Weiterhin gibt es den T-72M und den T-72M1, die beide mit Reaktivpanzerung ausgerüstet sind. Die Version T-72S hat Berichten zufolge einen neuen Motor und ebenfalls eine Reaktivpanzerung.

T-72 bei der Parade

Auf dem rechten Foto sieht man eine Kolonne von mittleren Kampfpanzern T-72, die auf dem Roten Platz in der sowjetischen Hauptstadt Moskau paradieren. Der T-72 hatte schon sechs Jahre im Einsatz gestanden, ehe er erstmals im Jahre 1977 öffentlich gezeigt wurde. Seit dieser Zeit wurde er in unzähligen Krisengebieten auf der ganzen Welt eingesetzt. Bei dem Konflikt zwischen Syrien und Israel im Libanon im Jahre 1982 zeigte sich, dass die syrischen T-72 den israelischen Merkava deutlich unterlegen waren. Damals wurden unzählige von der Sowjetunion gelieferte Panzer im Kampf zerstört. Die irakischen T-72 unter dem Oberbefehl von Saddam Hussein fielen bei den Konflikten in den Jahren 1991 und 2003 ebenfalls den modernen amerikanischen Abrams und den britischen Challenger zum Opfer. Einer der Gründe dafür war die Tatsache, dass man die T-72 nie ausreichend kampfwertgesteigert hatte, damit sie auf dem modernen Schlachtfeld bestehen konnten.

Merkava (1977)

Der in Israel konstruierte Kampfpanzer Merkava ist seit der Aufnahme seiner Fertigung im Jahre 1977 bisher viermal kampfwertgesteigert worden. Bei der Entwicklung dieses radikal anderen Panzers hatte man in erster Linie Wert auf den Schutz der Besatzung bzw. deren Überlebensfähigkeit gelegt, dann erst kamen Feuerkraft und Mobilität.

Fast 20 Jahre nach der Geburt des Staates Israel waren die Streitkräfte dieser winzigen Nation auf ausländisches Wehrmaterial angewiesen, so zum Beispiel auf die aus dem Zweiten Weltkrieg stammenden Sherman- und die britischen Centurion-Panzer. In der Folge des Sechstagekrieges vom Juni 1967 wurde sich die israelische Militärführung klar darüber, dass es notwendig war, bei der Beschaffung unabhängig zu werden und so weit wie möglich auf eigene Quellen zurückzugreifen. Nach dem Sechstagekrieg schränkten Frankreich und Großbritannien die Lieferung von bestimmten Waffensystemen an Israel ein. General Israel Tal, ein lang gedienter Soldat der israelischen Streitkräfte (IDF) und Veteran vieler vorangegangener Panzerschlachten, drang darauf, dass sich die Forschungs- und Entwicklungsanstrengungen des Landes auf die Konstruktion eines mittleren Kampfpanzers konzentrieren mussten, der dann auch in Israel gefertigt werden sollte.

Der Streitwagen

Das Merkava-Programm lief 1968 an. Eine seiner Voraussetzungen war die Bestimmung, dass der neue israelische Tank die besten Eigenschaften

Bewaffnung
Die Hauptwaffe des mittleren Kampfpanzers Merkava war anfänglich die Kanone L43.5 M68 im Kaliber 105 mm. Bei den späteren Kampfwertsteigerungen wurde sie durch die Glattrohrkanonen MG251 und MG253 im Kaliber 120 mm ersetzt, mit der eine ganze Reihe von verschiedenen Munitionssorten verschossen werden können.

Antrieb
Der Merkava IV wird von einem Dieselmotor General Dynamics GD833 angetrieben, der gegenüber dem ursprünglich eingebauten Dieselmotor eine deutliche Verbesserung ist und der dem Panzer eine Straßengeschwindigkeit von 64 km/h ermöglicht.

Das Wort Merkava stammt aus der hebräischen Sprache und bedeutet wörtlich übersetzt „Streitwagen“. Der israelische mittlere Kampfpanzer ist sehr vielseitig verwendbar, unter anderem kann er als Mannschaftstransporter für acht voll ausgerüstete Infanteristen oder als Verwundetentransporter für drei Verwundete auf Krankentragen verwendet werden.

der amerikanischen, britischen, französischen und erbeuteten sowjetischen Panzer haben sollte, die sich damals im israelischen Inventar befanden. Es gab dann eine Reihe von zusätzlichen Bestimmungen. Bei der Konstruktion des Panzers sollte die Überlebensfähigkeit der Besatzung vor allen anderen Eigenschaften Vorrang haben. Die Überlegung der Stabsoffiziere ging dahin, dass Soldaten, die wussten, dass sie im Kampf eine gute Überlebenschance haben, den Feind viel aggressiver angreifen würden und ihre Waffen und Mobilität in vollem Umfang anwenden würden. Außerdem sollte der Panzer so konstruiert sein, dass er für den Wüstenkrieg geeignet war. Dabei ging es hauptsächlich um die umstrittenen Gebiete im Norden von Israel, die Golanhöhen und die Sinai-Halbinsel. Schließlich sollte der Panzer so viel moderne Ausrüstung wie möglich enthalten. Man entschied sich für eine radikal neue

Sekundärbewaffnung
Der Merkava IV ist mit bis zu drei Maschinengewehren FN-MAG im Kaliber 7,62 mm zur Abwehr von Infanterieangriffen bewaffnet. Zum Kampf gegen Hubschrauber ist ein weiteres schweres Maschinengewehr M2HB Browning im Kaliber 12,7 mm installiert (bei diesem Panzer nicht gezeigt).

Turm
Der flache und keilförmig gestaltete Turm des mittleren Kampfpanzers Merkava wurde nach Art von Selbstfahrlafetten hinten auf der Wanne installiert. Diese Konstruktionsweise reduziert die Silhouette des Panzers ganz beträchtlich.

Aufteilung der Wanne
In der Wanne des Merkava ist der Motor mitsamt den Dieseltanks vorn angebracht, der Fahrer sitzt links vom Motor. Kommandant, Richtschütze und Ladeschütze befinden sich im Turm hinten im Fahrzeug. Am Heck ist eine Tür, durch die der Panzer aufmunitioniert werden kann, außerdem können hier Infanteristen einsteigen und im Panzer mitfahren.

Die Panzerfamilie Merkava wurde in Israel konstruiert und gefertigt. Dadurch wurde die Abhängigkeit der israelischen Streitkräfte von importierten Panzern und Panzerfahrzeugen zu einem großen Teil beseitigt.

Konstruktionsweise, durch die man die Verwundbarkeit des Panzers reduzieren und ihn für eine Vielzahl von Aufgaben auf dem Schlachtfeld geeignet machen konnte. Die Konstruktionsarbeiten wurden vom Rüstungsunternehmen Israeli Military Industries (IMI) geleitet, und im Jahre 1974 konnte dann ein Prototyp in die Erprobung gehen. Die Fertigung des Merkava I wurde danach genehmigt, und die Produktion begann dann drei Jahre später bei IDF Ordnance. Bis zum Ende der Dekade war der Merkava im Bestand bei den Kampfeinheiten der israelischen Streitkräfte.

Technische Daten (Merkava I)

Abmessungen	Länge: 7,45 m Breite: 3,7 m Höhe: 2,75 m
Gewicht	55,9 t
Antrieb	1 × 12-Zylinder-Dieselmotor mit Aufladung Teledyne Continental AVDS-1790-6A mit einer Leistung von 900 PS
Geschwindigkeit	46 km/h
Bewaffnung	1 × Kanone mit gezogenem Rohr L43.5 M68 im Kal. 105 mm, 1 × schweres Maschinengewehr M2HB Browning im Kal. 12,7 mm, 3 × Maschinengewehr FN-MAG im Kal. 7,62 mm, 1 × Granatwerfer Soltam im Kal. 60 mm
Panzerung	geheim
Reichweite	Straße: 400 km, Gelände: 200 km
Besatzung	4 Mann

Radikales Umdenken

Der Merkava war vom Zeichenbrett bis zum Montageband und auf dem Schlachtfeld eine radikale Abkehr von der konventionellen Konstruktionsweise für Kampfpanzer. Der Motor und die Dieseltanks befanden sich vorn in der Wanne, sodass sie zusätzlich zur Panzerung einen weiteren Schutz boten. Die Panzerung selbst ist geheim, aber man geht davon aus, dass sie anfänglich aus Walzstahl, Gussstahl und verschweißten Nickelstahlplatten bestand. Später ergänzten die Israelis sie durch eine der britischen Chobham-Panzerung entsprechende Verbundpanzerung. Der Turm des Merkava wurde hinten auf der Wanne angebracht; durch seine keilförmige niedrige Form verringert er die Silhouette des Panzers. Außerdem wurde der Merkava so konstruiert, dass er bei Bedarf auch als Mannschaftstransporter oder als Verwundetentransporter verwendet werden kann. Er wurde anfänglich mit der Kanone L43.5 M68 im Kaliber 105 mm (eine Lizenzfertigung der britischen Panzerkanone L7A1) bewaffnet. Nach den heftigen Kämpfen im Libanon, in denen der Merkava I sein Debüt gab, wurde der Merkava II eingeführt, der ein besseres Feuerleitsystem, eine Häuserkampfausrüstung und ein neu konstruiertes Automatikgetriebe hatte.

Ständige Verbesserungen

Im Jahre 1989 wurde der Merkava III einsatzbereit, an dem man zahlreiche weitere Verbesserungen vorgenommen hatte. Die Kanone im Kaliber 105 mm wurde durch die überaus wirksame Glattrohrkanone MG251

Unter dem Turm des mittleren Kampfpanzers Merkava befindet sich kein Turmkorb. Stattdessen dreht sich der Fußboden unter dem Turm in Richtung des aufgenommenen Zieles. Der Kommandant steigt durch seine Luke in den Tank ein und aus, eine Kommandantenkuppel ist hier nicht vorhanden, weil sie die Silhouette des Panzers erhöhen würde.

im Kaliber 120 mm ersetzt; diese Waffe entspricht der in Deutschland bei Rheinmetall gefertigten Kanone im selben Kaliber. Der ursprüngliche 12-Zylinder-Dieselmotor Teledyne Continental AVDS-1790-6A wurde durch einen stärkeren Dieselmotor ersetzt. Außerdem wurde modulare Verbundpanzerung angebracht, hinten am Fahrzeug wurde ein Telefon installiert, mit dem außen am Panzer stehende Soldaten mit der Besatzung kommunizieren können, und es wurde ein Laser-Entfernungsmesser eingebaut. 1995 wurde der Merkava III erneut kampfwertgesteigert, er erhielt eine ABC-Schutzausrüstung und ein Feuerleitsystem BAZ zur besseren Zielaufnahme während der Fahrt. Später erhielt der Merkava IIID bessere, in Israel konstruierte Ketten, die bei Caterpillar gefertigt wurden. Der Merkava IV wurde seit 1999 entwickelt und 2004 in Dienst gestellt. Er hat eine verbesserte Glattrohrkanone MG253 im Kaliber 120 mm, aus der auch Lenkwaffen zur Panzerbekämpfung verschossen werden können, außerdem verschiedene Munitionssorten. Die Munitionsführung wird von einem halbautomatischen Ladesystem durchgeführt, das mit einem Trommelmagazin für zehn Patronen versehen ist. Ein neues Feuerleitsystem kann mehrere fahrende Ziele mithilfe eines Wärmebildgerätes zugleich aufnehmen und verfolgen, außerdem wurden verbesserte Nachtsichtgeräte in dem mit einem elektrischen Turmschwenkwerk versehenen Turm eingebaut. Der Motor des Merkava IV wurde deutlich verbessert, es ist ein Dieselmotor General Dynamics GD833 mit einer Leistung von 1500 PS. Das aktive Schutzsystem Trophy APS kann Bedrohungen durch Panzerabwehrwaffen erkennen, berechnet über einen Computer die mögliche Aufschlagstelle am Merkava IV und leitet Gegenmaßnahmen ein, um das ankommende Projektil unschädlich zu machen. Der Merkava IV wurde 2006 erstmals im Kampf gegen die Terror-Miliz Hisbollah im Libanon eingesetzt. Aufgrund der bisher mit diesen Panzern im Kampf gemachten Erfahrungen zählt man die Panzerfamilie Merkava zu den besten Kampfpanzern auf der Welt.

Merkava im Straßenkampf

Nach den schweren Kämpfen gegen die Terroristen der Hisbollah in den Straßen von libanesischen Städten kritisierten einige Beobachter die Leistungen des Merkava IV. Man hielt den Panzer für zu verwundbar durch Panzerabwehrraketen, für etwas zu langsam und für den Häuserkampf zu unbeweglich. Trotzdem konnte der Merkava seinen guten Ruf in Bezug auf Überlebensfähigkeit der Besatzungen behalten und seinen Auftrag erfüllen. Nach dem Krieg im Jahre 2006 wurde angekündigt, dass die Fertigung des Merkava in den nächsten vier Jahren eingestellt werden sollte. Im Jahre 2011 gab man dann bekannt, dass ein Nachfolger für den Merkava in der Entwicklung stand. Allerdings dürften diejenigen, die schon die Außerdienststellung dieses bewundernswerten Panzers kommen sahen, etwas zu voreilig gesprochen haben. Im August 2013 gab die israelische Regierung nämlich bekannt, dass die Fertigung des Merkava weitergeführt wird.

Leopard 2 (1979)

Die Bundesrepublik Deutschland genehmigte die Fertigung des mittleren Kampfpanzers Leopard 2 im Jahre 1977. Vorher hatte es zwei Gemeinschaftsprojekte mit den USA gegeben, die aber damit endeten, dass jedes Land dann eigene Wege zur Schaffung eines neuen Kampfpanzers ging.

Als ein mittlerer Kampfpanzer Leopard 2A6 der kanadischen Armee auf dem Schlachtfeld in Afghanistan im Jahre 2007 auf eine Sprengfalle (IED) fuhr, gab es bei der vierköpfigen Besatzung keine Verletzten. Der Kommandant des Panzers berichtete später, dass sein Fahrzeug ganz normal weiterfunktionierte. Vielleicht ist kein anderer Bericht besser geeignet, den Erfolg der Konstruktion des Leopard 2 zu beschreiben.

Die Konstruktion war ein Vierteljahrhundert vorher entstanden. Der von den Kanadiern auf den Schlachtfeldern in Afghanistan eingesetzte Leopard 2 war das Ergebnis einer Reihe von verschiedenen Entwicklungen. Schon in den 1960er-Jahren hatten die Streitkräfteführungen der Vereinigten Staaten und der Bundesrepublik Deutschland Gespräche über die Durchführung eines Gemeinschaftsprojektes geführt,

Der Leopard 2 war das Ergebnis jahrelanger Forschungs- und Entwicklungsarbeiten. In seine Konstruktion flossen Merkmale seiner Vorgänger ein, nämlich des Leopard 1 und des Prototyps MBT-70, der gemeinsam mit den USA entwickelt worden war.

Als die Ansichten der deutschen und amerikanischen Streitkräfteführungen in unterschiedliche Richtungen gingen, wurde die gemeinsame Entwicklung eines MBT eingestellt. Jedoch entwickelten beide Länder aufgrund ihrer umfangreichen Erfahrungen dann hervorragende Kampfpanzer.

Bewaffnung
Ursprünglich wurde in den Leopard 2 die Glattrohrkanone L44 von Rheinmetall im Kaliber 120 mm eingebaut. Sie wurde später durch die L55 mit längerem Rohr ersetzt, die eine deutlich höhere Mündungsgeschwindigkeit aufweist.

Panzerung
Die Besatzung des Leopard 2 wird durch die Verbundpanzerung der dritten Generation, die aus Keramik, Wolfram, Kunststoff und Panzerstahlelementen besteht, außerordentlich gut geschützt. Das Panzerinnere ist mit Spezialmatten ausgekleidet, die Absplitterungen im Falle eines direkten Treffers vermindern sollen.

das zu einer neuen Generation von Kampfpanzern führen sollte. Als man den danach entstandenen Prototyp mit der Bezeichnung MBT-70 einige Monate später vorstellte, wurde erstaunlich offensichtlich, welche unterschiedlichen Anforderungen die beiden Armeen an ein solches Fahrzeug stellten. Nachdem das Gemeinschaftsprojekt gescheitert war, entschied man sich bei der Bundeswehr, den Leopard 2 zu entwickeln. Er sollte Elemente des vorhandenen Leopard 1 und des MBT-70 enthalten. Die Amerikaner hingegen entwickelten dann den M1 Abrams. Zwischen 1972 und 1974 wurden nicht weniger als 16 Prototypen des Leopard 2 erprobt und bewertet. In der Zwischenzeit hatten die Amerikaner den Prototyp

Sekundärbewaffnung
Der Leopard 2 verfügt über zwei Maschinengewehre MG3A1 im Kaliber 7,62 mm, eines davon koaxial im Turm eingebaut, das andere neben der Kommandantenluke. Auf beiden Seiten des Turms sind Mehrfachwerfer für Nebelmittel angebracht.

Antrieb
Der Dieselmotor MTU MB 873 Ka-501 ist der Standardantrieb des Leopard 2. Allerdings hat es mittlerweile Erprobungen mit dem stärkeren MTU MT 883 gegeben, der Teil des Nachrüstsatzes EuroPowerPack ist.

Turm
Der mittig auf der Wanne angebrachte Turm des Leopard 2 hat in etwa die Form eines Rhombus. Sein flaches Profil reduziert die Radarsignatur und die gesamte Silhouette des Panzers, allerdings ist die Kopffreiheit im Turm etwas beschränkt.

Die Beobachtungs- und Zielaufnahmesysteme des Leopard 2 für Kommandant und Richtschütze sind miteinander verbunden. Diese Technologie in Verbindung mit der kampfkräftigen Glattrohrkanone L55 im Kaliber 120 mm sorgt für eine überragende Kampfkraft.

XM-1 Abrams fertiggestellt. Im Rahmen eines zweiten Gemeinschaftsunternehmens tauschten die beiden Länder ihre Panzer-Prototypen aus. Die Panzer wurden von unabhängigen Stellen bewertet; man befand, dass sie in zahlreichen Aspekten vergleichbar waren. Die Amerikaner konstatierten jedoch, dass ihr XM-1 Abrams besser gepanzert war, und entschieden sich dafür, ihr Projekt allein weiterzuführen. Im September 1977 fasste das Bundesverteidigungsministerium den Entschluss, die Serienfertigung des Leopard 2 aufzunehmen. Das Rüstungsunternehmen Krauss-Maffei wurde als Vertragspartner und Projektmanager für die ersten 1800 Panzer ausgewählt, die in fünf Losen ausgeliefert werden sollten. Im Verlauf der Zeit wurden mehr als 3200 Panzer Leopard 2 gebaut, und dieses Panzerfahrzeug ist bei mindestens 14 Ländern im Einsatz.

Technische Daten

Abmessungen	Länge: 9,97 m Breite: 3,75 m Höhe: 3 m
Gewicht	62,3 t
Antrieb	1 × V12-Turbodieselmotor MTU MB 873 Ka-501 mit einer Leistung von 1500 PS
Geschwindigkeit	72 km/h
Bewaffnung	1 × Glattrohrkanone Rheinmetall L55 im Kal. 120 mm, 2 × Maschinengewehr MG3A1 im Kal. 7,62 mm
Panzerung	Einzelheiten geheim, Verbundpanzerung der dritten Generation
Reichweite	550 km
Besatzung	4 Mann

Hervorragende Technologie

Die technologischen Aspekte des Leopard 2 sind immer noch unvergleichbar. Von Anfang an erhielt der Panzer die neuesten offensiven und defensiven Waffensysteme. Als der Leopard 2 im Jahre 1979 bei der Bundeswehr in Dienst gestellt wurde, war er ganz ohne Zweifel eines der besten Waffensysteme seiner Art auf der Welt. Die zuerst eingebaute Waffe war die Glattrohrkanone L44 im Kaliber 120 mm, die von Rheinmetall gefertigt wurde. Im Verlauf von Kampfwertsteigerungen wurde die L44 durch die L55 ersetzt. Durch das längere Rohr der neuen Kanone wurde die Mündungsgeschwindigkeit erhöht, die Waffe bekam eine größere Reichweite und eine bessere Ersttrefferwahrscheinlichkeit. Für diese Kanone wurde auch eine neue Munition entwickelt, nämlich die Gefechtsmunition LKE 2 DM53, deren Wuchtgeschoss aus Wolfram gefertigt wurde und die jeden Ostblockpanzer durchschlagen konnte. Die Antriebseinheit des Leopard 2 ist der 12-Zylinder-Dieselmotor MTU MB 873 Ka-501, mit dem der Panzer eine Höchstgeschwindigkeit von 72 km/h erreichen kann. Der Dieselmotor MTU MT 883 ist Bestandteil eines Nachrüstsatzes, der als EuroPowerPack bezeichnet wird. Als Getriebe wird das Renk HSWL 354 verwendet; die Drehstabfederung sorgt für gute Bodenhaftung des breiten und flachen Panzers in normalem und schwerem Gelände. Die Ausgestaltung des Fahrzeuginneren ist funktionell, der Fahrer sitzt vorn in der Mitte, Kommandant, Richtschütze und Ladeschütze befinden sich im Turm, und der

Motor ist hinten in der Wanne. Die Besatzung kann sich im Turm recht gut bewegen, obwohl die Kopffreiheit etwas begrenzt ist. Zu den neuesten Zielaufnahmevorrichtungen gehört das Periskop PERI-R 17 A2 sowohl für den Kommandanten als auch für den Richtschützen. Der Kommandant verfügt über ein Wärmebildgerät, dessen Werte auf einen Monitor im Turm projiziert werden. Das Wärmebildgerät des Fahrers ist mit dem Feuerleitsystem verbunden und kann auch mit dem Kommandanten geteilt werden. Für den Richtschützen steht der Laser-Entfernungsmesser Rheinmetall EMES 15 zur Verfügung, außerdem hat er ein optronisches Wärmebildvisier von Zeiss, das ebenfalls mit dem Feuerleitsystem verbunden ist.

Langlebiger Leopard

Durch ständige Kampfwertsteigerungen konnte die Leistungsfähigkeit des Panzers in einer Reihe von Bereichen verbessert werden. Bei der Version Leopard 2A1 wurde ein thermisches Visier für den Richtschützen eingebaut, die Kraftstofffilter wurden verbessert und die Munitionshalterungen überarbeitet. Die Version 2A3 erhielt ein digitales Funkgerät. Beim 2A4 wurde eine automatische Brandunterdrückungsanlage zusammen mit einem Explosionsschutzsystem eingebaut, die Verbundpanzerung des Turmes wurde durch Verwendung von Wolfram und Titan verbessert, und das Feuerleitsystem wurde digitalisiert. Bei der Version 2A5 wurde das Fahrzeuginnere mit einem Splitterschutz ausgekleidet, außerdem wurde der Turm zusätzlich gepanzert und der elektrische Turmantrieb überarbeitet, es wurden ein Hilfsmotor und eine Klimaanlage eingebaut und der Minenschutz weiter verbessert. Außerdem erhielt der Panzer aufgrund der langen (und schwereren) Kanone L55 ein besseres Bremssystem.

Der 2A6 ist mit der dritten Generation von Verbundpanzerung aus Stahl, Wolfram, Kunststoff und Keramikkomponenten ausgestattet, sein lebensrettendes Minenschutzsystem hat seinen Wert in Afghanistan bereits bewiesen.

Einsätze in anderen Ländern

Der mittlere Kampfpanzer Leopard 2, der hier auf einer Übung gezeigt wird, wurde auf dem Balkan und in Zentralasien im Kampf eingesetzt. Im Kosovo operierte die Bundeswehr mit Leopard 2A4 und 2A5, während kanadische und dänische Streitkräfte zu denjenigen gehören, die den Panzer auch in Afghanistan eingesetzt haben. Dänische Leopard-Panzer leisteten bei der Abwehr der Taliban-Angriffe in der Provinz Helmand im Januar 2008 Feuerunterstützung, außerdem unterstützten sie kanadische Truppen bei der Wiedereinnahme des Distrikts Nad Ali im Dezember. Im Februar 2008 wurde ein Leopard durch eine Sprengfalle beschädigt, aber er konnte aus eigener Kraft in seinen Stützpunkt zurückkehren. Ein Besatzungsmitglied eines dänischen Leopard wurde jedoch im Juli 2008 bei der Explosion einer überaus großen Sprengfalle getötet.

M2 Bradley (1981)

Der Schützenpanzer M2/M3 Bradley hat seine Wurzeln in der Zeit des Vietnamkrieges, er wurde jedoch erst 1981 bei der amerikanischen Armee in Dienst gestellt. Aber damals gab es durchaus kontroverse Diskussionen in Bezug auf seinen Kampfwert.

Auf dem Höhepunkt des Vietnamkrieges suchte die US-Army einen Ersatz für den Mannschaftstransportwagen M113. Die im Kampf gemachten Erfahrungen hatten gezeigt, dass der M113 im Dschungel schwierig zu manövrieren war, und sein hohes Profil zog das Feuer von leichten, von der Schulter abgefeuerten Panzerabwehrwaffen wie zum Beispiel der aus der Sowjetunion stammenden Panzerabwehrgranate RPG mit Raketenantrieb an. Außerdem war seine Bewaffnung für die Unterstützung der Infanterie keineswegs ausreichend. Obwohl es ganz klar definierte Spezifikationen für das neue Kampffahrzeug gab, aus dem schließlich der M2/M3 Bradley hervorgehen sollte, ging das

Bewaffnung
Die von McDonnell Douglas gefertigte Maschinenkanone M242 im Kaliber 25 mm trägt auch den Namen Bushmaster. Die Kanone kann panzerbrechende Geschosse mit einem Kern aus abgereichertem Uran verschießen, aber auch Sprenggranaten.

Projekt nur langsam voran. Einige Skeptiker stellten seine leichte Panzerung infrage, das galt auch für die Hauptwaffe im Kaliber 25 mm und deren Wirkung auf dem Schlachtfeld. Die Bedenken hatten hauptsächlich mit den schlechten Leistungen des sowjetischen Schützenpanzers BMP-1 während des Yom-Kippur-Krieges im Jahre 1973 zu tun. Trotz allem hatte die Forderung nach einem neuen Kampffahrzeug, das in der Lage war, mit den mittleren Kampfpanzern dieser Zeit auf dem Schlachtfeld Schritt zu halten, das auch als schneller Spähpanzer eingesetzt werden konnte und mit dessen Hilfe die Infanterie rasch vorrücken und Gelände halten konnte, immer noch obersten Vorrang.

Der Bradley entsteht

Der zu Ehren des Armeegenerals Omar N. Bradley, einem der amerikanischen Kriegshelden im Zweiten Weltkrieg, Bradley genannte Schützenpanzer sorgte für kontroverse Diskussionen. Es gab Anfragen an den Kongress und Streitereien über die Finanzierung des Projektes, ehe die Produktion im Februar 1980 genehmigt wurde. Der M2/M3 Bradley wurde dann 1981 in Dienst gestellt, immerhin volle 15 Jahre nach der Aufnahme der Forschungs- und Entwicklungsarbeiten im Rahmen des Projektes. Der Bradley wurde in zwei verschiedenen Ausführungen gebaut. Die Infanterievariante M2 sollte ursprünglich Platz für eine dreiköpfige Besatzung und sieben voll ausgerüstete Infanteristen haben, die durch eine

Der Schützenpanzer Bradley wurde in zwei Ausführungen als Mannschaftstransportfahrzeug und als Spähpanzer für die Kavallerie gefertigt. Bei seinen Aufklärungseinsätzen helfen diesem leichten Fahrzeug seine hervorragende Feuerkraft und die Möglichkeit zur Bekämpfung von Feindpanzern.

Panzerabwehr-Lenkwaffe
Der Bradley ist auch mit der Panzerabwehr-Lenkwaffe TOW ausgerüstet.

Infanteristen
Anfänglich war der M2 Bradley für die Mitnahme von sieben voll ausgerüsteten Infanteristen eingerichtet. Deren Anzahl wurde später auf sechs Mann reduziert. An Bord des Kavallerie-Spähpanzers M3 befinden sich zwei als Kampfbeobachter ausgebildete Infanteristen.

Panzerung
Die Panzerung des Schützenpanzers Bradley besteht unter anderem aus der Aluminiumlegierung 7017, die durch Reaktivpanzerung verstärkt wird. Wichtige Bereiche des Fahrzeugs werden durch zusätzliche Panzerplatten und Verbundpanzerung geschützt, die Schutz vor Geschossen bis zum Kaliber 23 mm bieten.

Am Schützenpanzer M2/M3 Bradley wurden seit seiner Indienststellung zahlreiche Verbesserungen vorgenommen. Eine davon ist die Kampfwertsteigerung ODS (Operation Desert Storm), die nach dem Golfkrieg von 1991 eingeführt wurde. Durch den Einbau eines verbesserten Feuerleitsystems, neuer Navigationssysteme, Wärmebildgeräte und Führungssysteme konnten die Leistungen des Fahrzeugs gesteigert werden.

große Heckklappe in das Fahrzeug ein- und aussteigen konnten. Später wurde die Anzahl der Infanteristen im M2 auf sechs Soldaten reduziert. Die Kavallerieversion M3 hatte ebenfalls eine dreiköpfige Besatzung und zusätzlich zwei als Kampfbeobachter ausgebildete Infanteristen. Hersteller des Schützenpanzers war der Rüstungskonzern BAE Systems Land and Armament; es wurden fast 6800 Bradley gebaut.

Technische Daten

Abmessungen	Länge: 6,55 m Breite: 3,6 m Höhe: 2,98 m
Gewicht	27,6 t
Antrieb	1 × 8-Zylinder-Dieselmotor Cummins VTA-903T mit einer Leistung von 600 PS
Geschwindigkeit	66 km/h
Bewaffnung	1 × Maschinenkanone McDonnell Douglas M242 im Kal. 25 mm, 1 × Mehrfachwerfer für Panzerabwehrwaffe TOW, 1 × Maschinengewehr M240C im Kal. 7,62 mm
Panzerung	Stärke unterliegt der Geheimhaltung; Verbundpanzerung, zusätzliche Panzerplatten, Aluminiumlegierung 7017, Reaktivpanzerung
Reichweite	480 km
Besatzung	3 Mann

Technik des Bradley

Auch der Bradley wurde in Übereinstimmung mit den eigentlich für alle Panzerfahrzeuge geltenden Baugrundsätzen konstruiert, nämlich dem Ausgleich zwischen Feuerkraft, Panzerschutz und Mobilität, damit er seine Aufgaben als Mannschaftstransportfahrzeug und Spähpanzer erfüllen konnte, wobei er ständig kampfwertgesteigert wurde. Bei den Kämpfen während des Golfkrieges von 1991 und dem Einmarsch in den Irak im Jahre 2003 konnte er sich auch im Kampf gegen Kampfpanzer und andere Panzerfahrzeuge durchaus bewähren. Der Bradley wird durch einen 8-Zylinder-Dieselmotor Cummins VTA-903T angetrieben, mit dem er eine Höchstgeschwindigkeit von 66 km/h erreicht. Seine Drehstabfederung ermöglicht es ihm auch, im Wüstensand und durch Sumpfland oder unebenes Gelände schnell vorzurücken. Das Fahrzeug hat ein Verhältnis von Motorleistung zu Gewicht von 19,74 PS pro Tonne. Der Panzerschutz ist notgedrungen im Vergleich zu Kampfpanzern recht leicht. Mit seiner Verbundpanzerung und zusätzlichen Panzerplatten ist das Fahrzeug aber ausreichend gegen Handwaffenfeuer und Geschosse bis zum Kaliber 23 mm geschützt. Zusätzlich zur aus der Aluminiumlegierung 7017 bestehenden Grundpanzerung ist das Fahrzeug auch durch Reaktivpanzerung (ERA) gegen Hohlladungen geschützt. Die eingebaute Maschinenkanone M242 mag zwar auf den ersten Blick als leichte Waffe erscheinen, aber sie kann mit ihrer panzerbrechenden Munition, die einen Kern aus abgereichertem Uran enthält, die Panzerung von feindlichen Panzerfahrzeugen durchschlagen. Gegen Weichziele kann die Kanone Sprenggranaten verschießen. Der Kanonier wählt die entsprechende Munition über ein automatisches Ladesystem an, und deswegen ist er in der Lage, mehrere unterschiedliche Ziele in schneller Folge zu bekämpfen. Für die Kanone M242 hat der Bradley 900 Schuss Munition an Bord. Für die Panzerbekämpfung ist das bewährte Lenkwaffensystem TOW an Bord, das in einem Werfer an der linken Seite des Turms mitgeführt wird. Beim Kampfeinsatz werden normalerweise sieben Lenkwaffen mitgeführt. Für die Unterstützung der Infanterie steht ein koaxial eingebautes Maschinengewehr M240C im Kaliber 7,62 mm zur Verfügung. 800 Schuss Munition sind als Bereitschaftsmunition vorhanden, weitere 1540 Patronen liegen in Reserve.

Hier wirbelt ein Schützenpanzer Bradley während einer Übung in der Wüste mächtig Staub auf. Seine guten Leistungen während der Kampfeinsätze Operation Desert Storm und Operation Iraqi Freedom gaben seinen Befürwortern recht. Der Bradley zeigte bei seinen Einsätzen als Spähpanzer, Infanterie-Unterstützungsfahrzeug und bei der Panzerbekämpfung hervorragende Leistungen.

Varianten

Nach den im Golfkrieg gemachten Erfahrungen wurde eine „ODS" (Operation Desert Storm) genannte Kampfwertsteigerung für den Bradley genehmigt. Es wurde ein Abwehrsystem gegen Lenkwaffen eingebaut, außerdem ein GPS-System, ein verbesserter Laser-Entfernungsmesser, ein digitales Kompasssystem sowie ein taktisches Navigationssystem. Diese Variante erhielt die Bezeichnung A2. Die Variante A2 ist auch in der Lage, mit diversen Computer-Führungssystemen zu kommunizieren, so zum Beispiel mit dem *„Force XXI Battle Command Brigade and Below"* (FBCB2). Die Infanteristen sitzen hinten im Kampfraum auf Bänken, außerdem ist eine Kochplatte für das Zubereiten von warmen Mahlzeiten vorhanden. Bei der Kampfwertsteigerung auf den Stand A3 wurde das Infrarot-Visiersystem FLIR *(Forward Looking Infrared)* zusammen mit einem optronischen Bildsystem und einem besseren Feuerleitsystem eingebaut. Zurzeit befindet sich das Kampffahrzeug GCV in der Entwicklung, nachdem das vorangegangene Programm *„Future Combat Systems Manned Ground Vehicles"* 2009 storniert worden war. Der Nachfolger des Bradley wird gegen Ende dieses Jahrzehnts erwartet.

Bradley im Irak

Während seines Einsatzes im Golfkrieg von 1991 und dem Einmarsch in den Irak im Jahre 2003 konnte sich der Schützenpanzer M2/M3 Bradley auf recht lobenswerte Art im Kampf bewähren. Während des Golfkrieges kämpften die Schützenpanzer M2/M3 Bradley mehrerer Züge des *2nd Armored Cavalry Regiment* der US-Army gegen irakische Panzerfahrzeuge, von denen sie im Verlauf der Schlacht von 73 Easting und anderer Einsätze eine ganze Reihe zerstören konnten. Obwohl sich während der Operation Iraqi Freedom herausstellte, dass der M2/M3 Bradley anfällig für die Wirkung von Sprengfallen (IED) und raketengetriebenen Panzerabwehrgranaten (RPG) ist, war die Überlebensfähigkeit seiner Besatzungen hervorragend. In einigen Fällen konnten Schützenpanzer Bradley sogar irakische Kampfpanzer mit ihren TOW-Lenkwaffen vernichten. Zu den Spezialvarianten auf der Basis des Bradley gehören eine Beobachtungsvariante, ein Fla-Panzer und ein Panzerjäger.

Challenger 1 (1982)

Als der Bestand der Chieftain-Panzer bei der britischen Armee zu veralten begann, führte man dort in den frühen 1980er-Jahren den Challenger 1 ein. Es wurden nur relativ wenige dieser Panzer gebaut, und sie dienten der Überbrückung vom alten Chieftain zum neuen und kampfkräftigen Challenger 2.

Im Verlauf einer merkwürdigen Mischung aus politischem Aufruhr und militärischen Anforderungen entstand in den frühen 1980er-Jahren der Challenger 1 als das hauptsächliche Waffensystem der britischen Armee. Diese Position behielt der Panzer dann für fast zwei Jahrzehnte, wobei er allmählich von dem verbesserten Challenger 2 ergänzt wurde, der um die Wende zum 21. Jahrhundert hin vom britischen Rüstungskonzern Vickers Defence Systems entwickelt worden war. Als im Verlauf der islamischen Revolution im Iran im Jahre 1979 der Schah von Persien gestürzt worden war, wurde eine Bestellung für ca. 1200 Panzer Shir II ausgesetzt. Beim Shir II handelte es sich um eine kampfwertgesteigerte Version des vorhandenen Chieftain, aber ganz offensichtlich war es ein Panzer ohne Zukunft. Gleichzeitig genehmigte das britische Verteidigungsministerium ein Gemeinschaftsprojekt mit der Bundesrepublik Deutschland zur Schaffung eines neuen mittleren Kampfpanzers, mit dem theoretisch die Panzertruppen der NATO in Westeuropa standardisiert werden sollten. Es stellte sich aber schon bald heraus, dass dieses anglo-deutsche Projekt keine

Beim Challenger 1 hatte man im Vergleich zum Vorgänger Chieftain eine Reihe von Verbesserungen vorgenommen, und so konnte dieser Panzer während seines Einsatzes im Golfkrieg von 1991 durchaus beeindruckende Leistungen zeigen. Der kampfwertgesteigerte Challenger 1 befindet sich auch heute noch bei der Königlich-jordanischen Armee im Einsatz.

Bewaffnung
Die bereits für den mittleren Kampfpanzer Chieftain verwendete Kanone L11A5 mit gezogenem Rohr im Kaliber 120 mm von Royal Ordnance wurde auch beim Challenger 1 beibehalten. Die sowieso schon für ihre Genauigkeit bekannte Kanone wurde durch die Verwendung eines neuen Visiers und eines Feuerleitsystems noch akkurater.

Antrieb
Als Triebwerke für den Challenger 1 wurden entweder der Dieselmotor Rolls-Royce CV 12 oder der V12-Dieselmotor *Perkins Engines Company Condor* verwendet. Ihre Leistungen waren gleich, und der Panzer konnte damit eine Höchstgeschwindigkeit von 60 km/h erreichen.

Zukunft hatte. Die Briten machten sich jetzt selbst an die Arbeit und begannen mit einem Forschungs- und Entwicklungsprogramm für einen neuen eigenen Panzer, den man vorläufig den MBT-80 nannte. Da aber die Kosten dafür sehr schnell aus dem Ruder liefen und auch die Technik rapide Fortschritte machte, wurde die Tür für das Projekt MBT-80 ziemlich rasch wieder zugeschlagen.

Shir II im Fokus

Nach diesen zwei gescheiterten Projekten wandten die Briten ihre Aufmerksamkeit wieder den überzähligen Shir II zu. Die Nachrüstung auf die Standards der britischen Armee erschien als eine machbare Alternative, während die Entwicklung einer neuen Generation von mittleren Kampfpanzern weitergeführt wurde. Das Projekt wurde genehmigt, und der sogenannte „Brückenpanzer“ erhielt die Bezeichnung Cheviot. Diese Bezeichnung wurde später in Challenger *(der Herausforderer)* geändert. Hier hatte man eine Anleihe bei einem Kreuzerpanzer aus der Zeit des Zweiten Weltkrieges genommen. Im Verlauf der Überarbeitung des Challenger wurden zahlreiche verbesserte Systeme installiert. Es gab aber schon bald Probleme mit Komponenten wie dem Getriebe, dem Antrieb der Lichtmaschine und dem

Sekundärbewaffnung
Der Challenger 1 verfügte über zwei Maschinengewehre im Kaliber 7,62 mm, nämlich ein LA82 als Koaxial-MG im Turm und ein L37A2 neben der Kommandantenluke. Auf der Wanne waren zwei Mehrfachwerfer für Nebelmittel montiert.

Turm
Der flache und längliche Turm bot den drei Besatzungsmitgliedern ausreichend Platz, gleichzeitig verringerte er die Silhouette des Panzers. Dem Kommandanten standen zur Beobachtung der Umgebung des Panzers neun Periskope mit einem Blickwinkel von 360° zur Verfügung.

Panzerung
Die Einführung der revolutionären Chobham-Verbundpanzerung verbesserte den Panzerschutz für den mittleren Kampfpanzer Challenger 1 weitaus besser, als das die früher verwendete Panzerung aus Panzerstahl oder jede Zusatzpanzerung leisten konnten. Die Chobham-Panzerung wurde auch in anderen Ländern für die dortigen Kampfpanzer verwendet, so zum Beispiel in den USA beim M1 Abrams oder in Deutschland beim Leopard 2.

Der Challenger 1 diente als Überbrückung vom veralteten mittleren Kampfpanzer Chieftain zum ultra-modernen Challenger 2. Bei seiner Konstruktion wurde vorhandene Technologie mit einer ganzen Reihe von Neuerungen verbunden. Der Panzer stand bei der britischen Armee fast zwei Jahrzehnte lang bei den Panzereinheiten im Einsatz.

Laser-Zielgerät. Diese Probleme konnten gelöst und dann bei den Konstruktionsarbeiten für den neuen Panzer vermieden werden.

Alt und neu

Die im Chieftain eingebaute Kanone L11A5 mit gezogenem Rohr im Kaliber 120 mm wurde auch für den Challenger übernommen. Die zuverlässige Kanone wurde mit einem Geschoss und einer getrennten Treibladung in Beuteln geladen.

Technische Daten

Abmessungen	Länge: 11,55 m Breite: 3,52 m Höhe: 2,89 m
Gewicht	62 t
Antrieb	1 × Dieselmotor Rolls-Royce CV 12 oder 1 × V12-Dieselmotor Perkins Engines Company Condor mit jeweils 1200 PS Leistung
Geschwindigkeit	60 km/h
Bewaffnung	1 × Kanone Royal Ordnance L11A5 mit gezogenem Rohr im Kal. 120 mm, 1 × Maschinengewehr L8A2 im Kal. 7,62 mm, 1 × Maschinengewehr L37A2 im Kal. 7,62 mm
Panzerung	Chobham-Verbundpanzerung; Stärke geheim
Reichweite	Straße: 450 km, Gelände: 250 km
Besatzung	4 Mann

Patronierte Munition wurde hier nicht verwendet, das sollte auch eine Schutzmaßnahme gegen Explosionen sein. Die Sekundärbewaffnung bestand aus zwei Maschinengewehren GPMG im Kaliber 7,62 mm, für die 4000 Schuss Munition vorhanden waren. Der flache, längliche Turm mit einer deutlichen Abschrägung hatte Platz für den Kommandanten auf der rechten Seite, den Ladeschützen links von ihm und den Richtschützen vorne und unten. Erstaunlicherweise bot dieser Turm reichlich Platz, während die Silhouette und die Radarsignatur des Challenger minimiert werden konnten. In der traditionellen britischen Bauweise befand sich der Motorraum hinten in der Wanne, der Fahrer saß vorn in der Mitte der Wanne. Durch seinen Liegesitz konnte man die Silhouette des Panzers ebenfalls klein halten. Als Triebwerk für den Challenger wurde entweder der Dieselmotor CV 12 von Rolls-Royce oder der V12-Dieselmotor Condor von der Perkins Engines Company verwendet. Beide Motoren hatten identische Leistung, und der Panzer erreichte damit eine Höchstgeschwindigkeit von 60 km/h. Das Laserzielgerät No. 10 Mk.1 konnte bei allen Wetterverhältnissen verwendet werden, es war mit dem Feuerleitsystem GEC Marconi gekoppelt und konnte Ziele auch während der Fahrt sehr schnell aufnehmen. Mithilfe eines Bildverstärkergerätes Rankin Pullin und dem Tageslicht-Sichtgerät No.15 konnten die Sichtverhältnisse für den Kommandanten deutlich verbessert werden, sodass er die Umgebung des Panzers auf dem Schlachtfeld sehr gut überblicken konnte.

Schwerpunkt Panzerung

Da man den Schwerpunkt auf Überlebensfähigkeit gelegt hatte, war die revolutionärste Verbesserung beim Challenger die Einführung der Chobham-Verbundpanzerung. Das ist eine der Geheimhaltung unterliegende Verbindung unter der Verwendung

Der Challenger 1 wurde im Dezember 1982 bei der britischen Armee eingeführt. Seine hydropneumatische Federung, die auf die sechs Laufräder auf jeder Seite der Wanne wirkte, funktionierte in der Wüste während des Golfkrieges von 1991 gut.

von Keramikelementen und Metalllegierungen. Sie wurde in den 1960er-Jahren von der britischen Forschungseinrichtung in Chobham Common in der Grafschaft Surrey entwickelt. Diese Panzerung ist weitaus widerstandsfähiger als konventioneller Panzerstahl. Es wird berichtet, dass sie einem bis fünfmal stärkeren Treffer widerstehen kann. Auch für den amerikanischen mittleren Kampfpanzer M1 Abrams wird die Chobham-Panzerung verwendet, vergleichbares Material wird auch für den Leopard 2 der Bundeswehr eingesetzt.

Der bis zu seiner Ablösung einfach als Challenger bezeichnete Panzer erhielt dann die Bezeichnung Challenger 1, um ihn vom neuen Challenger 2 zu unterscheiden. Ungefähr 400 Challenger 1 wurden dann an die Königlich-jordanische Armee abgegeben, wo sie nach weiteren Kampfwertsteigerungen immer noch unter dem Namen „al-Hussein“ im Einsatz sind. Der Challenger 1 wurde im Irak eingesetzt und diente bei der britischen Armee während des Golfkrieges von 1991, aber auch in Bosnien und im Kosovo. Zu den Spezialfahrzeugen auf der Grundlage des Fahrgestells des Challenger gehören ein Bergepanzer und ein Fahrschulpanzer mit einem fest eingebauten Turm. Der Challenger Marksman SPAAG ist ein Fla-Panzer auf dem Fahrgestell des Challenger mit dem Marksman-Turm, der mit einem Radargerät Marconi 400 und einer Zwillingsflak mit zwei Maschinenkanonen Oerlikon im Kaliber 35 mm ausgerüstet ist.

Die irakische Herausforderung angenommen

Bei seiner Ankunft im Mittleren Osten im Rahmen der Operation Desert Shield/Desert Storm erhielt der Challenger 1 einen Nachrüstsatz, der ihn für die kommenden Kämpfe gegen die starken Panzertruppen von Saddam Husseins irakischer Armee kampfkräftiger machen sollte. Die Panzer gingen von ihren Transportschiffen im Hafen von Jubayl in Saudi-Arabien an Land. Dort wurden sie mit zusätzlicher Chobham-Panzerung und Reaktivpanzerung gegen Hohlladungen versehen, sie erhielten zusätzliche Kraftstofftanks und Nebelerzeuger. Während der Kämpfe gegen die irakischen T-54/55 und T-72 und andere Fahrzeuge konnten die britischen Challenger ungefähr 300 Siege ohne eigene Verluste erringen. Ein Challenger konnte dort sogar den weitesten Schuss gegen einen Feindpanzer anbringen, der in der Geschichte der modernen Kriegsführung bisher bekannt und bestätigt worden ist, denn er zerstörte einen irakischen Panzer mit einer Granate mit einem Kern aus abgereichertem Uran auf eine Entfernung von mehr als 5 km.

M1A1 Abrams (1985)

Der mittlere Kampfpanzer M1A1 Abrams war das Ergebnis einer umfangreichen Überarbeitung des ursprünglichen M1, der im Jahre 1980 bei der US-Army in Dienst gestellt wurde. Der M1A1 wurde auf dem Balkan und im Nahen und Mittleren Osten mit einer beeindruckenden Erfolgsbilanz eingesetzt.

Als sich im Rahmen des Gemeinschaftsunternehmens zwischen der Bundesrepublik Deutschland und den USA zur Entwicklung eines Standard-Kampfpanzers zeigte, dass beide Staaten sehr unterschiedliche Auffassungen über die Prioritäten bei der Entwicklung hatten, entschlossen sich die USA dazu, einen eigenen Prototyp zu entwickeln, der zeitweilig der XM-1 genannt wurde. Die ersten Panzer M1 Abrams wurden im Jahre 1976 einer Truppenerprobung unterzogen, und 1980 wurde der neue Panzer in Dienst gestellt. Im Jahre 1985 wurde dann der M1A1 gefertigt, nachdem man am ursprünglichen M1 eine Reihe von Änderungen und Verbesserungen vorgenommen hatte. Der M1A1 erhielt seine Feuertaufe während des Golfkriegs von 1991 und der dann folgenden Operation Iraqi Freedom im Jahre 2003. Hier zeigte sich, dass eine Anzahl von Kritikern, die auf die hohen Fertigungskosten und mögliche Probleme bei der Mobilität hingewiesen hatten, deutlich falsch lagen.

Als einer der besten Kampfpanzer auf der Welt verfügt der M1A1 Abrams über eine ganze Reihe von neuen Offensiv- und Defensivsystemen. Dazu gehören seine der Geheimhaltung unterliegende Panzerung, eine amerikanische Variante der deutschen Glattrohrkanone von Rheinmetall im Kaliber 120 mm und eine leistungsstarke Gasturbine.

Bewaffnung

Die zur Bewaffnung des M1A1 Abrams gehörende Glattrohrkanone M256 im Kaliber 120 mm ist eine in Lizenz gefertigte Variante der deutschen Rheinmetall-Kanone L 44. Sie ersetzte die ursprüngliche Kanone M68A1 mit gezogenem Rohr im Kaliber 105 mm, die von der britischen L7A1 von Royal Ordnance abstammt und mit der man den ursprünglichen M1 ausgerüstet hatte.

Die Kampfpanzer der Serie M1 Abrams stehen nun schon seit mehr als 30 Jahren bei der US-Army und der Marineinfanterie (Marine Corps) im Einsatz. Durch zahlreiche Kampfwertsteigerungen und Modernisierungsmaßnahmen ist der Abrams auch heute noch eines der kampfkräftigsten Waffensysteme in der Geschichte der Landstreitkräfte.

Vielseitiger Abrams

Die wahrscheinlich bemerkenswerteste Verbesserung am M1A1 war der Ersatz der ursprünglichen Kanone M68A1 L/52 mit gezogenem Rohr im Kaliber 105 mm durch die Glattrohrkanone Rheinmetall L/44 im Kaliber 120 mm. Die deutsche Kanone galt als überragend in Bezug auf Feuerkraft und beim Verschießen einer ganzen Reihe von verschiedenen Munitionsarten; bei den Amerikanern galt sie aber als etwas zu kompliziert. Die USA erwarben dann von Rheinmetall eine Fertigungslizenz für diese Waffe und fertigten ihre eigene Version mit weniger Teilen. Dazu gehörte auch ein Rohrrücklaufsystem mit Federelementen anstelle des ursprünglichen Hydrauliksystems. Die amerikanische Version der Kanone bekam die Bezeichnung M256. Mit der Antriebsanlage des M1A1 betrat man beim Antrieb von Panzerfahrzeugen völliges Neuland. Nachdem Kampfpanzer mehr als ein halbes Jahrhundert lang hauptsächlich von Dieselmotoren angetrieben worden waren, hat sich die hier

Sekundärbewaffnung
Neben der Kommandantenluke oben auf dem Turm ist ein schweres Maschinengewehr M2HB Browning im Kaliber 12,7 mm angebracht. Ein weiteres MG M240 im Kaliber 7,62 mm ist koaxial zur Kanone montiert, ein drittes Maschinengewehr befindet sich neben der Luke des Ladeschützen.

Munitionslagerung
Die Munition wird getrennt von der Turmbesatzung in gepanzerten Behältern hinten in der Wanne gelagert. Dieser Lagerbereich wird durch Reaktivpanzerung geschützt, die so konstruiert ist, dass ihre Explosionswirkung im Falle eines direkten Treffers nach außen gelenkt wird.

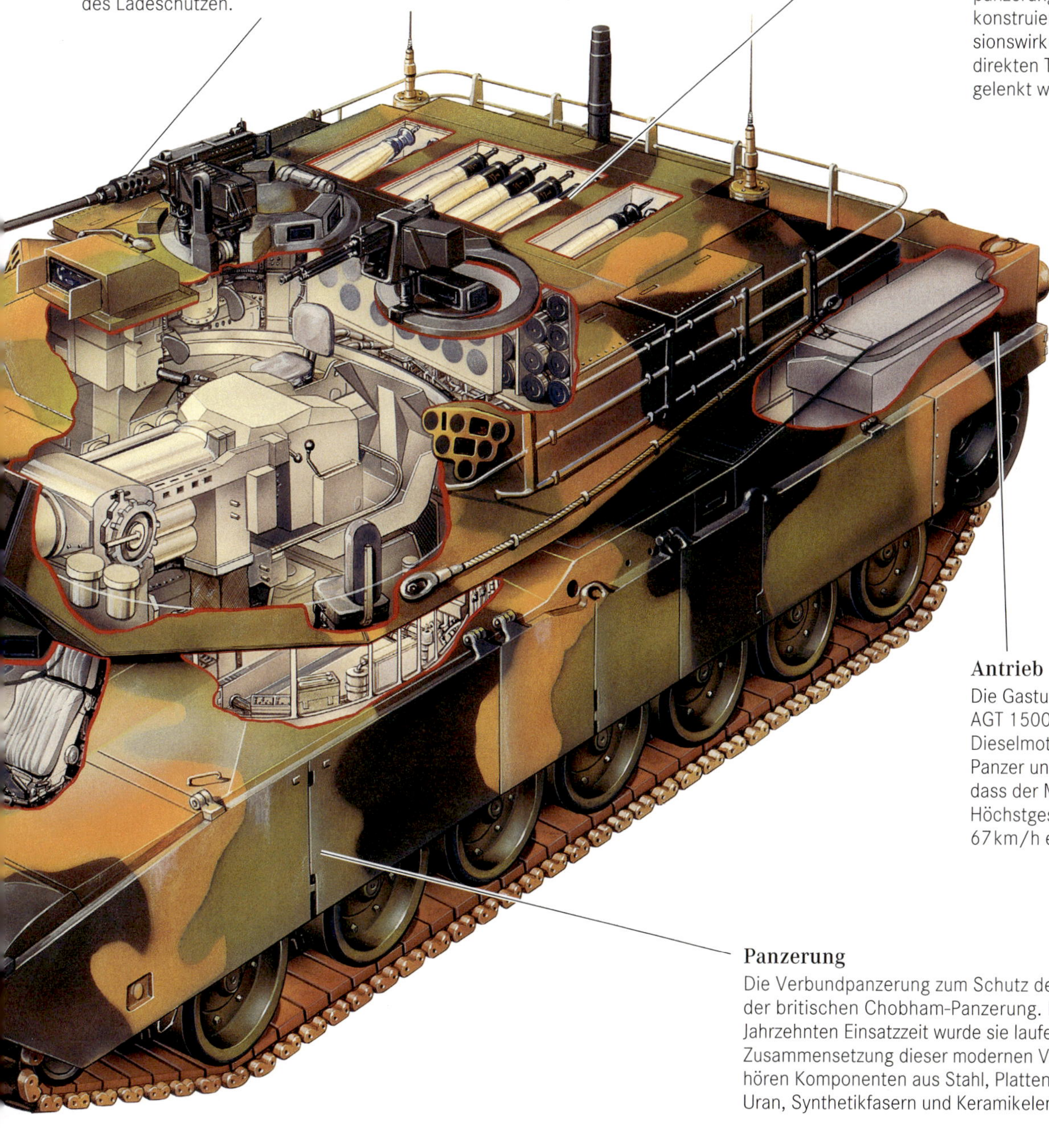

Antrieb
Die Gasturbine Lycoming Textron AGT 1500 läuft viel leiser als die Dieselmotoren zeitgenössischer Panzer und hat so viel Leistung, dass der M1A1 Abrams eine Höchstgeschwindigkeit von 67 km/h erreichen kann.

Panzerung
Die Verbundpanzerung zum Schutz des M1A1 entspricht der britischen Chobham-Panzerung. Im Verlauf von drei Jahrzehnten Einsatzzeit wurde sie laufend verbessert. Zu der Zusammensetzung dieser modernen Verbundpanzerung gehören Komponenten aus Stahl, Platten aus abgereichertem Uran, Synthetikfasern und Keramikelemente.

Die Kampfkraft des M1A1 Abrams konnte durch Modernisierungsprogramme auf dem letzten Stand gehalten werden. Im Verlauf der Jahre gehörten zu den Nachrüstungsmaßnahmen ein ABC-Schutzsystem, verbesserter Panzerschutz, eine bessere Federung und ein verbessertes Zielaufnahmesystem.

verwendete Gasturbine Lycoming Textron einen sehr guten Ruf für ihre Zuverlässigkeit auch unter extremen Klimaverhältnissen erworben; außerdem läuft sie beträchtlich leiser als Dieselmotoren. Allerdings ist der Kraftstoffverbrauch der Turbine deutlich höher als bei vergleichbaren Dieselmotoren. Mit der Gasturbine kann der Panzer seine optimale Marschgeschwindigkeit schon nach wenigen Sekunden erreichen, und so hat sich der M1A1 bei Freund und Feind den Spitznamen „Flüsternder Tod“ erworben. Panzer M1 aus früher Produktion erhielten eine Version der britischen Chobham-Verbundpanzerung, die viele Male widerstandsfähiger als gewalzte Panzerplatten oder zusätzlich angebrachte Panzerstahlplatten ist. Im Jahre 1988 wurde die aus Walzstahl und Nickelstahl gefertigte Wanne des M1A1 mit einer zusätzlichen Verbundpanzerung versehen, die aus Schichten von abgereichertem Uran im Stahlmantel, Keramik, Synthetikfasern, Gummi und anderen Komponenten

Technische Daten

Abmessungen	Länge: 7,92 m Breite: 3,66 m Höhe: 2,89 m
Gewicht	57 t
Antrieb	1 × Gasturbine Lycoming Textron AGT 1500 mit 1500 PS Leistung
Geschwindigkeit	67 km/h
Bewaffnung	1 × Glattrohrkanone M256 L/44 im Kal. 120 mm, 1 × schweres Maschinengewehr M2HB Browning im Kal. 12,7 mm, 2 × Maschinengewehr M240 im Kal. 7,62 mm
Panzerung	Verbundpanzerung über gewalzten und verschweißten Nickelstahlplatten
Reichweite	Straße: 500 km, Gelände: 300 km
Besatzung	4 Mann

besteht. Wie gut diese Panzerung schützt, unterliegt der Geheimhaltung. Bei den Kämpfen im Irak wurde aber von keinen Durchschlagungen des Panzerschutzes der M1A1-Panzer durch die Kanonen der in der Sowjetunion gefertigten Panzer T-72 oder T-72M berichtet. Die ursprünglichen taktischen Anforderungen an den Panzer M1 Abrams bezogen sich auf einen möglichen Einsatz gegen die Panzerkräfte des Warschauer Paktes. Da man sich der überwältigenden zahlenmäßigen Überlegenheit der Sowjets bewusst war, legten die amerikanischen Militärplaner den Schwerpunkt auf die Fähigkeit ihrer Waffen, die feindlichen Ziele schnell aufzunehmen, Schüsse mit hoher Ersttrefferwahrscheinlichkeit anzubringen und die Ungleichheit der Kräfte auf andere Weise auszugleichen. Es wurde anfänglich großer Wert auf Prioritäten wie Überlebensfähigkeit der Besatzungen, Überwachung des Gefechtsfeldes und Zielaufnahme, Ersttrefferwahrscheinlichkeit und Feuergeschwindigkeit gelegt.

Waffentechnologie

In den letzten 25 Jahren wurden am M1A1 nicht weniger als ein Dutzend Nachrüstungen und Kampfwertsteigerungen vorgenommen. Zur Verbesserung der Zielaufnahme wurde das Infrarot-System FLIR *(Forward Looking Infrared)* zusammen mit Fernziel-Sensoren, thermischen Visierungen für die Sekundärbewaffnung und mehrere umfangreiche Computer-Nachrüstungen installiert. Der digitalisierte Feuerleitcomputer empfängt die Daten vom Laser-Entfernungsmesser und errechnet ein präzises Richten der Kanone, wobei sogar das Durchbiegen des Rohres durch einen Sensor an der Mündung mit eingerechnet wird. In diese Berechnung fließen auch noch andere Werte von externen Sensoren ein, die unter anderem die Wetterverhältnisse berücksichtigen. Die Aufteilung des Kampfraums im M1A1 Abrams ist funktionell. Bei den Kampfwertsteigerungen hat man besonderen Wert auf die Gestaltung und Ausrüstung des Turms gelegt, denn durch die Einführung von neuer Ausrüstung ging teilweise verfügbarer Platz verloren. Der Fahrer sitzt vorn in der Wanne auf einem Liegesitz, um die Silhouette des Panzers zu reduzieren. Seine drei Periskope ermöglichen ihm die Sicht bei Nacht und das Fahren des Panzers bei schlechtem Wetter. Der Richtschütze, der auf der rechten Seite im für drei Mann ausgelegten Turm sitzt, benutzt einen Laser-Entfernungsmesser von Hughes, von dem bekannt ist, dass er Ziele in mehr als 2,5 km Entfernung identifizieren und deren Bekämpfung ermöglichen kann. Außerdem ist ein GPS-System vorhanden. Der Ladeschütze lädt die Kanone M256 von Hand und ist für das Nachladen eines Maschinengewehrs im Kaliber 12,7 mm und zwei Maschinengewehren im Kaliber 7,62 mm verantwortlich. Er sitzt auf der linken Seite im Turm. Der Kommandant sitzt rechts im Turm, er kann das Gefechtsfeld durch Winkelspiegel, Optiken und sechs Periskope beobachten. Während

Zur fortschrittlichen Technologie des M1A1 Abrams gehören ein Wärmebildgerät für den Kommandanten, computergesteuerte Waffenleitsysteme, ein überaus sensibles Feuerleitsystem mit verbesserter Zielaufnahme, ein GPS-System, Navigationsgeräte und ein Diagnosesystem für Fehler im gesamten Bordsystem.

der siebenjährigen Produktionszeit, die 1992 auslief, wurden ungefähr 4800 Panzer M1A1 Abrams gebaut. Heute stehen noch ungefähr 4400 davon bei der US-Army im Einsatz, während die amerikanische Marineinfanterie ungefähr 400 davon betreibt. Der Panzer wurde in den Irak und nach Australien exportiert und in Ägypten in Lizenz gefertigt.

M1A1 in anderen Ländern

Obwohl er ursprünglich für den Einsatz in Europa konzipiert war, zeigte der mittlere Kampfpanzer M1A1 Abrams seine Überlegenheit auch in den Wüsten des Nahen und Mittleren Ostens. Im Golfkrieg von 1991 und bei der Operation Iraqi Freedom im Jahre 2003 konnte er seine Fähigkeiten, den Feind auf dem modernen Schlachtfeld durch Feuerkraft, Mobilität und Schockeffekte zu vernichten, deutlich beweisen. Während des Golfkrieges wurden nur 18 Abrams-Panzer außer Gefecht gesetzt. Neun davon waren Totalverluste, während die übrigen neun repariert und wieder in Dienst gestellt werden konnten. Kein Besatzungsmitglied eines M1A1 Abrams verlor sein Leben. Im Jahre 2003 konnten amerikanische M1A1 Abrams sieben irakische T-72 in einem Panzerkampf südlich von Bagdad ohne eigene Verluste zerstören.

AMX-56 Leclerc (1991)

Der Anfang der 1990er-Jahre in Dienst gestellte französische mittlere Kampfpanzer AMX-56 sorgte dafür, dass Frankreich einen Kampfpanzer bekam, dessen Leistungen mit anderen zeitgenössischen Panzern wie dem deutschen Leopard 2 und dem amerikanischen Abrams M1 vergleichbar waren.

Auf der Suche nach einem neuen Kampfpanzer, der den mittlerweile veralteten AMX-30 aus den 1960er-Jahren ersetzen sollte, erprobte die französische Regierung amerikanische, israelische und deutsche Panzerkonstruktionen, die sie aber alle ablehnte. Dann ging man mit der Bundesrepublik Deutschland ein Gemeinschaftsunternehmen zur Entwicklung eines solchen Panzers ein, das aber Ende 1982 scheiterte. Das Endergebnis war schließlich ein in Frankreich entwickelter mittlerer Kampfpanzer. Die Entwicklungsarbeiten für den AMX-56 Leclerc begannen 1983, und bis zum Ende dieses Jahrzehnts wurde der erste Prototyp ausgeliefert. Der Panzer war nach dem französischen General Philippe Leclerc (1902–1947) benannt, der während des Zweiten Weltkrieges die Freie Französische 2. Panzerdivision führte. Die Fertigung begann 1990 bei der *Groupement des Industries de l'Armée de Terre* (GIAT). In der Zwischenzeit wurden fast 900 dieser modernen Panzer und Waffensysteme für die französische Armee und die Streitkräfte der Vereinigten Arabischen Emirate gebaut.

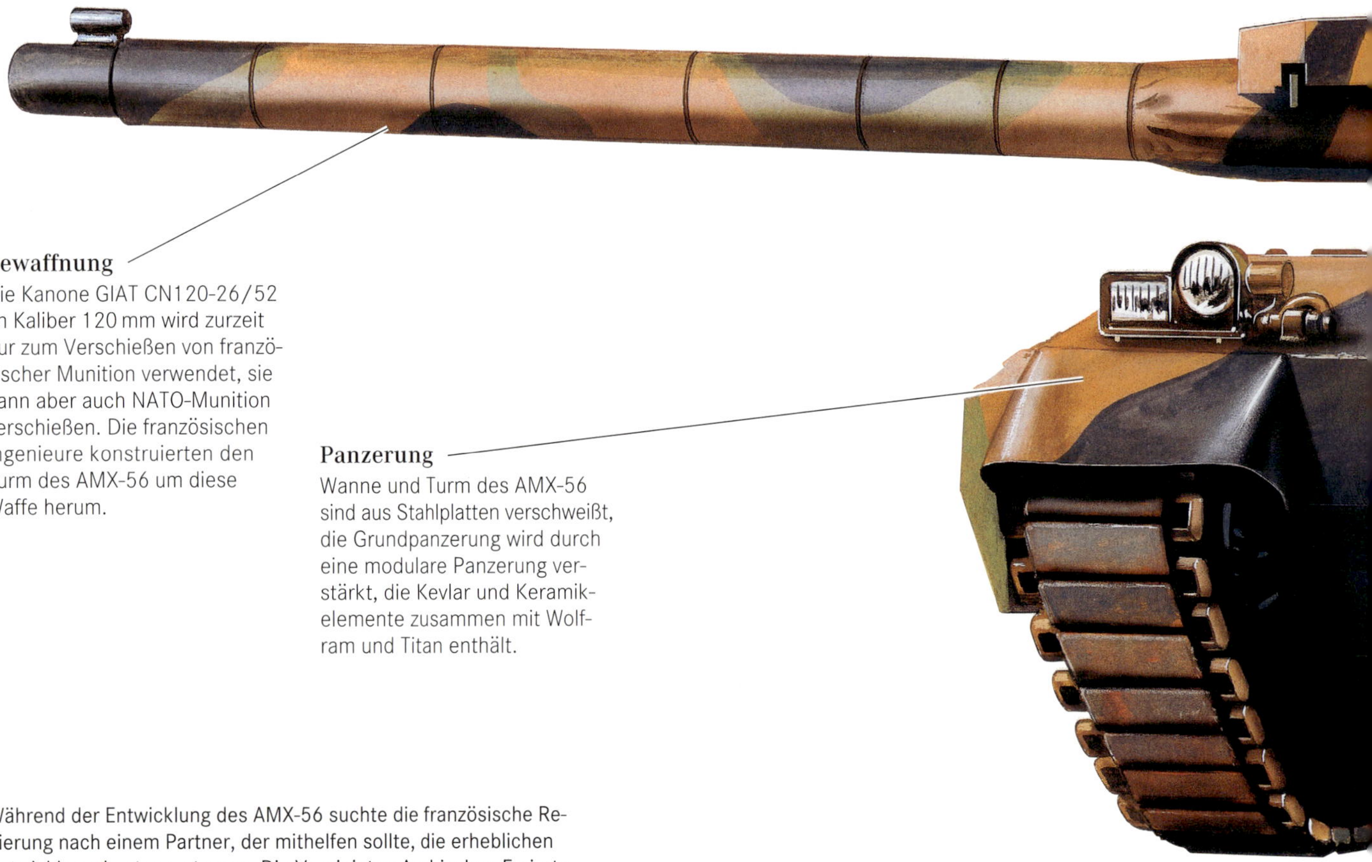

Bewaffnung
Die Kanone GIAT CN120-26/52 im Kaliber 120 mm wird zurzeit nur zum Verschießen von französischer Munition verwendet, sie kann aber auch NATO-Munition verschießen. Die französischen Ingenieure konstruierten den Turm des AMX-56 um diese Waffe herum.

Panzerung
Wanne und Turm des AMX-56 sind aus Stahlplatten verschweißt, die Grundpanzerung wird durch eine modulare Panzerung verstärkt, die Kevlar und Keramikelemente zusammen mit Wolfram und Titan enthält.

Während der Entwicklung des AMX-56 suchte die französische Regierung nach einem Partner, der mithelfen sollte, die erheblichen Entwicklungskosten zu tragen. Die Vereinigten Arabischen Emirate bestellten aufgrund dieser französischen Anfrage 436 Leclerc-Panzer.

Französische Fusion

Da man bei der Konstruktion sowohl Mobilität und Defensivcharakter als auch offensive Fähigkeiten im Blick hatte, beträgt das Gewicht des Leclerc nur 51 t, und das ist deutlich weniger als bei den anderen mittleren Kampfpanzern sowohl im Westen als auch im Osten. Das daraus resultierende Verhältnis von Leistung zu Gewicht liegt bei beeindruckenden 28,3 PS pro Tonne, und die Höchstgeschwindigkeit des Panzers beträgt 71 km/h. Der 12-Zylinder-Dieselmotor SACM V8X-1500 wird durch einen Gasturbinen-Turbolader Suralmo-Hyperbar unterstützt, außerdem ist ein Hilfsmotor Turbomeca TM307B vorhanden. Der Panzer hat eine pneumatische Federung für seine sechs Laufräder auf jeder Seite. Das Leitrad befindet sich vorn, während das Treibrad hinten angebracht ist. Das Automatikgetriebe SESM ESM 500 hat fünf Vorwärtsgänge und zwei Rückwärtsgänge.

Sekundärbewaffnung
Ein schweres Maschinengewehr M2HB Browning im Kaliber 12,7 mm ist als koaxiales Maschinengewehr im Turm montiert. Zur Abwehr von Tieffliegern befindet sich oben auf dem Turm ein weiteres Maschinengewehr im Kaliber 7,62 mm.

Antrieb
Der Dieselmotor SACM V8X-1500 wird durch einen Gasturbinen-Turbolader Suralmo-Hyperbar ergänzt, der mit hohem Druck arbeitet. Außerdem ist ein Hilfsmotor Turbomeca TM307B an Bord.

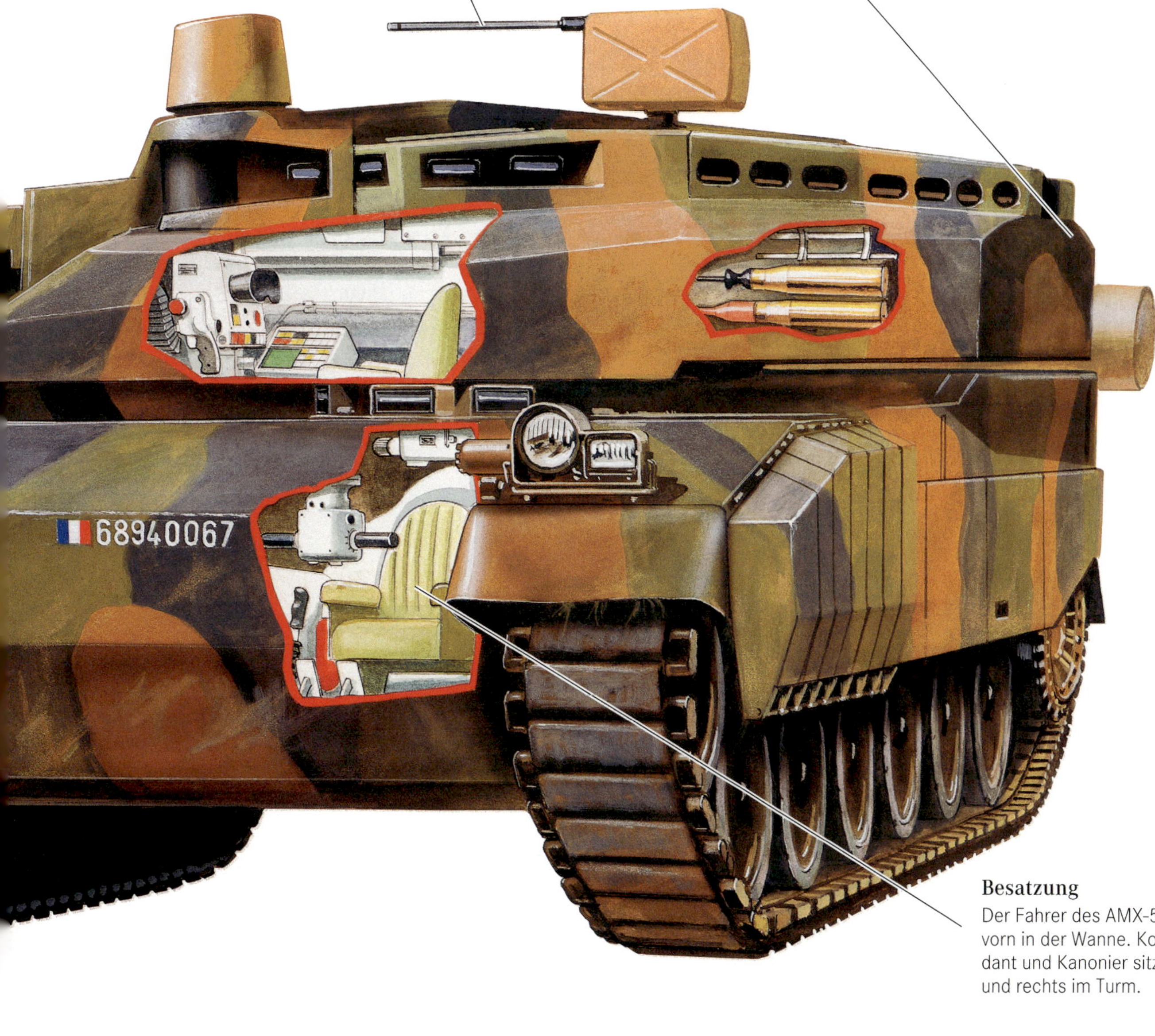

Besatzung
Der Fahrer des AMX-56 sitzt vorn in der Wanne. Kommandant und Kanonier sitzen links und rechts im Turm.

Der AMX-56 Leclerc befindet sich seit 1993 bei der französischen Armee im Einsatz, die Fertigung lief Ende 2007 aus. Allerdings kann sie bei Bedarf jederzeit wieder aufgenommen werden.

Die gesamte Antriebseinheit kann im Feld in nur 30 Minuten ausgewechselt werden. Die Abgase werden im Auspuffsystem vorgekühlt, um die Wärmesignatur des Fahrzeugs zu vermindern. Mit zwei Außentanks für jeweils 200 l Kraftstoff wird die Reichweite des Panzers erhöht. Als Defensivsystem ist das Kampffahrzeug-Schutzsystem Galix eingebaut, das von Nexter et Lacroix Tous Artifices entwickelt wurde. Es besteht aus neun Werfern im Kaliber 80 mm, die am Turm angebracht sind und mit denen Rauchkörper, Splittergranaten oder Infrarot-Granaten verschossen werden können. Zum Defensivsystem KCBM gehören ein Infrarot-Blockierungssystem und Warngeräte, die vor Lenkwaffen-Angriffen und Laserortung warnen. Damit kann die Besatzung erkennen, dass ihr Fahrzeug von gegnerischen Zielgeräten erfasst wird. Der AMX-56 besitzt eine Verbundpanzerung 3 SXXI, die aus Wolfram, Titan und anderen Komponenten besteht. Die Version AZUR des Leclerc ist speziell für den Häuserkampf konfiguriert, sie ist zusätzlich mit Reaktivpanzerung und weiterer Verbundpanzerung ausgestattet. Außerdem hat sie Panzerschürzen und Schutzvorrichtungen gegen raketengetriebene Panzerabwehrgeschosse und andere im Nahbereich eingesetzte Panzerabwehrwaffen. Beim Motor wurde eine Zusatzpanzerung angebracht, die ihn besonders vor Benzinbomben wie zum Beispiel Molotowcocktails schützt.

Technische Daten

Abmessungen	Länge: 6,88 m Breite: 3,71 m Höhe: 2,46 m
Gewicht	51 t
Antrieb	1 × 12-Zylinder-Dieselmotor SACM V8X-1500 mit Gasturbinen-Turbolader Suralmo-Hyperbar mit einer Leistung von 1500 PS, Hilfsmotor Turbomeca TM307B
Geschwindigkeit	70 km/h
Bewaffnung	1 × Kanone GIAT CN120-26/52 im Kal. 120 mm, 1 × schweres Maschinengewehr im Kal. 12,7 mm, koaxial eingebaut, 1 × Maschinengewehr im Kal. 7,62 mm als Fla-MG
Panzerung	verschweißte Stahlplatten mit Verbundpanzerung 3 SXXI und Reaktivpanzerung mit Wirkungssteigerung AZUR
Reichweite	Straße: 550 km, Gelände: 350 km
Besatzung	3 Mann

Frankreich in der Offensive

Die Kanone GIAT CN120-26/52 im Kaliber 120 mm ist die Hauptbewaffnung des AMX-56. Sie kann entweder von Hand oder von einem automatischen Ladesystem geladen werden. Die Kampfbeladung besteht aus 40 Schuss, 22 davon befinden sich im Magazin der automatischen Ladevorrichtung, 18 weitere Patronen sind in der Wanne gelagert, eine Patrone befindet sich im Patronenlager der Kanone. Das Laden der Kanone von Hand kann entweder im Turm oder außerhalb des Turmes durchgeführt werden, und die Position eines speziellen Ladeschützen konnte bei der Besatzung weggelassen werden. Die für die Konstruktion verantwortlichen Ingenieure erkannten die Schwierigkeiten, die andere Nationen beim Einbau der Hauptwaffe in die engen Türme ihrer Panzer hatten, das galt besonders bei der Nachrüstung mit größeren Kanonen. Deswegen

wurde beim AMX-56 der Turm um die Kanone GIAT CN120-26/52 herum konstruiert. Die Kanone hat eine Kadenz von bis zu zwölf Schuss pro Minute und hat bei dieser Feuergeschwindigkeit eine Schusspräzision von 95%. Die Kanone hat einen automatischen Rauchabsauger und eine Wärmehülle, um das Durchbiegen des Rohres zu reduzieren. Aus der Kanone wird derzeit nur französische Munition verschossen, aber sie soll mit anderen genormten NATO-Munitionsarten kompatibel sein. Das Bordsystem FINDERS *(Fast Information, Navigation, Decision and Reporting)* verbessert die Kampfkraft des AMX-56, sein genauer Standort ist jederzeit mit dem GPS-System feststellbar. Auf dem Bildschirm des Gerätes erscheint eine farbige Landkarte, dort kann man den Standort des eigenen Panzers, anderer zu den eigenen Kräften gehörender Panzer und gegnerischer Panzerfahrzeuge gleichzeitig erkennen. Mit dem digitalen Feuerleitsystem kann man Ziele in bis zu 4 km Entfernung bekämpfen, erfolgreich identifizieren kann man sie auf 2,5 km Entfernung hin. Mit dem Terminal des Integrationssystems Nexter, das hier die Bezeichnung Icone *(ergonomic communications and navigation interface)* trägt, kann man mithilfe des elektronischen Verteidigungssystems EADS digitale Informationen mit höheren Kommandostellen austauschen und sie auf einer Karte auf dem Computermonitor abbilden.

Der hier bei einem Manöver in der Wüste gezeigte AMX-56 wird von einem aufgeladenen 12-Zylinder-Dieselmotor angetrieben, außerdem ist ein Hilfsmotor vorhanden. Der AMX-56 kann abhängig vom vorherrschenden Klima jeweils entsprechend speziell nachgerüstet werden.

Rüstsatz für die Tropen

Der AMX-56 wurde für das tropische Klima in den Vereinigten Arabischen Emiraten mit einer Sonderausstattung versehen. Die VAE haben mindestens 436 dieser französischen mittleren Kampfpanzer beschafft. Zur speziellen Tropenausstattung gehören ein Dieselmotor MTU 883 mit 1500 PS Leistung und ein Automatikgetriebe Renk HSWL295 TM. Das Kampfleitsystem des Leclerc in der VAE-Version besteht aus dem Führungsvisier HL-80 und einem Kampfzonen-Führungssystem, das baugleich ist mit dem Visier HL-70 und dem FINDERS-System des französischen Panzers. Mit seinem hochmodernen Zielaufnahmesystem können Kommandant und Kanonier des AMX-56 jeweils bis zu sechs Ziele gleichzeitig aufnehmen und sie dann nacheinander mit einem Intervall von 30 Sekunden bekämpfen.

Leclerc in anderen Ländern

Bisher wurde der AMX-56 aber noch nicht im Kampf Panzer gegen Panzer erprobt. Er wurde allerdings im Rahmen eines UNO-Einsatzes im Libanon eingesetzt, dort waren bis 2010 mindestens 13 dieser Panzer stationiert. 15 weitere Panzer gehörten zu einer Panzertruppe im Kosovo; dort wurden sie sowohl für offensive als auch für defensive Einsätze verwendet.

T-90 (1992)

Obwohl der mittlere Kampfpanzer T-90 eigentlich nur als Interimslösung zur Ergänzung des altehrwürdigen T-72 und des T-80 vorgesehen war, wurde er schon seit Anfang 1993 gefertigt und ist bei den russischen Streitkräften seit Ende der 1990er-Jahre im Einsatz.

Zwar gibt es mittlerweile Berichte über ein neues Waffensystem mit der Bezeichnung T-99, das für den Einsatz ab 2015 vorgesehen war, aber als der mittlere Kampfpanzer T-90 Anfang 1993 in die Fertigung ging, lag die Schaffung einer vollkommen neuen russischen Panzerkonstruktion in ferner Zukunft, und das war der Militärführung der Russischen Föderation durchaus bekannt. Der T-90 war vorgesehen als kurz- bis mittelfristige Zwischenlösung zur Ergänzung des veralteten T-72, der hauptsächlich für den Exportmarkt geschaffen worden war, und dem T-80, dessen Leistungen im Kampf enttäuschend waren, wie sich im Ersten Tschetschenischen Krieg zwischen Dezember 1994 und August 1996 herausstellte. Nachdem sich die russische Regierung über die hohen Kosten für Forschungs- und Entwicklungsarbeiten für einen neuen Panzer im Klaren geworden war, hielt man die Überarbeitung des T-72 für die beste Alternative.

Der russische T-90 ist das Ergebnis von erforderlicher Kostenersparnis, der Notwendigkeit zur Erhaltung von Arbeitsplätzen und der Schaffung eines Kampfpanzers, der mit westlichen Konstruktionen vergleichbar ist. Man geht mittlerweile davon aus, dass seine Einsatzzeit mehr als 30 Jahre betragen wird.

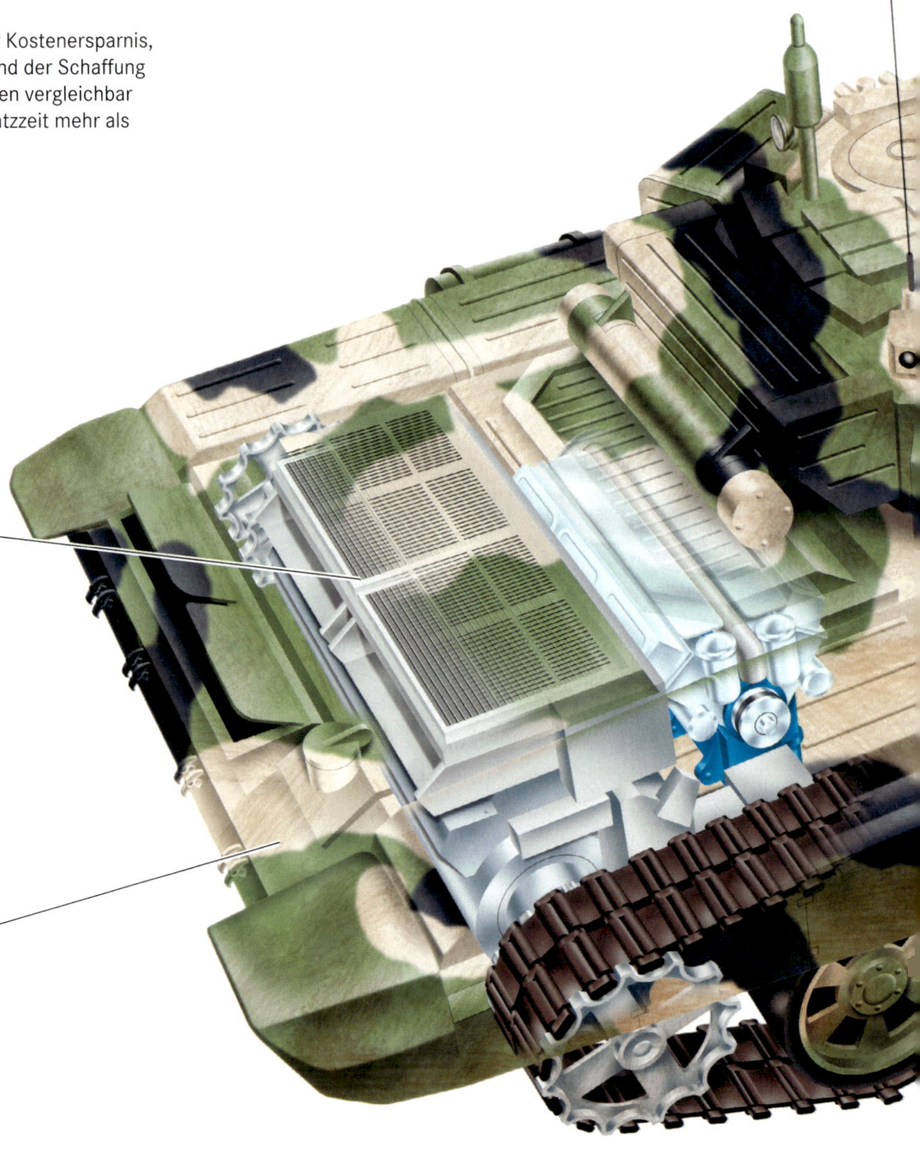

Antrieb
Die russische Ausführung des T-90 wird von dem 12-Zylinder-Vielstoffmotor Modell 84 V-84MS angetrieben, während die Exportversion T-90S mit dem 12-Zylinder-Dieselmotor V-92S2 mit einer Leistung von 988 PS angetrieben wird.

Panzerung
Der T-90 wird durch seine Reaktivpanzerung Kontakt-5 vor Hohlladungsgeschossen wie den raketengetriebenen RPGs und vor Minentreffern geschützt.

Die Situation auf dem Arbeitsmarkt in Russland war zu dieser Zeit düster, und durch die Fertigung des T-90 konnte man auch Arbeitsplätze in zwei Städten erhalten. Das galt für Nizhni Tagil, wo die letzten Versionen des T-72 gebaut wurden, und Omsk, wo der T-80 gefertigt wurde. Mit der Konstruktion wurde die Firma Kartsev-Venediktov beauftragt, und die Fertigung sollte von Uralvagonzavod geleitet werden. Die Kosten pro Einheit des T-90 wurden ursprünglich mit ungefähr 1,85 Millionen Euro veranschlagt, der Grund dafür waren die ständig steigenden Kosten für das Rohmaterial.

Russische Revolution

Der T-90 gleicht äußerlich seinen Vorgängern in der langen Reihe der sowjetischen Panzer, die ihren Höhepunkt bisher im T-80 fanden. Sein ovaler oder muschelförmiger Turm und die charakteristische

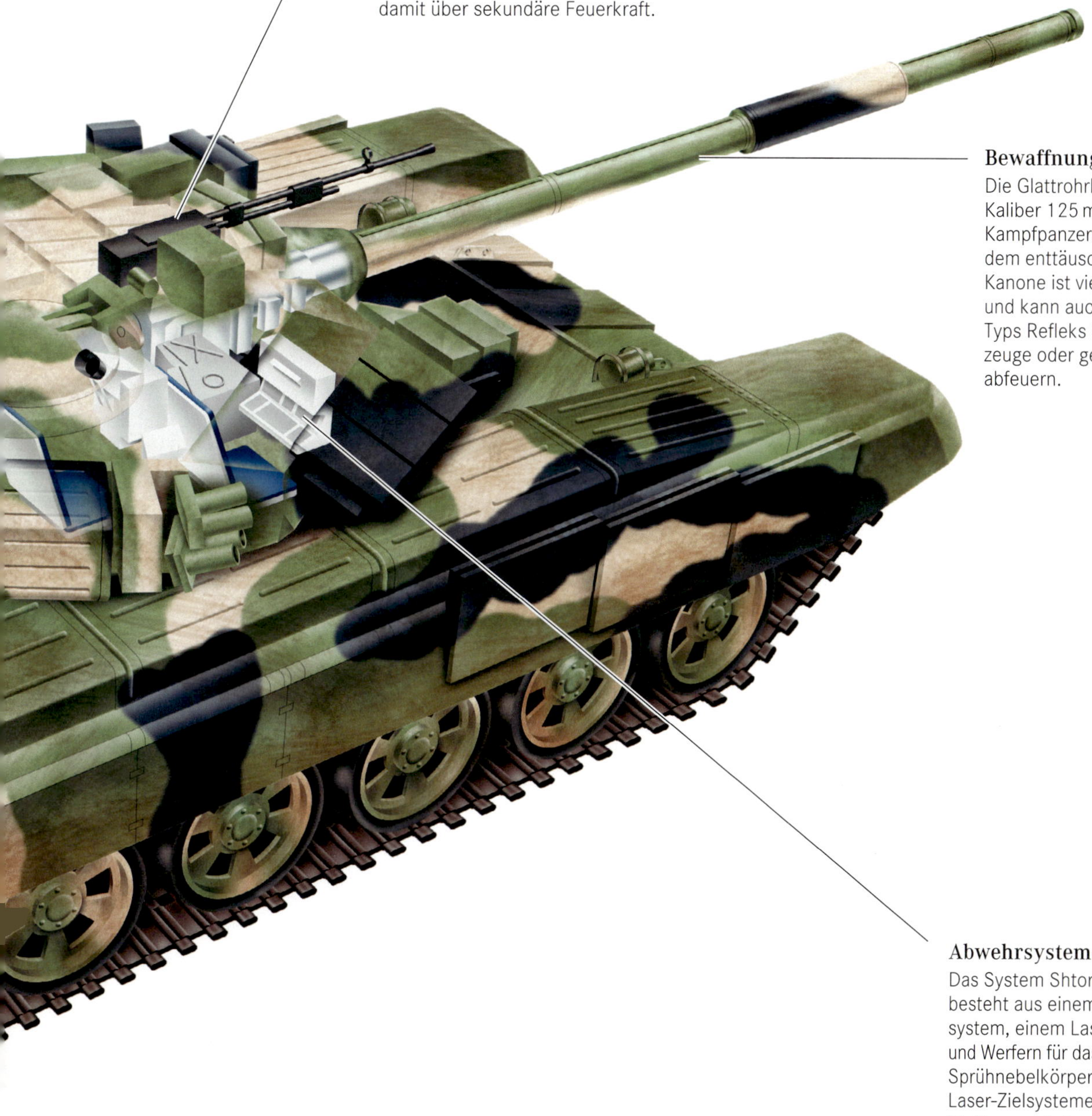

Der mittlere Kampfpanzer T-90 war ursprünglich nur als Interimsmaßnahme vorgesehen. Er wird aber den russischen Landstreitkräften und der Marineinfanterie für mindestens 30 Jahre dienen, bevor er an Reserveeinheiten abgegeben wird. Das neue Waffensystem T-99 wird in nächster Zeit erwartet.

niedrige Silhouette weisen auch hier darauf hin, dass es für die Besatzung wenig Komfort gibt. Die beschränkte Kopffreiheit im T-90 wird durch den Einbau eines automatischen Ladesystems für die Kanone etwas ausgeglichen, außerdem ist dadurch kein viertes Besatzungsmitglied mehr nötig. Nach NATO-Maßstäben ist der Turm aber eng und nicht ergonomisch ausgestattet. Der Kommandant sitzt auf der rechten Seite innen im Turm, der Kanonier befindet sich links von ihm. Der Fahrer sitzt vorne mittig in der Wanne. Jedes Besatzungsmitglied verfügt über ein Wärmebildgerät und einen Laser-Entfernungsmesser, um das Fahrzeug zu führen, Ziele aufzunehmen und die Kanone korrekt zu richten. Typischerweise hat der Fahrer die zusätzliche Aufgabe, als Mechaniker die Wartung des Fahrzeugs im Feld vorzunehmen. Bei Bedarf soll er den Panzer sogar reparieren können, ohne dass der T-90 aus dem Kampfbereich herausgenommen werden muss. Turm und Wanne sind mit einer Reaktivpanzerung der Bauart Kontakt-5 verkleidet; an deren Ziegelsteinmuster ist der T-90 leicht zu erkennen. Der T-90 wird von einem 12-Zylinder-Vielstoffmotor Modell 84 V-84MS angetrieben, seine Höchstgeschwindigkeit beträgt 60 km/h.

Technische Daten

Abmessungen	Länge: 9,53 m Breite: 3,78 m Höhe: 2,22 m
Gewicht	46,5 t
Antrieb	1 × V12-Vielstoffmotor Modell 84 V-84MS mit einer Leistung von 840 PS
Geschwindigkeit	60 km/h
Bewaffnung	1 × Glattrohrkanone 2A46 im Kal. 125 mm, 1 × schweres Maschinengewehr im Kal. 12,7 mm als Fla-MG, 1 × Maschinengewehr im Kal. 7,62 mm als Koaxial-MG
Panzerung	Stahl-Verbundpanzerung, ergänzt durch Reaktivpanzerung Kontakt-5, vergleichbarer Panzerschutz von 1350 mm Stärke
Reichweite	550 km
Besatzung	3 Mann

Gleich gebliebene Feuerkraft

Die Glattrohrkanone 2A46 im Kaliber 125 mm, eine stark überarbeitete Version des Panzerabwehrgeschützes Sprut, wurde auch schon im vorangegangenen T-80 eingesetzt, sie bewaffnet auch den T-90. Die 2A46 verschießt eine Reihe von verschiedenen Munitionssorten, unter anderem die Refleks 9M119 AT-11 Sniper, eine lasergelenkte Rakete, die gegen Flugzeuge und gepanzerte Ziele eingesetzt werden kann. Zur Sekundärbewaffnung gehören ein schweres Maschinengewehr im Kaliber 12,7 mm als Fla-MG neben der Kommandantenluke und ein Koaxial-MG im Kaliber 7,62 mm. Der T-90 verfügt über eine ganze Reihe von wirksamen Defensivsystemen, die *Curtain* („Vorhang") oder auf Russisch *Shtora-1* genannt werden. Dieser „Vorhang" besteht unter anderem aus einem Frühwarnsystem mit Sensoren gegen Laser-Einsätze, die den Kommandanten warnen, wenn sein Panzer von gegnerischen Panzern als Ziel aufgenommen wird, einem Infrarot-Störsystem und Sprühnebelwurfkörpern, mit denen sich das Fahrzeug der feindlichen Sicht entziehen kann. Das Panzerinnere ist mit einer Schutzauskleidung gegen radioaktive Strahlung versehen, außerdem ist ein aktives ABC-Schutzsystem vorhanden. Durch eine Minenräumvorrichtung wird die Gefahr von Beschädigungen durch Minenexplosionen oder Sprengfallen vermindert. Der Fahrersitz ist an der Decke der Wanne aufgehängt, damit der Fahrer im Fall einer äußeren Detonation eine größere Überlebenschance hat. Mit einer Räumschaufel kann der T-90 das Erdreich für eine eigene Stellung aufschieben und in dieser Grube dann schnell verdeckte Stellung beziehen.

Indische Initiative

Als Antwort auf die Beschaffung von Panzern T-80 durch den Rivalen Pakistan kaufte die indische Regierung eine Anzahl von T-90. Die Exportversion bekam die Bezeichnung T-90S, und die indische Armee hat mittlerweile mehr als 600 dieser modernen Panzer mit ihren 988 PS starken 12-Zylinder-Dieselmotoren V-92S2 im Einsatz. Allerdings hat diese Exportversion weniger hochmoderne Systeme an Bord als der normale russische T-90. Deswegen sucht die indische Regierung nach Lieferanten für Nachrüstsätze, um den T-90S auf den neuesten Stand zu bringen. Zu den Varianten des T-90 gehören der hier schon erwähnte indische T-90S, der in Indien als „Bhishma" bezeichnet wird, ein Führungspanzer mit der Bezeichnung T-90K, der T-90A, der den Spitznamen Vladimir zu Ehren des 1999 verstorbenen Chefkonstrukteurs Vladimir Potkin trägt, der Bergepanzer BREM-72, der Brückenlegepanzer MTU-90, der Minenräumpanzer BMR-3 und andere.

Einsätze des T-90

An dem hier unten gezeigten mittleren Kampfpanzer T-90 kann man die zusätzlichen Blöcke der Reaktivpanzerung Kontakt-5 ERA an den Panzerschürzen zum Schutz gegen Panzerabwehrwaffen, Minen und Sprengfallen deutlich sehen. Während seiner Einsatzzeit von nun schon fast drei Jahrzehnten wurde der T-90 von den russischen Streitkräften während des Zweiten Tschetschenischen Krieges im Jahre 1999 eingesetzt, als Dagestan von tschetschenischen Kämpfern angegriffen wurde. Auch bei der russischen Invasion im benachbarten Georgien im Jahre 2011 nahm der Panzer an kurzen, aber heftigen Kampfeinsätzen teil. Die meisten Berichte bestätigen, dass die Treffer von tschetschenischen Panzerabwehrwaffen keine größeren Schäden am T-90 verursachten.

M1A2 Abrams (1996)

Auf der Grundlage der mit den durch die erfolgreichen Kampfeinsätze des mittleren Kampfpanzers M1A1 gemachten Erfahrungen entstand durch weitere Kampfwertsteigerungen der hier gezeigte Kampfpanzer M1A2. Dabei wurden umfangreiche Verbesserungen am Computersystem des Panzers und den Wärmebildgeräten durchgeführt.

Aufgrund der überragenden Leistungen des M1A1 Abrams während der Einsätze im Golfkrieg von 1991 überprüften die amerikanischen Militärplaner die Möglichkeit, auf der Grundlage des vorhandenen Panzers durch Kampfwertsteigerungen eine neue Version zu schaffen, anstatt erhebliche Mittel für die Entwicklung eines neuen Waffensystems einsetzen zu müssen. Im Jahre 1996 begann dann das staatliche Rüstungsunternehmen General Dynamics Land Systems Tank Plant in Lima/Ohio mit der Nachrüstung von 1000 Panzern M1 Abrams zur neuen

Der ab 1998 bei den Panzerbataillonen und Kavalleriekompanien der US-Army in Dienst gestellte verbesserte Panzer M1A2 Abrams wird als vernünftige Alternative zu der teuren Entwicklung eines neuen Kampfpanzers betrachtet.

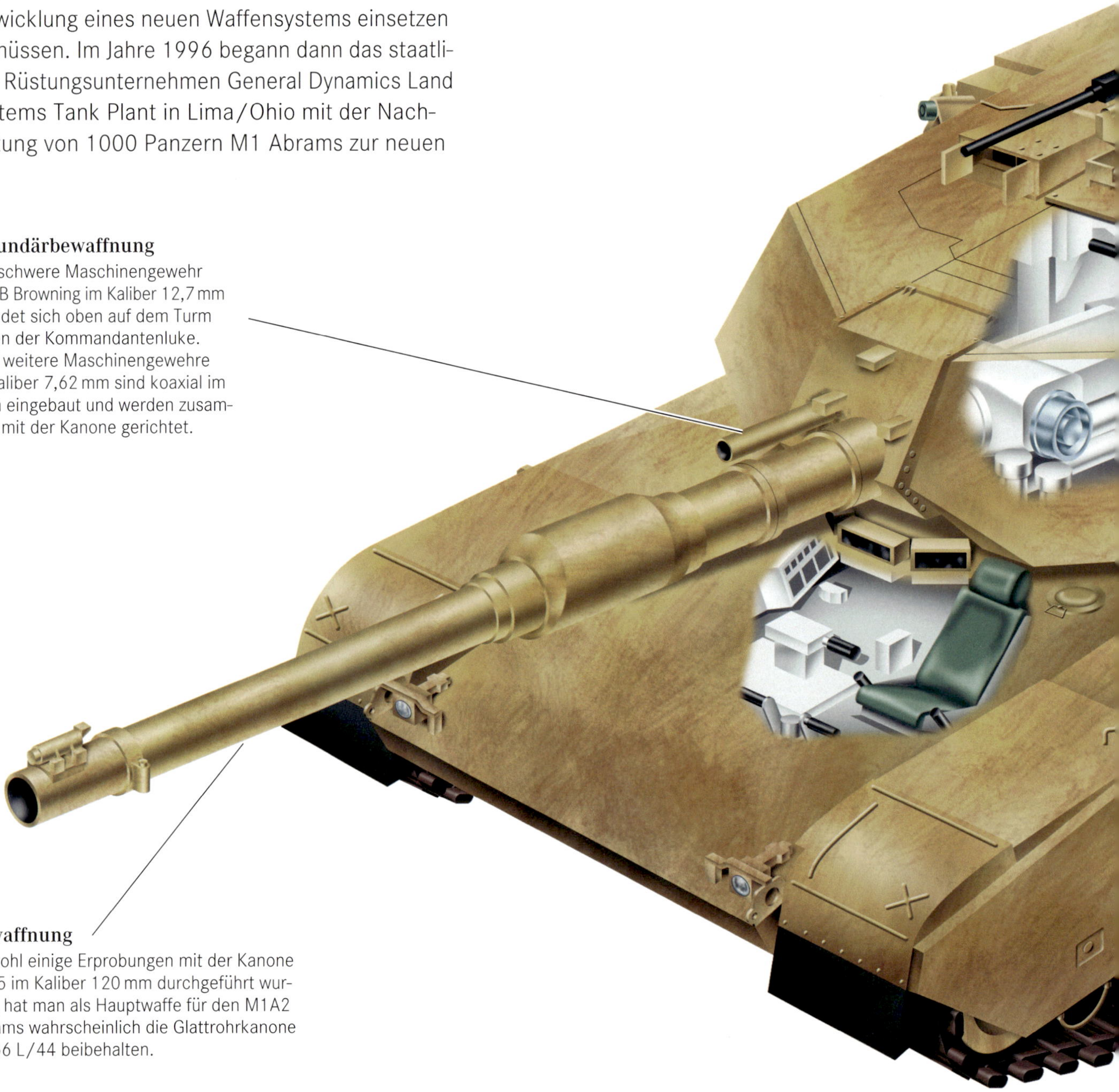

Sekundärbewaffnung
Das schwere Maschinengewehr M2HB Browning im Kaliber 12,7 mm befindet sich oben auf dem Turm neben der Kommandantenluke. Zwei weitere Maschinengewehre im Kaliber 7,62 mm sind koaxial im Turm eingebaut und werden zusammen mit der Kanone gerichtet.

Bewaffnung
Obwohl einige Erprobungen mit der Kanone L/55 im Kaliber 120 mm durchgeführt wurden, hat man als Hauptwaffe für den M1A2 Abrams wahrscheinlich die Glattrohrkanone M256 L/44 beibehalten.

Version M1A2. Die meisten dieser Panzer hatten zum Zeitpunkt der Nachrüstung schon mehr als ein Jahrzehnt im Einsatz gestanden.

Hochmoderne Technologie

Zwischen 1996 und 2001 wurden in der staatlichen Panzerfabrik von Lima/Ohio mehr als 600 Panzer nachgerüstet. Eine relativ kleine Zahl von M1A2 wurde neu gebaut. Zu den Verbesserungen am M1A1 gehörten der Einbau der Glattrohrkanone M256 im Kaliber

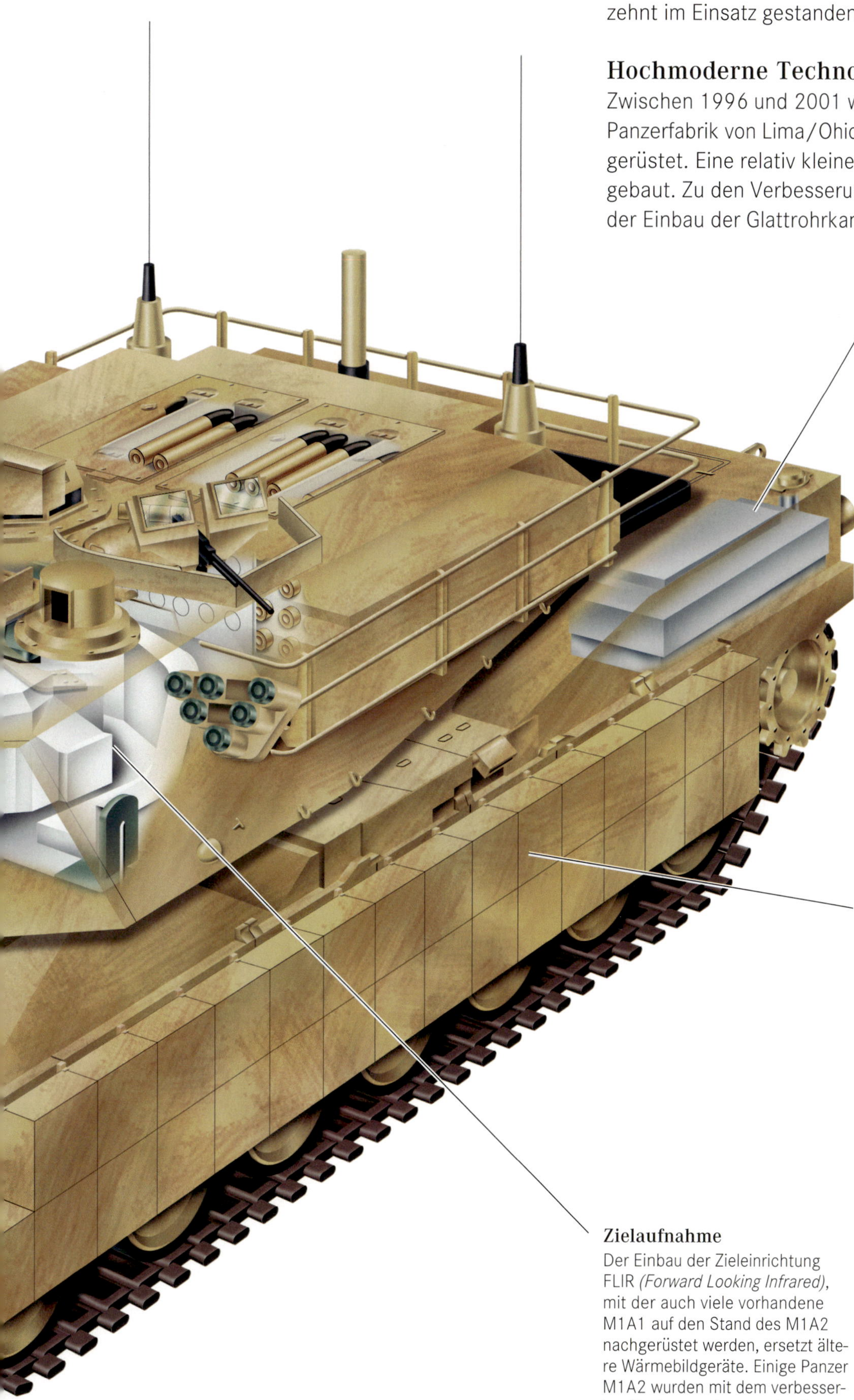

Antrieb
Die Gasturbine AGT 1500 wird seit 1992 nicht mehr gefertigt. Deswegen wird zurzeit die Gasturbine LV-100-5 als Ersatz entwickelt. Eine Gasturbine läuft prinzipiell leiser als ein normaler Dieselmotor, aber der Kraftstoffverbrauch ist höher.

Panzerung
Das Verbundmaterial der Panzerung in der dritten Generation basiert auf der ursprünglichen Chobham-Panzerung. Es besteht unter anderem aus Platten von abgereichertem Uran und bietet einen Panzerschutz, der 960 mm Panzerstahl entspricht.

Zielaufnahme
Der Einbau der Zieleinrichtung FLIR *(Forward Looking Infrared)*, mit der auch viele vorhandene M1A1 auf den Stand des M1A2 nachgerüstet werden, ersetzt ältere Wärmebildgeräte. Einige Panzer M1A2 wurden mit dem verbesserten System auch neu gebaut.

In den auf der Grundlage des bewährten M1A1 entstandenen mittleren Kampfpanzer M1A2 Abrams sind zahlreiche Maßnahmen zur Kampfwertsteigerung eingeflossen. Statt ein Programm zur Fertigung eines vollkommen neuen Panzers aufzulegen, entschied sich die amerikanische Militärführung für die Weiterführung der Modernisierung der vorhandenen Abrams-Panzer.

Technische Daten

Abmessungen	Länge: 9,83 m Breite: 3,66 m Höhe: 2,37 m
Gewicht	62 t
Triebwerk	1 × Gasturbine AGT 1500 Lycoming mit einer Leistung von 1500 PS
Geschwindigkeit	Straße: 67,6 km, Gelände: 54,7 km
Bewaffnung	1 × Glattrohrkanone M256 im Kal. 120 mm, 1 × schweres Maschinengewehr M2HB Browning im Kal. 12,7 mm, 2 × Maschinengewehr M240 im Kal. 7,62 mm
Panzerung	Verbundpanzerung mit einem Panzerschutz, der 960 mm Panzerstahlplatte entspricht
Reichweite	426 km
Besatzung	4 Mann

120 mm, eine Variante der Rheinmetall-Kanone L/44, die in Lizenz in etwas einfacherer Ausführung in den Vereinigten Staaten gefertigt wurde, ein verbesserter Turm, ein ABC-Abwehrsystem, eine stärkere Federung und besserer Panzerschutz; es wurden aber noch weitere Verbesserungen am M1A2 vorgenommen. Der Kommandant des M1A2 verfügt über ein unabhängig arbeitendes Wärmebild-Sichtgerät, ein Wärmebild-Kanonenvisier, ein besseres Navigationssystem und ein GPS-System. Der Fahrer verfügt ebenfalls über ein Wärmebildsystem und einen integrierten Bildschirm. Die Waffenstation ist mit einem Wärmebildgerät und einem Bildschirm zur Abbildung von digitalisierten Landkarten und Geländeplänen ausgestattet. Die amerikanischen Streitkräfte legten weiterhin großen Wert auf die Überlebensfähigkeit der Besatzung und auf die Möglichkeit der frühen Zielaufnahme in Verbindung mit präzisem Feuer. Deswegen gehörten zu den Nachrüstungsmaßnahmen für den M1A2 der Einbau des auf zwei Ebenen arbeitenden Kanonenvisiers Raytheon GPS-LOS, mit dem das nur auf einer Ebene arbeitende Visier des M1A1 ersetzt wurde. Damit wurde die Ersttrefferwahrscheinlichkeit des Panzers deutlich erhöht. Im Februar 2001 begann General Dynamics Land Systems mit den Arbeiten zur Erfüllung eines Vertrages mit der amerikanischen Regierung, der Ende der 1990er-Jahre abgeschlossen worden war. Im Rahmen dieses Abkommens wurden

240 Panzer M1A2 bis 2004 mit dem Nachrüstsatz SEP *(Systems Enhancement Package)* ausgestattet. Zum Nachrüstsatz SEP gehören das Führungsprogramm *„U. S. Army Force XXI Battle Command, Brigade and Below Program“* (FBCB2), ein digitales Gefechts-Informationssystem, das mit dem Funkgerät verbunden ist und mit dem man einen Überblick über die eingesetzten Panzer erhält, zusammen mit einem koordinierten Gefechtsleitsystem. Zu den weiteren Verbesserungen gehören schnellere Datenverarbeitung mit Farbmonitoren, eine Klimaanlage, mit der man die Höchsttemperatur im Panzer auf unter 35 °C halten kann, um zu verhindern, dass empfindliche Computeranlagen überhitzen, ein unter Panzerschutz stehender Hilfsantrieb und ein FLIR *(Forward Looking Infrared Sighting)* der zweiten Generation. Im Jahre 2006 erhielt das Unternehmen DRS Technologies einen Auftrag des US-Marinecorps, um dort vorhandene Panzer M1A1 mit dem Nachrüstsatz FEP *(Firepower Enhancement Package)* zu versehen, zu dem ein besserer Laser-Entfernungsmesser, ein präziserer leichter GPS-Empfänger und ein präzise arbeitender Entfernungsmesser FTL *(Far Target Locating)* mit der erstaunlichen Reichweite von bis zu 8000 m gehören. Obwohl man Untersuchungen durchgeführt hatte, die zeigen sollten, ob es von Vorteil wäre, die vorhandene Kanone L/44 durch die längere Rheinmetall L/55 zu ersetzen, kam es in dieser Beziehung zu keiner Entscheidung. Die L/44 ist auf zwei Ebenen stabilisiert und kann auch während der Fahrt genau schießen. Sie verschießt eine ganze Reihe von verschiedenen Munitionssorten. Dazu gehören panzerbrechende Granaten mit einem Kern aus abgereichertem Uran, von denen man weiß, dass sie mehr Durchschlagskraft als andere Geschosse haben. Die Kanone L/55 wird in Europa eingesetzt und verschießt panzerbrechende Granaten mit einem Kern aus Wolfram. Die vorhandene Gasturbine AGT 1500 hat im Abrams nun schon jahrzehntelang gute Dienste geleistet, sie wird aber wahrscheinlich durch die noch leisere Gasturbine LV-100-5 ersetzt, die von Honeywell und General Electrics gemeinsam entwickelt wurde und die keine sichtbaren Auspuffgase ausstößt.

TUSK

Im Feld kann der M1A1 mit dem Nachrüstsatz TUSK *(Tank Urban Survival Kit)* ausgerüstet werden. Er muss dazu nicht in die Werkstatt. TUSK ist zunehmend wichtig geworden, da es immer öfter zum Häuserkampf in engen Straßen und zwischen Gebäuden kommt. Der Nachrüstsatz enthält Zusatzpanzerung für die Flanken, mit denen der Panzer vor raketengetriebenen Panzerabwehrgranaten RPG geschützt wird, eine verbesserte Reaktivpanzerung und stärkere Panzerschürzen, mit denen die Laufräder und die Federung geschützt werden, vor allen Dingen gegen Minen und Sprengfallen. Das Maschinengewehr des Ladeschützen im Kaliber 7,62 mm wurde mit einem thermischen Visier ausgestattet, und der Kommandant kann sein schweres Maschinengewehr im Kaliber 12,7 mm aus der Sicherheit des Turmes heraus abfeuern. Mit einem außen angebrachten Telefon kann die Panzerbesatzung mit begleitender Infanterie kommunizieren.

M1A2 an die Front

Der mittlere Kampfpanzer M1A2 Abrams, der hier beim Durchfahren eines Feldweges im Rahmen einer Übung gezeigt wird, verfügt über hervorragende Feuerkraft, Panzerschutz und Mobilität; das konnte er während der Operation Iraqi Freedom im Jahre 2003 beweisen. Der M1A2 diente als Speerspitze bei den schnellen Feldzügen durch die Wüste und während der Kämpfe um die Kontrolle über Städte wie Bagdad und Nasiriyah im Häuserkampf. Bei den Panzern der Abrams-Serie soll die Lebensdauer auf insgesamt ca. 70 Jahre erhöht werden, also bis ungefähr 2050. Man geht davon aus, dass der Prototyp des neuen M1A3 Abrams in nächster Zeit zur Truppenerprobung bereitstehen wird.

Challenger 2 (1998)

Obwohl der mittlere Kampfpanzer Challenger 2 den Namen seines Vorgängers, der Interimslösung Challenger 1, beibehalten hat, handelt es sich doch um eine fast vollständige Neukonstruktion, denn nur 5 % seiner Komponenten sind mit denjenigen des vorherigen Panzers identisch.

Am Nachfolgemuster Challenger 2 wurden im Vergleich zum Challenger 1 mehr als 150 Änderungen am Fahrwerk vorgenommen. Der Challenger 2 ist ein hochmodernes Waffensystem, das wahrscheinlich zu den besten seiner Art auf der Welt gehört. Zwar wurde der Name Challenger (der Herausforderer) beibehalten, aber der neue Panzer ist fast in jeder Beziehung eine deutliche Verbesserung im Vergleich zu seinem Vorgänger. Nur ungefähr 5 % der für den Challenger 2 verwendeten Komponenten stammen von der älteren Konstruktion, hauptsächlich sind es Teile des Antriebs. Im Jahre 1986 begann der Rüstungskonzern Vickers Defence Systems mit einem Projekt, durch das der Challenger 1 ersetzt werden sollte. Im Verlauf dieses Prozesses schloss sich die Firma

Der Challenger 2 wurde 1998 bei der britischen Armee in Dienst gestellt und erwarb sich sehr schnell den Ruf als einer der besten Kampfpanzer auf der Welt. Seine Einsätze in Brennpunkten wie auf dem Balkan und im Nahen und Mittleren Osten haben seine umfangreichen Kampffähigkeiten bestätigt.

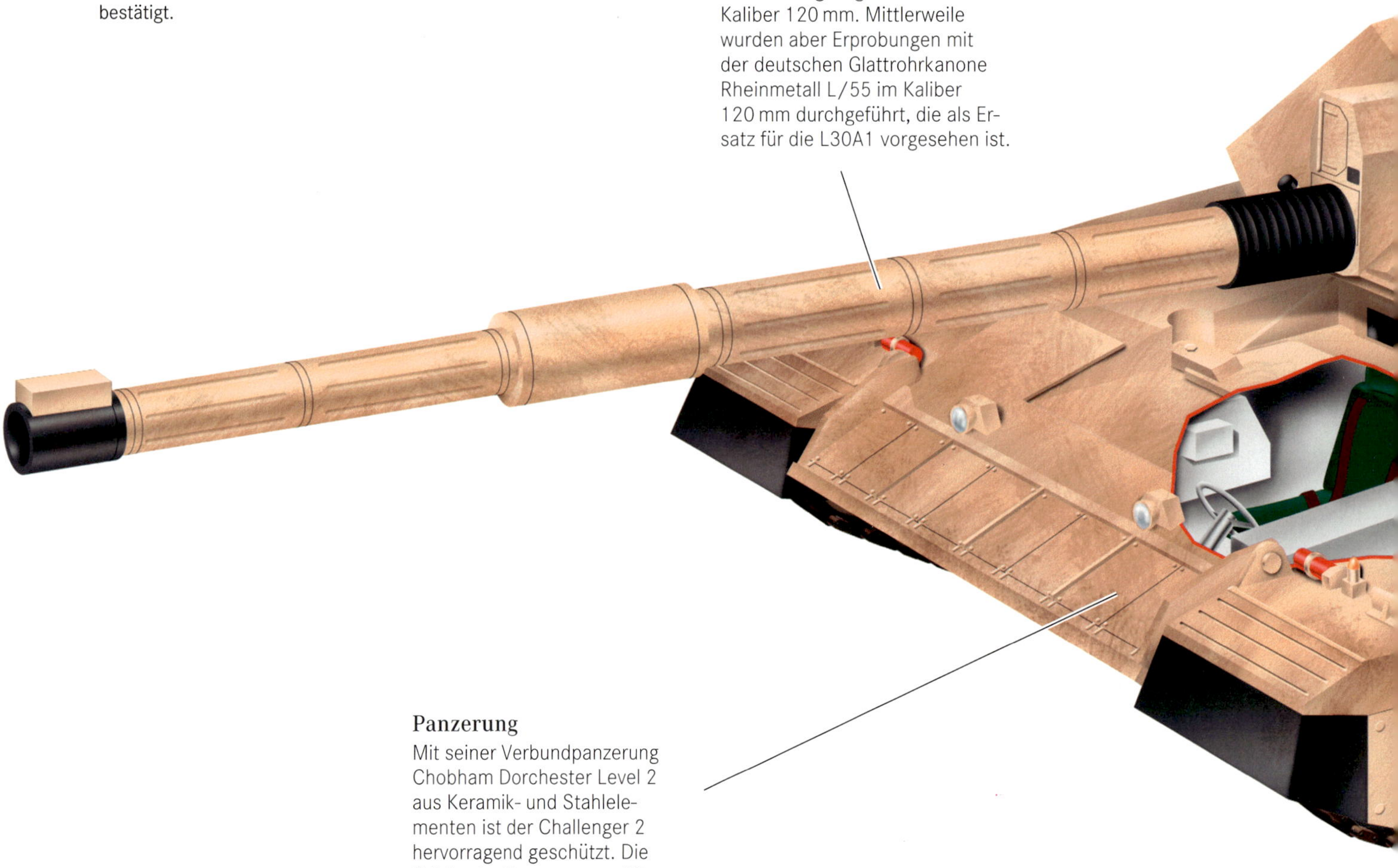

Bewaffnung
Die Hauptwaffe des Challenger 2 ist die Kanone Royal Ordnance L30A1 mit gezogenem Rohr im Kaliber 120 mm. Mittlerweile wurden aber Erprobungen mit der deutschen Glattrohrkanone Rheinmetall L/55 im Kaliber 120 mm durchgeführt, die als Ersatz für die L30A1 vorgesehen ist.

Panzerung
Mit seiner Verbundpanzerung Chobham Dorchester Level 2 aus Keramik- und Stahlelementen ist der Challenger 2 hervorragend geschützt. Die Stärke der Panzerung und ihr Schutzvermögen unterliegen allerdings der Geheimhaltung.

mit Alvis zusammen. In der Folge wurde dann aus Alvis Vickers das Unternehmen BAE Systems, und das Projekt wurde dann von der BAE Land Systems Division weitergeführt. Deswegen ist der Challenger 2 seit dem Zweiten Weltkrieg der erste für die britische Armee gebaute Panzer, der von einem einzigen Auftragnehmer entwickelt, konstruiert und gefertigt wird.

Änderungen am Challenger

Die konstruktive Aufteilung des Challenger 2 entspricht derjenigen der vorangegangenen britischen Panzer. Der Motor befindet sich hinten in der Wanne, der Kampfraum in der Mitte, und der Fahrer sitzt vorn in der Wanne. Der Platz des Kommandanten ist rechts von der Kanone im Turm, der Ladeschütze befindet

Sekundärbewaffnung

Ein Maschinengewehr Hughes L94A EX-34 im Kaliber 7,62 mm ist koaxial im Turm montiert, ein weiteres Maschinengewehr L37A2 GPMG im Kaliber 7,62 mm befindet sich neben der Luke des Richtschützen. Damit kann sich der Challenger 2 gegen Infanterieangriffe und Tiefflieger wehren.

Antrieb

Der 12-Zylinder-Dieselmotor Perkins Caterpillar CV-12 zusammen mit dem Automatikgetriebe David Brown TN54 mit sechs Vorwärtsgängen und zwei Rückwärtsgängen liefert dem Panzer ausreichend Kraft für gute Beweglichkeit, und er kann damit eine Höchstgeschwindigkeit von 59 km/h erreichen.

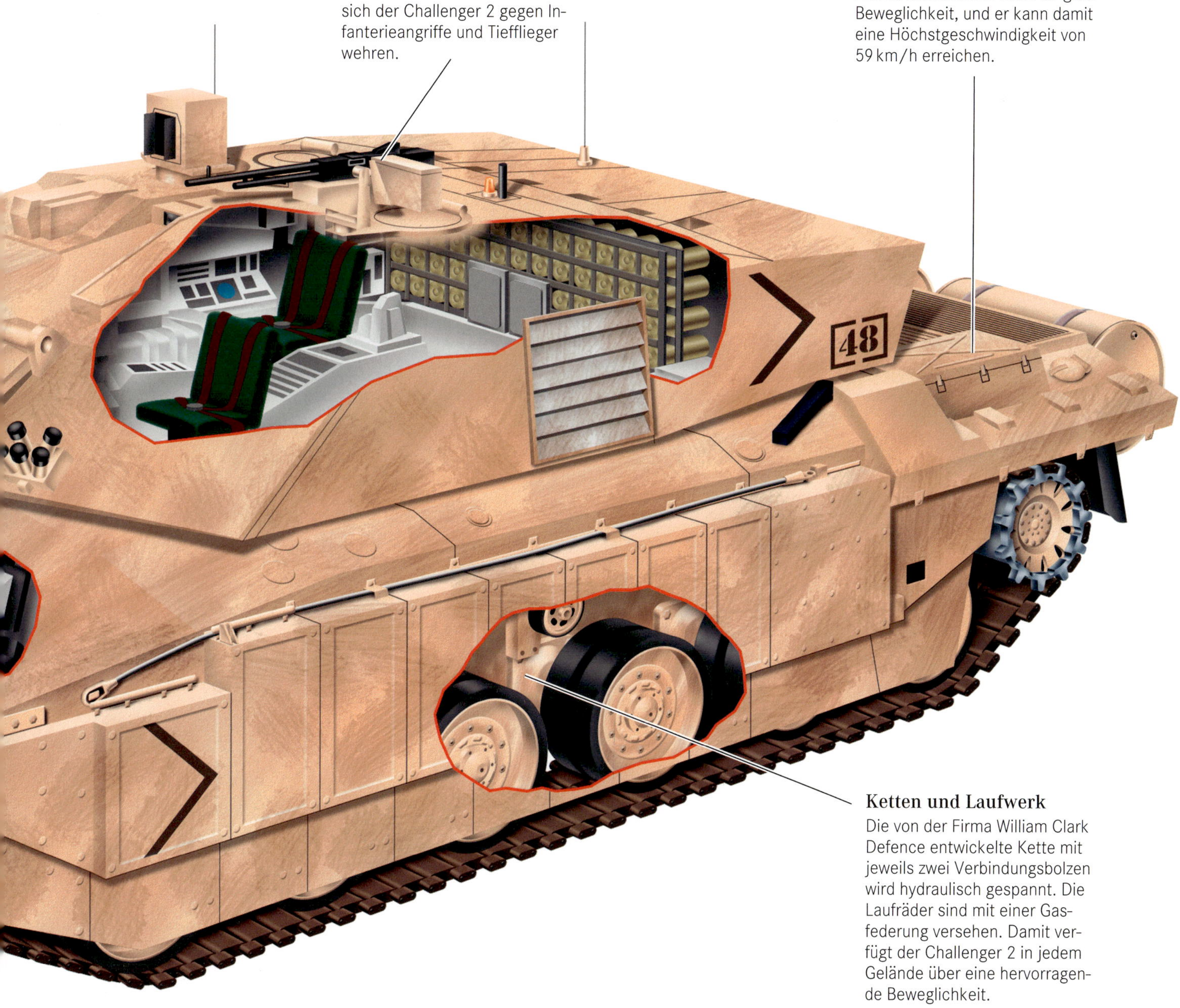

Ketten und Laufwerk

Die von der Firma William Clark Defence entwickelte Kette mit jeweils zwei Verbindungsbolzen wird hydraulisch gespannt. Die Laufräder sind mit einer Gasfederung versehen. Damit verfügt der Challenger 2 in jedem Gelände über eine hervorragende Beweglichkeit.

Beim mittleren Kampfpanzer Challenger 2 sind Feuerkraft, Beweglichkeit und Panzerschutz hervorragend miteinander verbunden, und so gehört dieser Panzer zu einem der fortschrittlichsten Fahrzeuge seiner Art. Der Panzer wurde bisher im Irak, in Bosnien und im Kosovo eingesetzt.

sich auf der linken Seite, und der Richtschütze ist weiter unten davor. Das Konzept eines automatischen Ladesystems wurde schließlich im Interesse eines Dauereinsatzes wieder aufgegeben, außerdem wollte man das Risiko von mechanischen Defekten hier nicht eingehen. Die ursprüngliche Hauptwaffe war die Kanone Royal Ordnance L30A1 mit gezogenem Rohr im Kaliber 120 mm. Die aus besonders hochwertigem, im elektrischen Umschmelzverfahren erzeugten Stahl gefertigte Kanone ist mit einer Wärmehülle versehen, um die Lebensdauer des Rohres zu erhöhen und das Durchbiegen beim Schießen zu vermindern. Das Rohrinnere ist verchromt, um die Austauschintervalle des Rohres zu verlängern; außerdem ist ein

Technische Daten

Abmessungen	Länge: 8,3 m Breite: 3,5 m Höhe: 2,5 m
Gewicht	62,5 t
Antrieb	1 × 12-Zylinder-Dieselmotor Perkins Caterpillar CV-12 mit 1200 PS Leistung
Geschwindigkeit	Straße: 59 km/h, Gelände: 40 km/h
Bewaffnung	1 × Kanone Royal Ordnance L30A1 mit gezogenem Rohr im Kal. 120 mm, 1 × Maschinengewehr Hughes L94A EX-34 im Kal. 7,62 mm, 1 × Maschinengewehr L37A2 GPMG im Kal. 7,62 mm
Panzerung	Chobham Dorchester Level 2, weitere Eigenschaften geheim
Reichweite	450 km
Besatzung	4 Mann

Rauchabsauger angebracht. Das Feuerleitsystem wird von der kanadischen Firma Computer Devices Company of Canada gefertigt, außerdem hat der Panzer ein Stabilisierungssystem, mit dem er während der Fahrt schießen kann. Der mit einem elektrischen Turmschwenkwerk versehene Turm kann in jeder Stellung des Panzers um 360° gedreht werden. Sowohl Turm als auch Kanone werden von soliden elektronischen Elementen und nicht von einer Hydraulik gesteuert, denn die ist im Kampf anfällig und kann Feuer fangen. Die Wärmebildgeräte des Typs TOGS II *(Thermal Observation and Gunnery Sight)* werden von Thales gefertigt; von dort stammen auch die Nachtsichtgeräte. Sowohl der Kommandant als auch der Richtschütze haben Wärmebilder in ihren Visierungen eingeblendet, außerdem verfügen sie über Monitore. Der Fahrer verwendet ein passives Fahrperiskop von Thales Optronics für das Fahren bei Nacht, dazu hat er noch eine thermische Rückfahrkamera zur Verfügung. Der Platz des Kommandanten ist außerdem mit acht Periskopen für die Rundumsicht ausgestattet, darüber hinaus hat er ein kreiselstabilisiertes Panoramavisier SAGEM VS 580-10, das mit einem Laser-Entfernungsmesser gekoppelt ist und dem Richten der Kanone dient. Im Rahmen von CLIP *(Challenger Lethality Improvement Programme)* genehmigte das britische Verteidigungsministerium die Truppenerprobung einer neuen Hauptwaffe, durch die man die Kanone L30A1 ersetzen will. Die Erprobungen wurden 2006 abgeschlossen, und es ist gut möglich, dass eine Reihe von Challenger 2 bereits mit der Glattrohrkanone Rheinmetall L/55 im Kaliber 120 mm bewaffnet sind. Die L/55 ist dieselbe Waffe, die auch im deutschen mittleren Kampfpanzer Leopard 2A6 verwendet wird. Zur Sekundärbewaffnung gehört ein elektrisch abfeuerndes Maschinengewehr Hughes L94A EX-34 im Kaliber 7,62 mm, das koaxial zur Kanone montiert ist, ein weiteres Maschinengewehr L37A2 GPMG im Kaliber 7,62 mm befindet sich neben der Luke des Ladeschützen.

Der mittlere Kampfpanzer Challenger 2 ist auch mit Tarnkappen-Technologie versehen, die das Orten des Fahrzeugs durch den Feind erschwert. Der Panzer ist so konzipiert, dass er sehr schnell an den Feind herankommen, sein Ziel bzw. seine Ziele aufnehmen und einen Schuss mit großer Ersttrefferwahrscheinlichkeit aus einer verdeckten Stellung heraus abgeben kann.

Geschwindigkeit und Verteidigung

Der Challenger 2 ist mit Tarnkappen-Technologie ausgerüstet, um das Orten des Fahrzeugs durch feindliche Kräfte zu erschweren und die Funkgeräte und die Elektronik vor Störungen zu schützen. Die Panzerung besteht aus verbesserter Verbundpanzerung Chobham Dorchester Level 2, eine Kombination aus Stahl und Keramik. Sie bietet hervorragenden Schutz für die Besatzung, aber ihre tatsächliche Stärke unterliegt der Geheimhaltung. Der Panzer verfügt über ein ABC-Schutzsystem, außerdem sind auf jeder Seite des Turms Fünffach-Werfer für Nebelwurfkörper angebracht. Außerdem kann der Challenger 2 Nebel erzeugen, indem Dieseltreibstoff in den Auspuffkrümmer eingespritzt und verdampft wird. Als Antrieb für den Challenger 2 wird der bewährte und zuverlässige 12-Zylinder-Dieselmotor Perkins Caterpillar CV-12 verwendet, mit dem das Fahrzeug eine Höchstgeschwindigkeit von 59 km/h erreicht. Die Exportvariante Challenger 2E wird von der Antriebsanlage Europack mit dem Dieselmotor MTU 883 und dem Automatikgetriebe HSWL 295TM angetrieben. Die mit einem Hydrauliksystem gespannten, mit doppelten Verbindungsbolzen versehenen Ketten sind eine Konstruktion der Firma William Cook Defence. Sie sind im Feld einfach zu warten und bieten auch bei der Überquerung von schwierigem Gelände ein gutes Fahrverhalten des Panzers, während die Gasfederung des Laufwerks ebenfalls für hervorragende Fahreigenschaften im Gelände sorgt.

Gute Kampfeigenschaften

Neben der britischen Armee wird der Challenger 2 auch von den Streitkräften von Oman eingesetzt. Außerdem wurde der Panzer von den Streitkräften von Griechenland, Katar und Saudi-Arabien sehr eingehend erprobt. Während der Operation Iraqi Freedom konnte sich der Challenger 2 einen ausgezeichneten Ruf in Bezug auf seine Kampfkraft erwerben. Nur ein Challenger 2 wurde dort im Irak zerstört, und das war ein unglücklicher Treffer von einem anderen Challenger. Zwei Challenger wurden durch Sprengfallen und eine raketengetriebene Panzerabwehrgranate beschädigt. Es gibt auch Berichte darüber, dass bei einer Kampfhandlung ein Challenger 2 eine Reihe von Treffern von raketengetriebenen Panzerabwehrgranaten und einer Panzerabwehr-Lenkwaffe erhielt, aber nur wenig beschädigt wurde.

Register

N

O

P

R